지역 정치생태학

환경-개발의
비판적 검토와 공동체 대안

지역 정치생태학 · 환경-개발의 비판적 검토와 공동체 대안

초판 1쇄 발행 2016년 3월 9일

지은이 권상철

펴낸이 김선기
펴낸곳 (주)푸른길
출판등록 1996년 4월 12일 제16-1292호
주소 (152-847) 서울시 구로구 디지털로 33길 48 대륭포스트타워 7차 1008호
전화 02-523-2907, 6942-9570~2
팩스 02-523-2951
이메일 purungilbook@naver.com
홈페이지 www.purungil.co.kr

ISBN 978-89-6291-345-3 93980

*이 도서의 국립중앙도서관 출판시도서목록(CIP)은 e-CIP홈페이지(http://www.nl.go.kr/ecip)와 국가자료공동목록시스템(http://www.nl.go.kr/kolisnet)에서 이용하실 수 있습니다.(CIP제어번호: CIP2016005209)

이 저서는 2011년 정부(교육부)의 재원으로 한국연구재단의 지원을 받아 수행된 연구임(NRF-2011-812-B00114).

Regional Political Ecology

Critiques and Alternatives to the Environment-Development Nexus

권상철 지음

지역 정치생태학

환경-개발의 비판적 검토와 공동체 대안

푸른길

· 머리말 ·

환경과 지역은 현실에서는 같은 실체이지만, 근대화가 환경과 인간을 구분시킨 이후 오랫동안 환경이 본체 없이 따로 다루어져 우리의 일상과 거리를 둔 비현실적 대상으로 고려되었으며, 현재까지도 이러한 사고가 지속되고 있는 모습이다. 그래서인지 환경 악화의 문제가 매우 심각함에도 현재의 기술이나 사회의 성숙도에 비해 이를 개선하려는 노력이나 성과는 매우 저조하고, 개인 차원에서 물을 아끼고 에너지를 절약하려는 모습이 쑥스럽게 느껴지기도 한다.

왜 그럴까? 환경 문제의 현실을 이해하는 데 무언가 커다란 걸림돌이 있다는 것이 감지된다. 이러한 불만과 궁금증을 일부나마 해소시켜 주는 것이 정치생태학이다. 정치생태학을 개인적으로 접한 것이 벌써 10여 년 전이다. 정치생태학은 환경 문제가 정치경제적 과정과 맞물려 있기에 보다 광범위한 시각에서 문제의 근원을 파악하려는 접근이며, 지역 정치생태학은 지역을 기반으로 하여 다양한 형태로 전개되는 개발과 성장 탐욕의 실체를 파악하고 또한 대안을 모색하는 접근이다.

이 책은 지역 정치생태학에 대한 연구 결과로, 초기 비판적 안목의 정치생태학을 구체적으로 이해하기 위해 전 세계 수많은 지역을 대상으로 이루어진 사례 연구를 정리하여 이해하기 쉬운 정치생태학, 즉 지역 정치생태학으로 재구성해 보려는 의도에서 시작되었다. 이는 정치생태학이 비판적인 정치경제적 접근으로 대중의 관심을 불러일으키기에는 일부 어렵거나 한계를 드러내고 있어, 보다 현실적이고 이해하기 쉬운 형태로 환경 문제에 대한 이해의 수준을 높이려는 것이기도 하다.

비판적 안목을 높이기 위한 방법으로 지역, 국가, 국제적 차원에서의 환경 사례 연구를 비교, 검토하는 과정에서 제3세계와 제1세계의 상황적 특징을 구분할 수 있었다. 제3세계는 환경 악화 문제가 심각한데, 여기에는 국가와 정부의 시장 기반 발전 지향과 공동체 전통과의 갈등이 두드러지게 나타난다. 제1세계는 시장 기반의 환경 해법들이 또 다른 자연의 상품화를 확대시키며 환경 문제를 사회 부정의로까지 확대시키는 모습을 드러낸다. 이들 세계 지역의 정부 실패와 시장 실패 상황을 역동적으로 보면, 제3세계의 시장 원리 확대는 제1세계에서 강제하는 경우가 빈번하고, 제1세계는 시장 기반 해법의 한계를 넘어 일부 공유재와 공동체에서 대안을 찾으려는 모습이다. 세계 지역 간 시장환경주의의 강제와 공동체 기반 공유재 관리 교훈의 역설은 기존 환경 문제 해법의 모순을 명백하게 드러낸다. 모순을 드러내는 비판에서 더 나아가 대안을 모색하는 연구는 그러나 이러한 구도는 아니지만, 독립적으로 산재된 문화인류학적 공동체, 공유재 연구 그리고 대안 경제사회를 논의하는 글에서 찾을 수 있었다. 이들은 특정 지역의 사례 연구로 보다 구체적인 대안 모색에 도움을 줄 수 있는 현실의 모습들이 대다수였다. 결과적으로 이 책은 초기 비판적 지역 정치생태학 설정의 목표에서 비판에 더해 대안 제시까지 포함하는 희망의 지역 정치생태학을 완성하는 성과를 거둘 수 있었다. 특히 한국에서 찾을 수 있는 공유재 이용과 관리 전통이 다양함에도 불구하고 이에 대한 관심의 부족으로 최근 공유경제의 경험을 서구로부터 빌어오는 모습을 보이고 있다.

이 책이 환경 이용과 갈등의 문제를 지역에 기초하여 시장 기반과 공유 전통으로 다루며 지속가능한 환경과 사회를 향한 이해와 실천에 도움을 줄 수 있기를 기대한다. 더불어 이 책이 환경 악화에 대한 다각적이며 비판적인 이해를 도모하는 지역 정치생태학을 다루고 있지만, 내가 살고 있는 세상 현실을 바라보는 비판적 안목을 구체적인 사례를 통해 키우는 데에도 도움을 줄 수 있기를 바란다.

이 책이 만들어지기까지 많은 사람들의 도움을 받았다. 대학원 수업 시간에 조금씩 내용을 소개하고 의견을 들어 보는 시간은 책의 구성을 단단히 하는 데 도움을 주었다. 출판을 허락해 준 (주)푸른길과 나름대로는 내용을 쉽게 구성한다고 했으나 복잡하게 이해를 유도하는 곳을 날카로이 지적해 준 박미예 씨에게도 감사를 드린다. 끝으로 집에서도 많은 시간을 컴퓨터 앞에서 보내는 내 모습을 묵묵히 지켜봐 주고 항상 힘이 되어 주는 아내 선경과 아들 진혁에게도 정말 고마웠다는 말을 이렇게나마 전한다.

2016년 2월

권상철

· 차례 ·

머리말 4

제1장 서론 9

제2장 지역 정치생태학 15

1. 정치생태학 _17
2. 설명의 연쇄와 지역 정치생태학 _28

제3장 지역 정치생태학: 제3세계, 제1세계, 그리고 지구 환경 43

1. 세계 환경 변화의 정치생태학 _45
2. 제3세계 정치생태학 – 환경 악화와 갈등 _56
3. 제1세계 정치생태학 – 시장 기반 환경 관리의 모순 _89
4. 시장환경주의 확대와 비판 _115

제4장 공유재와 공동체 관리 163

1. 공유재, 공동체 _165
2. 지속가능한 공유 자원 관리 사례 _185
3. 공유재와 지역 공동체 _232

제5장 요약 및 결론 247

참고문헌 253

찾아보기 266

· 그림 차례 ·

그림 1. 자연과 사회의 분리, 변증적 자연-사회 관계 ...27
그림 2. 환경-사회 관계의 관심과 변화 _28
그림 3. 정치생태학의 설명의 연쇄 _30
그림 4. 자연, 사회와 문화 그리고 정치의 교호적 결합인 장소 _34
그림 5. 이 책에서 다루는 세계 지역, 주요 주제와 분석의 틀 _39
그림 6. 국가 정책 목표의 관계: 제3세계와 제1세계 상황 _47
그림 7. 사막화에 대한 주류 과학적 접근 _59
그림 8. 국가 삼림 관리 논리: 1980년대까지의 고전적 모델 _65
그림 9. 설명의 연쇄 사례: 아마존 밀림 파괴 _68
그림 10. 인도의 지하수 부족과 풍부 지역 사례 _81
그림 11. 미국 메인 만 지역 순환 봉쇄 구역도 _92
그림 12. 미국 남부 대평원 지하수 관리구역 _94
그림 13. 미국 서부 클래머스 강 유역분지 _100
그림 14. 북태평양 연안 북극 물개 이동 경로 _101
그림 15. 캐나다 클래요쿼트사운드 생물권 보존지역 _108
그림 16. 물 공급의 다양한 방식: 공동체-기업 통제와 수공업-산업적의 조합 _119
그림 17. 규제 대비 배출권 거래제 접근 _125
그림 18. 제주도 지하수 부존도 _137
그림 19. 자원의 배타성과 경합성에 따른 구분 _167
그림 20. 공동체와 보전의 관계에 대한 전통적 관점 _172
그림 21. 공동체와 보전의 대안적 관점 _173
그림 22. 공공 삼림 관리 논리: 1980년대 이후의 대안 모델 _195
그림 23. 송계의 주요 의무와 혜택 _201
그림 24. 전라남도 장흥군 노력도의 어촌계 미역장 분구도 _212
그림 25. 제주도 북동부 해안의 마을어장도 _215
그림 26. 미국 국립어업국의 메인 만 격자와 봉쇄 구역 대비 어부 제안의 봉쇄 구역 _238
그림 27. 필리핀 자그나 지역 _239

· 표 차례 ·

표 1. 개발도상국 상하수도 계획 민간 참여의 지리적 분포, 1990-1997년 _71
표 2. 상품과 공동재의 논쟁 _113
표 3. 제주도 지하수 관리 제도의 변화, 1991~2006년 _142
표 4. 제주도 지하수 이용 갈등 입장 _143
표 5. 제주도 지하수 개발 현황 _144
표 6. 제주도 지하수 다량 사용 업체 현황 _145
표 7. 제주도 먹는 샘물 생산 현황 _146
표 8. 오랫동안 지속된 공유 자원 제도에서 확인된 디자인 원리 _175
표 9. 공동체 기반의 보전을 위한 기본적 검토 질문들 _177
표 10. 공유재의 지속가능성을 위한 중요한 요소와 상황 _178
표 11. 최근의 공동체 삼림 보유를 강화하는 법적 개혁 _192
표 12. 과학적 그리고 지역 실천의 삼림 관리 목표와 특징, 멕시코 라구나산타페 _198
표 13. 전라남도 영암군 구림리 서호송계 약조 _203
표 14. 제주도 연안 바다의 어로 형태 _221
표 15-1. 마을어장 규정: 하모리 _224
표 15-2. 마을어장 규정: 가파도 _225
표 15-3. 마을어장 규정: 마라도 _226
표 16. 시장 경제 대비 공동체 경제의 주요어 _244

제1장

서론

환경 악화의 문제는 오래전부터 발전, 시장, 제도 또는 윤리 등의 측면을 강조하며 다양한 관점에서 다루어져 왔다. 정치생태학은 1970년대 일부 국제개발 계획에 참여했던 학자와 과학자들이 제3세계에 만연한 환경 악화와 빈곤 문제를 해결하기 위한 사업이 성과를 내지 못하는 원인을 탐구하는 현지 조사 과정에서 시작되었다(Blaikie, 1985). 당시 개발도상국의 환경 악화는 과잉 인구나 정부의 역량 부족 등에 있다고 보는 것이 일반적이었다. 따라서 그 원인을 빈곤과 연관시켜 지역 내부에서 찾고 있었다. 정치생태학은 이러한 설명을 비판하며 소지역의 환경 악화는 지역, 국가 그리고 국제기구의 정책 등 광범위한 경제와 정치 상황의 영향을 받는 것으로 접근하는 다양한 사례 연구를 진행하며 결과를 누적시키고 있다(로빈스, 2008; Neumann, 2005).

정치생태학은 환경 악화와 개발이 서로 얽혀 있는 주제임에도 환경만을 따로 구분하여 인구 과잉이나 보존 노력의 문제로 단순화시키는 주류적 접근에 반대한다. 이는 소규모 지역의 환경 파괴는 생태 용량을 고려하지 않고 생산을 증대시키려는 정책과 서구의 합리적 관리 방식을 적용하며 전통적 관리 방식을 폄하한 것 등에서 원인을 찾으며 대안적 이해를 제시한다(Peet et al., 2004). 환경과 사회를 연계시키며 접근하는 정치생태학의 현지 사례 연구는 블레이키의 "개발도상국의 토양 악화의 정치경제"(Blaikie, 1985)를 시작으로 점차 다른 지역으로 확대되고 있다. 최근에는 제1세계의 사례 연구도 진행하며 제3세계와는 다른 사유 재산권과 시장 원리의 적용에 따른 환경 갈등과 모순 등을 다루며 연구 관심을 넓히고 있다(Walker and Hurley, 2004).

현재 제3세계와 제1세계의 환경 변화와 갈등을 다룬 다양한 사례 연구는 상당히 누적되어 시기별로 정리되거나 유사한 주제로 묶여 책으로 출간되고(Peet et al., 2011) 있으며, 자연의 상품화, 시장환경주의의 확대는 자연의 신자유주의화로 이론화되고 있다(Heynen et al., 2007). 그러나 환경 변화와 갈등에 대한 현실적 이해의 폭을 넓히기 위해서는 소지역의 경험에 기초한 다양한 연구들을 비교, 통합하며 사례와 이론의 중간 차원에서 개별성과 보편성을 포괄하며 체계적으로 정리할 필요가 있다. 또한 비판을 넘어 공동체 자원 관리의 필요성을 강조하는 후기발전주의 논의와 연계시키며 대안을 모색하려는 노력 또한 필요하다(Escobar, 2012; McGregor, 2009).

이 책은 정치생태학 접근의 사례 연구들이 제3세계에서 시작되어 최근 제1세계로 확대되며 드러내는 지역별 환경 문제의 개별성과 지역 간 비교를 통해 시장환경주의의 확대와 공동체 자원 관리가 서로 역방향으로 전개되는 모습에서 환경 이용과 관리의 보편적 특성을 도출해 본다. 더불어 지구 환경을 표방하며 등장한 자연의 상품화와 지구 환경 위기의 주장은 부의 축적을 위해 불평등한 권력을 사용하는 신자유주의를 자연을 대상으로 전 지구로 확대하려는 시도로 검토한다. 마지막에서는 환경과 발전 그리고 형평성을 강조하는 관점에서 후기발전주의 논의에서 강조하는 공유재와 공동체 경제를 소개하고, 한국의 사례를 더하며 환경 이용과 관리의 지속가능한 대안으로 제시해 본다.

이러한 목적에 따라 이 책은 다음과 같은 내용으로 구성하였다. 제2장은 환경과 발전의 관계에 대한 관심으로 정치생태학을 소개한다. 여기서는 지역의 중요성을 자원의 접근과 통제를 두고 이루어지는 갈등과 정치의 장소로 강조하며, 본 연구 분석의 틀로 지역 정치생태학의 세계 지역별 주요 관심 주제와 접근 방법을 제시한다. 이 틀은 정태적으로는 제3세계와 제1세계의 개별적 환경 문제의 배경을 정리하고, 동태적으로는 이들의 비교를 통해 시장 원리의 효율성 강제와 공유재와 공동체 경제 교훈의 역방향적 전개로부터 시장환경주의의 한계와 모순을 보편성으로 도출하고, 이를 비판적 검토와 대안 모색을 위한 기초로 논의한다. 제3장은 지역 정치생태학의 사례 연구를 제3세계와 제1세계로 구분하여 국가 관리에서 점차 시장 기반 관리로 변화하고 있는 대표적 경우로 삼림, 어업 그리고 물 공급을 세부적으로 살펴본다. 제3세계는 국가의 근대화 전략과 최근의 신자유주의적 환경 관리의 지구적 확대에 따른 결과로 환경 갈등과 악화를 겪고 있으며, 제1세계는 시장 기반 환경 관리에 따른 재산권 갈등과 모순이 드러나며 집단 간 불평등이 심화되는 상황으로 정리해 본다. 이어서 시장환경주의의 대표적 형태인 자연의 상품화 사례로 탄소 배출권 거래제와 한국의 물 민영화를 소개하고, 지속가능한 발전과 지구 공공재 관리로 대변되는 환경 정치를 자연을 대상으로 한 신자유주의의 지구적 확대로 이해하는 비판적 검토를 제시한다. 제4장은 최근 다양하게 논의가 전개되고 있는 공유재와 공동체 관리 내용을 시장 기반 자원 이용과 관리의 한계와 모순을 극복할 수 있는 대안으로 다루어 본다. 지역 공동체에 의한 공유재의 관리는 현재 시장 원리의 확대와 강제로 사라져 가고 있지만, 아직도 제3세계의 많은 지역에서 운영되고 있다. 한국의 경우 사라진 전통이지만 삼림 관리의 송계가 있었고, 마을어장은 현재도 이용, 관리되고 있어 지역 공동체 자율 관리의 성공 사례로 소개해 본다. 이어서 최근 제1세계와 제3세계 모두에서 관심을 얻고 있는 공유재와 공동체 기반 경제를 언급하며 경제에 치중한 지속가능한 발전을 넘어 환경과 발전 그리고 형평성을 모두 담지한 지속가능한 환경과 사회를 위한 대안을 제시해 본다.

이 책은 세계의 다양한 지역에서 환경의 이용과 관리가 자연 상태에서 국가 관리로 그리고 다시 시장 기반 관리로 변화하며 실제 소지역에서 나타나는 환경 변화와 갈등을 삼림, 어업, 물 공급, 탄소 배출권 거래제의 사례를 중심으로 검토하며, 광범위한 정치경제적 상황을 고려하는 맥락적 이해를 시도한다. 이는 제3세계와 제1세계 정치생태학 사례 연구로부터 지역별 개별성을 파악하고, 이들 세계 지역 간 비교에서 드러나는 환경 이용과 관리 방안의 역설적 전개의 모순으로부터 그리고 지구 공공재 위기와 자연의 상품화를 정당화시키는 환경 정치로부터 부의 축적을 위한 시장환경주의 확대를 보편성으로 도출한다. 마지막으로 지역 기반의 공유재와 공동체 관리를 환경 이용과 관리의 미래 지향적 대안으로 논의하며, 환경과 발전 그리고 형평성 측면에서 비판과 대안을 모두 포괄하는 관심 영역과 접근 방법으로 지역 정치생태학을 정리한다.

제2장

지역 정치생태학

1. 정치생태학
2. 설명의 연쇄와 지역 정치생태학

이 장에서는 정치생태학의 등장 배경을 환경과 발전 간의 관계에서 찾아보고, 정치생태학 연구가 사례 연구를 통해 소지역 환경 문제의 원인을 광범위한 정치경제적 상황과 연계시키며 찾는 접근을 소개한다. 다음으로 제3세계와 제1세계의 사례 연구로부터 지역별 개별성을 도출하고, 이들 세계 지역 간 서로 역방향으로 시장 원리를 강제하고, 공유재로부터 교훈을 얻으며, 환경 관리 방안을 모색하는 모습 그리고 시장환경주의를 확대하기 위한 정당화로 지구 공공재 보호 담론을 검토하며, 본 연구의 분석틀인 지역 정치생태학의 주요 주제와 접근 방법을 제시한다.

1. 정치생태학

정치생태학은 환경과 사회 간의 관계를 광범위한 정치경제적 상황과 연계시켜 고려하는 접근 방법으로, 환경 악화에 대한 주류적인 인구 과잉과 공유재 비극론에 비판적 입장을 취한다. 특히 환경 이용과 관리에 시장 원리를 확대하려는 북부 국가 주도의 환경 정치는 불평등한 권력을 부의 축적을 위해 사용하는 전략으로, 환경과 발전 그리고 형평성을 동시에 고려하는 비판적 입장에서 검토할 필요가 있다.

1) 정치생태학과 환경-발전의 관계

정치생태학은 제3세계의 환경 파괴 가속화를 생계 유지, 전통 지역 지식 그리고 정부의 역할 부재에서 찾는 기존 접근과 달리, 소규모 사례 연구를 통해 보다 근원적인 원인을 찾으려는 노력에서 시작되었다(Blaikie, 1985; 로빈스, 2008). 특히 정치라는 수식어는 환경을 대상으로 이윤을 추구하려는 자본의 물질적·담론적 전략을 의미하는데, 정치생태학은 제3세계에서 독립 이후 국가 발전을 추구하며 환경 관리에 서구의 시장 원리를 도입하며 환경 악화가 가속화되고 갈등이 심화되는 문제에 관심을 기울인다(Peet et al., 2011; Bryant and Bailey, 1997). 정치생태학은 특정 지역의 환경 문제를 지역, 국가 그리고 세계의 다규모적 차원이 연계되어 있는 보다 광범위한 정치경제적 상황으로 인식하며 환경과 발전 그리고 형평성을 동시에 고려하는 비판적 입장을 취한다(Bryant, 1998).

환경 악화의 원인은 더 이상 특정 지역 내의 상황으로 국한되지 않고 소지역에서 세계 규모까지 포섭된 광범위한 경제적·정치적 과정의 산물로 이해하고자 시도되고 있으며, 발전 이론에 대한 환경 측면에서의 검토 또한 제기된다. 특히 주류 발전론적 관점은 제3세계의 환경 악화를 인구 증가에 따른 환경 부담과 시장 원리의 부재에 따른 공유재의 비극으로 접근하는 한정된 사고로 비판을 받는다. 이는 또한 세계 여러 지역에서 환경 악화에 대한 외부의 영향과 간섭에 저항하는 운동이 빈번해지며 후기발전주의 논의가 시작되는 배경이 된다(로빈스, 2008; Escobar, 2012; Gibson-Graham, 2006).

환경과 발전의 관계는 시기별로 구분하여 제시된다. 하나는 1960년대의 환경적으로 파괴적인 발전, 1970년대의 발전에 의존하는 보전, 1980년대 이후의 시장환경주의와 환경정의적 관심 시기로 구분하는 것이고, 다른 하나는 1970년대까지의 개발 연대, 2000년대까지의 지구화 연대, 최근의 대안을 모색하는 지속가능성 연대로 구분하는 것 등 다양하다(Elliott, 2013; 맥마이클, 2013; Escobar, 2012).

이러한 환경과 발전의 연계에 대한 시기별 관심 변화를 보면, 첫째 지난 세기 동안 서구를 중심으로 이루어진 산업과 경제 발전은 환경 파괴적인 부정적 결과가 초래한 피해를 인식하고 있다. 이는 지역 외부 환경뿐 아니라 인간의 생존 자체도 위협받고 있다는 것에 대한 염려로 세계의 미래에 대한 관심을 높이며 인구 폭탄, 생존의 청사진, 성장의 한계 등을 언급하기 시작한다. 이러한 사고는 발전과 보전은 조화되지 않으며, 환경은 자연에 기초한 물질로 한계가 있고, 오염과 환경 악화는 산업 발전에 불가피한 것이기에 개발도상국에서는 인구 통제와 제로 성장이 필요하다는 입장으로 전개된다. 이러한 환경과 파괴적인 발전과의 관계에 대한 관심은 유엔이 1984년 선진국과 개발도상국 회원국으로부터 22명의 전문가로 팀을 구성해 이들에게 세계의 장기적 환경 전략을 발굴하라는 임무를 맡기며 세계적으로 공식화된다. 몇 년 뒤 세계환경개발위원회(World Commission on Environment and Development)는 브룬트란트 보고서(Brundtland Report)라 불리는 『우리공동의 미래(Our Common Future)』(WCED, 1987)를 발간한다. 이 책은 최초로 개발 과정을 통해 드러난 환경에 대한 관심을 순수한 과학만의 영역에서 경제적·사회적·정치적 관점으로 확대시키며, 지속가능한 발전을 국제 개발 사고의 정치적 분야로 전개시켰다는 평가를 받는다(Elliott, 2013). 여기서 등장한 핵심 용어는 '지속가능한 발전'과 우리 공동의 미래인 '지구 공동체'로, 이들 두 용어가 의미하는 것은 국가 간 환경 문제에 대한 규제를 개별 국가에 가할 수 있으며, 산성비와 특정 자원 및 생물종의 무역 등 국경을 넘는 환경 문제, 해양과 어류와 같은 공동 자원(common property resources), 대기와 같은 공공재(public goods) 등을 국제적 정치 의제로 등장시켰다.

둘째, 1970년대 후반부터 이전에는 서로 구분된 영역이었던 환경과 발전을 서로 연계시키며, 발전을 환경에 치명적이기보다 환경 보전을 위해 추구되어야 할 주요 수단으로 고려한다. 지속가능한 발전은 빈곤 타파와 기초 수요 충족에 필요한 것으로, 환경을 경제적 의사 결정에 포함시키며 발전에 의존하는 환경 보전의 중요성을 강조하고 지구적 책임을 부각시킨다. 따라서 발전이 필수적으로 바람직하냐는 질문은 더 이상 유효하지 않고, 경제 성장이 환경 보호의 핵심이기 때문에 악화되고 있는 환경은 지속적인 발전에 방해가 된다고 보았다. 여기에는 자연과 지구는 관리될 수 있다는 신념이 저변에 깔려 있다. 리우 회의도 빈곤이나 지구 불평등보다 생물종 다양성과 기후 변화와 같은 지구 공공재 문제가 정치적·기술적으로 해결 가능하다는 것에 초점을 맞추었다. 당시의 정치경제적 상황은 냉전이 종식되고 경기 침체에서 벗어난 시기로 새로운 지구적 책무가 북부와 남부 국가 간 협력으로 가능하였다.

그러나 리우에서 드러난 환경과 발전의 연계는 1990년대에 악화되었고, 환경에 대한 사고와 행동은 신자유주의적 접근이 팽배해짐에 따라 점점 더 경제 담론으로 골격을 갖추어 갔다. 환경의 이용과 관리를 위한 가장 중요한 기제로 시장 원리가 강조되며, 환경 재화와 서비스에 가격을 부과하는 것이 합리적 이용을 위한 수단으로 여기는 시장환경주의가 팽배하게 된다. 여기에 더하여 개방된 자원은 과잉 채취와 악화에 쉽게 노출되기에 자원을 사유화가 관리와 보전에 더 효율적이라는 사고가 보편화된다. 당시 유럽을 중심으로 자본주의 체제 내에서 환경 피해를 줄이기 위해 기술을 개선하고, 제품과 생산 과정 그리고 기업 활동을 녹색화하며, 오염 문제의 원천적 감축을 위해 환경 규제를 강화하고, 공정 무역과 소비자의 환경친화적 상품 구매를 강조하는 녹색 소비 등의 생태적 근대화가 논의된다. 이는 시장환경주의와 더불어 기존의 성장 모델을 조금만 변화시켜 지속가능한 발전을 도모하는 것이어서 정부와 기업의 환영을 받는 대중적 접근이 된다.

셋째, 비판적 환경주의가 1990년대 초 북미를 중심으로 인종과 계층의 차별적 측면을 부각시키며 환경 운동을 전개하였다. 개발도상국에서도 1990년대 환경에 대한 관심과 행동을 운동으로 발전시켰다. 이는 경제 성장과 사회 불평등으로 야기된 소지역, 지역, 국가 그리고 지구 규모의 생태적 분배 갈등과 관련한 빈곤층의 환경주의의 등장으로 이어진다. 환경 운동가들은 환경 악화가 증가하는 인구와 한정된 자원에 기반한다고 보는 신맬서스식 사고를 환경결정론이라고 비판한다. 신맬서스식 해법은 인구 증가는 멈춰야 하고 수용 능력은 존중되어야 한다고 제안한다. 이는 자원에 대한 접근과 이용에 미치는 사회경제적 영향과 지역 주민의 권리를 고려하지 않는 자원 이용의 사회적·경제적·정치적 측면에는 관심을 기울이지 않는다는 한계를 지적한다. 환경 국제회의는 사람보다 지속적으로 성장하는 지구의 미래에만 관심을 기울여 특정 정책이 어떻게 일부 국가나 집단을 선호하게 되는지에 대해서는 고려하지 않고, 세계가 어떻게 왜 부유국과 빈곤국으로 구별되었는지에 대해서도 관심을 기울이지 않아 비역사적이라는 비판을 받는다.

이러한 발전 사고와 환경에 대한 관심의 변화 궤적에서 정치생태학은 특히 최근의 비판적 환경주의 시기에 등장하여 환경과 경제 발전의 관계 전반에 대한 비판적 검토를 제시하고, 환경과 발전 그리고 형평성을 동시에 고려하는 새로운 환경과 사회의 관계에 관심을 기울이는 분야로 등장하였다(Peet et al., 2011; 로빈스, 2008).

2) 주류적 사고에 대한 정치생태학 비판

정치생태학은 발전 모델의 지배적인 사고, 즉 발전은 자원과 소비재 그리고 지리적 영역의 확대를 필요로 한다는 기존의 방식을 비판한다. 특히 비판의 대상이 되는 주요 주장은 '성장의 한계'와 '확산의 근대화'로 대변되는 두 가지 명제로, 객관적이고 과학적인 입장에서 환경과 사회의 관계를 평가하고 대책을 수립한다는 이들의 주장을 오히려 비정치적임을 표방하는 정치적 의도를 내포한 접근이라고 신랄하게 비판한다. 이러한 비판은 1990년대 초까지 만연하던 환경 악화에 대한 주류적인 설명이 실제 환경 개선의 성과를 내지 못한다는 실망에서 환경 악화를 경험하는 현지 조사를 통해 지역 주민의 생태적 지역 지식, 원주민의 생계에 직접적으로 중요한 자원과 관습적 이용 등에 관심을 기울인다(로빈스, 2008).

환경 악화를 성장의 한계로 고려하는 접근은 그 중심에 인구수와 부양 능력의 관계가 자리 잡고 있어 인구를 통제하는 것이 환경 위기의 해결책이 된다는 인구와 자원의 연계를 설정하고 있다. 이러한 성장의 한계는 오랜 역사를 가지고 정립된 이론으로 일상적 사고에도 깊이 배어 있을 정도로 보편화되어 있다. 서유럽에서는 환경에 대한 인간의 영향과 반응이 과학적인 세밀한 검토 대상으로 처음 제기되었던 1700년대부터 사회-생태 위기는 절대수로 측정된 증가하는 인구에 기인하는 것으로 인식되었다. 맬서스(Thomas Malthus)의 「인구 원칙에 대한 에세이(Essay on the Principle of Population)」에 따르면, 인구수는 이를 부양할 수 있는 환경 체계의 능력을 넘어서면 기아와 질병에 따른 사망이 증가하고 자연이 과잉 사용되며 자정의 한계 지점을 넘게 되어 인간과 자연 모두에게 위기를 불러온다. 이 주장은 '인구 폭탄', '생태 결핍' 등 다양한 은유로 제시되는데, 그 핵심에는 모두 비인간 자연의 절대적인 부족과 증가하는 인구수의 탐욕에 일관되게 초점을 맞추고 있다(로빈스, 2008; 로빈스 외, 2014).

생태 결핍 주장은 1793년 맬서스의 주장이 처음 공개되었을 당시의 사회 정책을 정당화하는 데 공헌했다. 특히 맬서스는 기아와 굶주림은 급격히 증가하는 인구를 통제하는 데 중요하기 때문에 자연적이고 불가피하며, 주변화된 인구 집단을 부양하는 재분배 복지 보조금인 빈민법은 무의미하고 반환경적이라고 주장했다. 이러한 보조는 빈민의 수를 감소시키기는커녕 증가시킴으로써 불행의 해결이 아니라 원인이 된다는 것이다. 마찬가지로 이러한 개념화에서는 빈민층의 위기를 그들이 생존하는 경제나 생태가 아니라 오히려 빈민층 내부에서 찾는다. 따라서 모든 비난은 빈민층에게로 향하게 된다. 맬서스의 인구 압력 모델은 자원의 사용과 관리에 중요한 함의를 가진다. 인구 문제로 접근하는 환경 위기는 단순하게 한정된 자원에 너무 많은 수의 빈민들이 의존하는 지역과 빈민들 내부로 한정된다. 빈민층에 대한 지원은 인구 증가 경향을 강화하기 때문에 이 위기를 완화하는 데 크게 도움을 주지 못한다. 생태 위기의 해결책은 인구를 통제하는 것으로 자원 부족과 인구 과다의 주장은 빈민들을 압박하는 수단이 된다. 환경 변화에 대한 인구에 기초한 설명은 맬서스나 로마클럽에 의해 소개된 것보다 더 복잡해져, 노동력에서 여성의 지위와 교육의 기회가 증가한 것은 변화하는 환경 상황뿐 아니라 출산율 감소에 기인하는 것으로 인구가 환경 변화의 중요한 요인이라는 것을 정당화하는 근거로 제시된다.

맬서스주의는 환경 변화에 대한 전형적 사고방식으로 남아 있어 새로운 안목으로 인구와 환경 그리고 권력에 대해 접근하는 정치생태학자들의 비판을 받는다. 우선, 맬서스의 자원 한계 모델은 세계 생태계의 복잡함을 정확히 반영하지 못한다. 인간의 생존을 위해 필요한 자원의 양은 절대적·생물적으로 정해진 것이 아니라 역사적·문화적 상황과 특성에 따라 시공간적 차이를 보이는 상대적 성격을 가진다. 자원은 주어진 것이라기보다 자연 자원마저도 사회적·문화적·경제적으로 정의된다. 실제로 대다수의 자원은 세계 몇몇의 선진국들이 상당량을 소비하는 경향을 보인다. 이를 고려한다면, 지구 또는 지역 규모에서 나타나는 과잉 인구의 정도는 엄밀하게는 지구 남부의 거대한 인구보다 북부의 적은 수의 부유한 인구의 문제로 나타난다. 그러나 생태 결핍 옹호자들은 인구 문제를 세계에서 가장 높은 인구의 절대수와 성장률 증가를 개발도상국에서 가장 심각하게 나타나는 문제로 단순하게 표현한다.

맬서스식 사고는 18세기 빈민층에 대한 지원이 당시 인구 증가 경향을 지속시키는 데 도움을 주기 때문에 반환경적이라는 반대 주장을 펼친다.

이러한 생태 결핍의 주장은 지구 남부의 빈곤 지역이 현재 식량 자원이 부족하지만 앞으로도 부족할 것으로 여겨지는 환경 자원의 저장고라는 사실에 기초하고 있어 정치적이라는, 즉 지배층의 사고를 반영하고 있다는 비판을 받을 수 있다. 따라서 현재의 지구 환경, 자원의 배분과 통제에 함의를 가진 자연의 한계 주장을 과학적이며 비정치적이라고 옹호하는 것은 현재의 세계 불평등을 직시하고 권력 분포를 재구성하는 대안보다 더 암묵적으로 정치적이다 (로빈스, 2008; Elliott, 2013).

환경 관리의 근대화 논리는 지구 생태 문제와 환경 악화를 부적절한 관리, 개발 및 보존 방식을 적용한 결과로 간주하며, 경제적 효율성에 기반한 시장 원리와 기술을 적용해 환경 보존과 경제 성장을 동시에 추구할 수 있다고 주장한다. 환경 변화에 대한 이러한 접근은 환경 보전을 위한 최적의 효율적인 방책은 가격과 기술 기제에 기초한 발전을 통해 가능하며, 이는 환경 보존과 경제 성장이 함께 이루어지는 윈-윈 결과를 만들어 낼 수 있다는 논리이다. 이는 하딘(Garrett Hardin)의 '공유재의 비극(The Tragedy of the Commons)'으로 대중화된다. 공동 자원의 딜레마, 즉 과도한 방목, 어류 남획, 벌목 등은 개인에게 혜택을 제공하지만, 이에 수반하는 비용을 집단 전체에 외부화시키는 무임승차는 집중적인 규제나 사유화를 통해 해결해야 한다고 주장한다. 환경 자원, 특히 개방된 채 광범위하게 분포하는 삼림, 공기, 물 등은 시장에서 적절하게 가격이 책정되고 배타적인 재산권이 부여되어야 한다는 입장이다. 근대화 논리는 지구 생태를 위해 서구 북부 국가의 기술과 기법이 저개발 국가로 확산될 필요가 있으며, 환경 자원에 대한 효율성의 혜택은 자원 보호를 위해 어떤 형태로든 가치를 제도화함으로써 현실화되어야 한다는 입장을 강조한다.

그러나 현대의 기술과 시장이 저개발 국가에서의 생산을 최적화할 수 있고, 보존과 환경 혜택으로 이어질 것이라는 근대화 관점의 주장은 실제 증명되지 못했기에 비판을 받는다. 세계 시장과의 연계는 일부 수출 상품으로 외화 소득에 이바지 했지만, 시장의 변화에 따라 변동하는 상품 가격은 토지 가격의 변화로 나타나 저개발 국가에서 종종 사회 무질서로 이어졌다. 미국과 유럽에서 발달한 생산 기술이 전 세계의 농업 생산을 위해 배분되고 적용되었던 녹색혁명은 결국에는 토양 고갈, 질병 확대 그리고 토지를 소유하지 못한 농가의 증가로 이어졌고, 현대적 기술 옹호론자까지 인정하는 오염된 물과 질병 침투 확대의 광범위한 환경 문제로 이어졌다. 우월하다고 인식되는 북부 국가의 환경 지식과 기술은 남부 국가로 이전되며 그 자체 기생적 식민 관계를 재생산하고 자생적인 지역 공동체의 관습을 선험적으로 낮게 평가하는 문제를 드러냈다. 더욱이 자유개방 시장에서조차도 자연의 사유화는 일반적으로 이전 사용자 집단을 소외시키며, 종종 자원의 집약적 개발과 독점으로 이어진다. 자원의 독점 통제는 할당과 배분의 정상적 궤도에서 벗어나 최적의 사회 그리고 생태적 결과로부터 멀어지게 한다(로빈스, 2008; Neumann, 2005).

근대화 그리고 시장 접근은 삼림이나 물과 같은 공공재를 효과적으로 관리하기 위해서는 사유화하여 개인에게 배분해야 한다고 주장하는데, 이는 이전 사용자 집단을 소외시켜야 하는 상황을 전제한다. 농업, 자원 채취 또는 야생 관리에 새로운 기술적 접근을 시도하는 것은 환경 관리의 탈규제 요구 등 현존하는 제도의 변화를 요구한다. 이러한 재산권에 기반한 사유화, 규제 완화 접근은 원천적으로 권력을 내포한 과정으로 정치적이다. 특히 공유재의 비극에 기초한 목장 은유는 환경 관리에 대한 주류적 접근으로, 예를 들어 사막화의 경우 인구 과잉에 따른 환경 악화로 이해하기에는 과학적 객관성이 부족함에도 불구하고 대중적 틀로 자리 잡고 있다. 이는 선진국이 자신들의 물질적 이윤을 추구하는 전략을 감추기 위해 의도적으로 발전시킨 담론일 수 있으므로 비판적으로 검토할 필요가 있다(Goldman, 1997; Peet et al., 2004). 지구 온난화와 기후 변화의 문제 또한 근래 들어 지구 차원의 세계 환경 문제로 발전하며 대중적 관심을 받고 있는 유사한 사례이다. 지구 온난화는 선진국들이 산업화 과정을 거치면서 배출한 온실가스가 주요 원인임에도 이를 저감하기 위해 전 지구적 참여와 국제적 규제가 필요하다는 주장은 책임과 비용을 분산시키려는 의도를 가진 것으로 볼 수 있다(Mansfield, 2008; Himley, 2008).

환경 악화에 대한 선진국 주도의 정치적 담론은 가장 근본적으로는 자연과 사회의 분리에서 그 배경을 찾을 수 있다(Gregory, 2001). 현실의 삶은 자연과 사회가 독립된 영역으로 구분되지 않고 서로 혼합된 복잡한 양상으로 전개되지만, 인간의 합리성과 주체성 그리고 자연의 외재성과 객체성에 기반하고 있는 근대 사상이 대두되면서 자연과 사회를 분리하기 시작하였다. 이러한 자연과 사회의 분리는 우리의 사고에도 이원적 구분으로 깊이 자리매김하고 있으며, 학문 분야에서는 자연과학과 사회과학의 분리로 나타나고 있다. 이러한 자연과 사회의 관계는 항상 비대칭적인 모습으로 유럽 인들이 근대화를 '자연'에 대한 '문화'의 승리로 표현하는 것에서 그 절정을 드러낸다. 자연은 발전하는 과학과 과학기술의 지배를 받는다는 점에서 자연과 사회의 구분이 뚜렷해지는데, 더욱 중요한 것은 문화를 자연과 구분하면 할수록 진보로 간주되었다는 것이다. 반면 근대 이전의 문화, 특히 지리적으로 비서구 사회의 문화는 제도, 실천, 가능성 등에서 자연, 즉 그들의 지역 생태 환경에 의해 조정되고 한정되는 것으로 고려되었다(그림 1).

자연을 단지 '비인간(non-human)'으로 인지하고 과학의 대상으로만 취

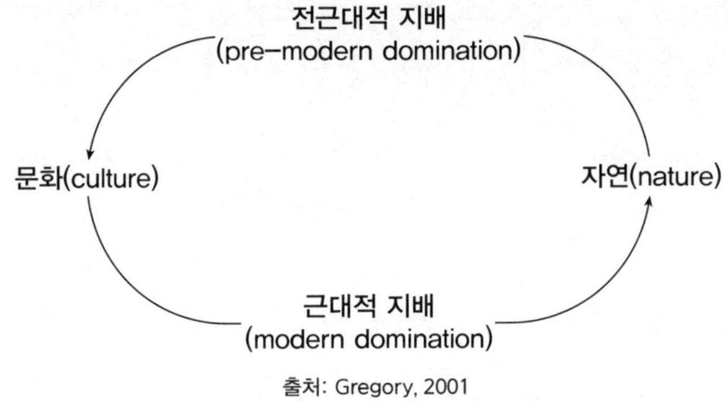

출처: Gregory, 2001

그림 1. 자연과 사회의 분리, 변증적 자연-사회 관계

급하는 것은 자연의 가치를 인간의 필요 충족이라는 용도를 지닌 어떤 실체로만 간주하고 그 자체 내재적 가치를 가진 존재로 인정하지 않는다는 것을 의미한다. 이것이 자본주의 사회에서 자연에 대한 일반적인 문화의 기본적 틀이 되었다. 자연을 단순한 자원으로 환원시켜 인간과 자연 간의 교환과 공존의 의미를 무시하는 것은 문화 편파적이며 환경적으로 파괴적인 발전이 당연시되고 보전마저도 발전에 의존하도록 만드는 인식의 토대가 되었다(Elliott, 2013; Mies and Benholdt-Thomsen, 2001). 이러한 이원적이며 계층적인 사고는 문화와 자연, 정신과 육체, 대상과 주체 등으로 다양하게 전개되며, 자연은 인간의 필요에 따라 길들여지고 정복될 대상으로 간주되었다. 자연의 가치는 인간의 주관적 효용과 필요를 만족시켜 주는 용도라는 기준에 의해 측정되거나 평가되었다.

자연과 인간의 구분을 전제로 하는 이들의 관계에 대한 관심은 환경결정론과 인간의 영향으로 표현되었다. 이러한 사회와 자연의 이념화는 사회적으로 구성된 것이고, 더 나아가 사회계층성을 내포하는 서구인들의 사고와 실천으로 지배층의 신념이 대중화된 것이라 할 수 있다. 정치생태

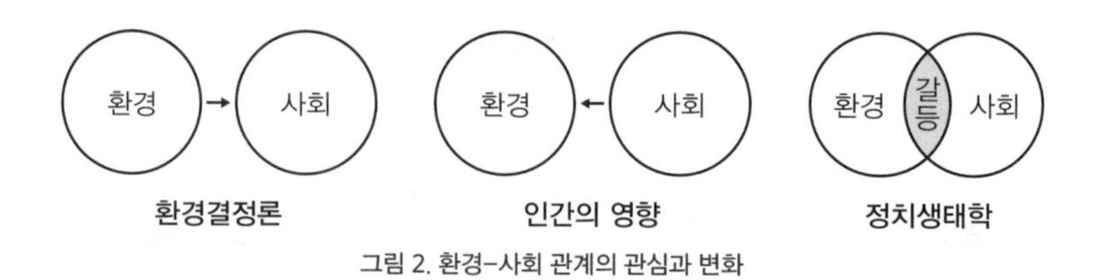

그림 2. 환경-사회 관계의 관심과 변화

학은 환경 변화를 사회, 특히 발전과 환경 간의 관계로 접근하며 사회와 자연이 어떻게 관계되는가를 소지역의 현장에서 환경 갈등과 관련된 이해 당사자들 그리고 점차 지리적 규모를 넓혀 국가, 세계 지역 단위에서의 관여자들의 이해관계를 포함하며 광범위한 정치경제적 상황을 고려한다(그림 2). 공간 규모와 시간 영역의 확대 그리고 다양한 이해 당사자들의 참여는 보다 포괄적인 관점을 견지하는 데 필요한 안목을 제공해 준다.

정치생태학은 특히 환경 자원의 이용과 관리에 포함된 물질적·제도적·담론적 실행을 환경과 발전 간의 관계에서 검토하며, 여기에 포함된 불평등한 권력 관계와 빈곤층의 환경에 대한 인식과 이용을 이해하는 데에도 관심을 기울인다. 이를 위해 정치생태학은 소지역 단위의 사례 연구를 통해 지역 단위에서 작동하는 광범위한 정치경제적 상황을 고려하는 접근을 취한다. 이는 지역 환경 변화를 보다 근원적으로 이해하려는 노력이며, 이러한 연구들을 누적시켜 보편적 원리를 찾고자 하는 것이 정치생태학 연구의 핵심이라 하겠다.

2. 설명의 연쇄와 지역 정치생태학

정치생태학 연구는 제3세계 소지역에서 나타나는 토양 악화를 자연과 인간과의 상호작용으로 고려하며, 다양한 자연과 생태적 변화를 광범위한 정치경제 상황과 더불어 이해하기 위해 점진적으로 지역 규모를 확대하는 접근 방법을 취한다(Blaikie, 1985; Blaikie and Brookfield, 1987). 이러한 접근은 소지역에서 환경 변화에 대한 사례 연구의 형태로 진행되는데, 점차 여러 지역의 다양한 자연을 대상으로 확대되고 있어 본질적으로 지역 정치생태학이라 할 수 있다. 여기에서 지역이라는 수식어는 지역별 자연환경이 공간적으로 다양한 것을 고려하는 것이며, 동시에 역사적·관계적으로 특정 지역의 상황을 중심과 주변의 권력 관계를 통해 정치경제적 맥락에서 이해하려는 접근의 출발점이기에 중요하다.

1) 설명의 연쇄

정치생태학 연구는 특정 장소와 지역의 환경 악화를 광범위한 상황에 위치시키며 비정치적이면서 정치적인 설명을 제시하는 기존 접근의 모순을 밝히기 위해 '설명의 연쇄(chains of explanation)' 방법론을 강조한다. 설명의 연쇄는 환경과 사회의 관점에서 특정 지역의 환경 악화와 변화를 공간과 구조의 규모를 점진적으로 넓혀 가며 귀납적으로 관찰하며, 여기에 포함된 불균등 발전과 권력의 역할을 드러내고, 비판적이며 대안적인 이해를 도모한다(그림 3).

설명의 연쇄를 토양 악화의 사례에 적용해 보면, 토양과 식생의 물리적 변화(A)는 지표의 침식과 덤불과 잡초의 침입으로 나타나고, 이는 특정 장소에서의 경제 징후(B)로 작물 생산의 실패, 생산량 변화가 커지는 위험과 불안의 증가로 나타난다. 이는 다시 토지 이용(C)에 영향을 미쳐 경작이 충분하게 이루어지지 못하거나 소득을 높이기 위한 과도한 벌목으로

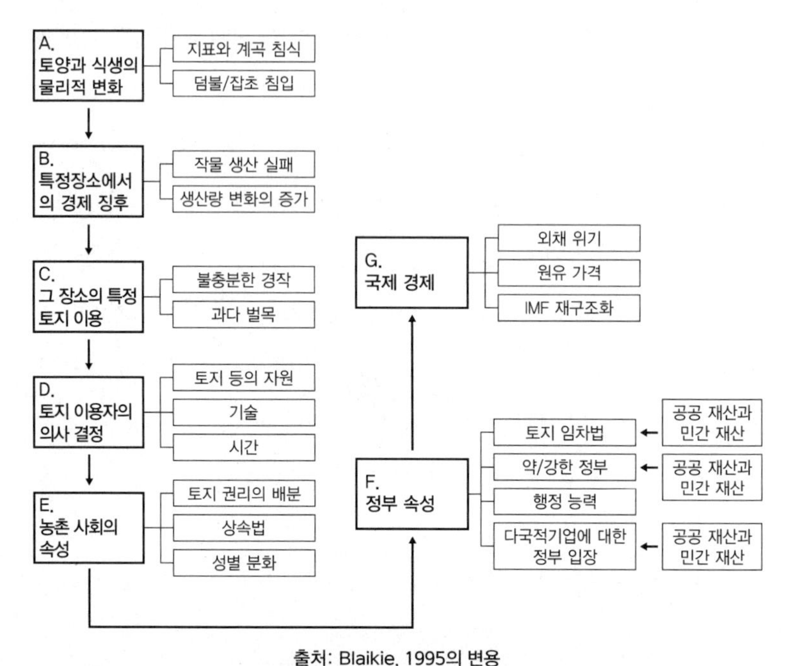

출처: Blaikie, 1995의 변용

그림 3. 정치생태학의 설명의 연쇄

이어지고, 토지 이용자의 자원, 기술, 시간에 기초한 의사 결정(D)으로 농촌 사회의 속성(E)인 토지 권리의 배분, 상속법, 성별 분화 등으로 지역 특성을 형성한다. 이러한 지역 특성은 외부의 영향으로 공공과 민간의 토지 임차법, 법을 강제하는 정부, 행정 그리고 다국적기업의 참여에 대한 입장 등 정부 속성(F)으로부터 영향을 받는다. 정부의 속성은 보다 광범위한 외채 위기, 원유 가격, 국제 대출 기관의 구조 조정 프로그램과 같은 국제 경제(G) 상황의 영향을 받게 된다.

이러한 설명의 연쇄는 정치생태학 연구가 환경 이용과 관리에 대한 특정의 주제와 관점에 초점을 맞추기보다는 현장에서 나타나는 환경 변화를 광범위한 사회, 정치적 상황에서 작동하는 권력과 이익 관계를 통해 이해를 시도하는 방법론적 성격이 강함을 보여 준다. 이 접근 방법은 특히 제3세계의 환경 악화에 대한 연구에 적절하게 적용되는데, 예를 들어 아마존 밀림 파괴에 대한 설명의 연쇄적 이해는 인구 증가에 따른 토지 이용 압력이나 생존을 위한 무지한 환경 파괴의 이해를 넘어 정부의 발전 지향적인 개발 정책, 국제기구에 의한 강제적 구조 조정에 따른 수출 작물의 재배 필요 등 정치경제적 상황을 포괄하는 보다 광범위한 상황적 이해를 시도한다.

그러나 소지역에서 나타나는 특정 환경 악화와 변화에 대한 관심은 장소특수적인 생태적·사회적 상황과 국가, 세계 규모에서 작동하는 힘이 상호작용하며 다양한 결과로 이어지는 것을 파악하는데, 연구자의 관심에 따라 주안점이 절충적이어서 개별성을 넘어 보편적인 결과를 도출하기에는 어려움이 따른다. 그러나 누적되는 사례 연구는 소지역 단위에서의 실제 환경 문제를 다루지만 선진국과 개발도상국의 세계 지역 단위에서 어느 정도 정리된 개별성을 드러내고 있어, 지역 간 비교와 분석의 적절한 틀이 갖추어진다면 환경 변화에 대한 사례, 개별성을 넘어 보편적 이해 또한 가능하게 해 줄 것이다.

2) 지역 정치생태학

환경 변화를 자연과 인간 양자의 영향 그리고 이들의 상호작용을 통합적으로 고려해야 한다는 관점이 당연함에도 불구하고 근대화 과정에서 자연과 인간이 분리되며 오랫동안 논의되지 못했다. 환경 악화를 자연과 인간을 결합하며 접근하려는 노력은 특정 장소의 환경 변화에 영향을 미치는 다양한 요소들을 개별 그리고 이들의 상호작용으로 파악하게 되며,

결국 장소 또는 지역에 대한 관심을 높이게 된다. 정치생태학의 원조로 간주되는 책, 『토양 악화와 사회(Land Degradation and Society)』(Blaikie and Brookfield, 1987)에서 지역의 중요성을 강조하고 있어 원천적으로 지역 정치생태학이라고 할 수 있다.

블레이키와 브룩필드는 『토양 악화에 대한 연구』에서:

> … 이러한 관계의 복잡함은 상호작용 효과, 다양한 지리적 스케일, 그리고 사회경제 조직의 계층(예: 개인, 가구, 마을, 지역, 정부, 세계) 그리고 시간에 따른 사회와 환경 변화 간의 모순을 포괄할 수 있는 접근을 필요로 한다. 우리의 접근은 지역 정치생태학이라고 기술될 수 있는데, '지역'은 환경의 다양성과 토양에 가해지는 요구들이 다양한 것처럼 토지의 회복력과 민감성의 공간적 변화를 설명하는 데 필수적이기 때문에 중요하다. '지역'이라는 용어는 또한 지역의 성장과 쇠락 이론에 환경을 고려해야 함을 의미한다. 토지 관리자는 토지 이용과 관리에 대한 의사 결정을 할 때 중심과 주변 지역이라는 상황을 고려한다. 브라질, 미국, 동남아시아의 변방 거주지 그리고 경제가 침체하는 지역에서의 농업 관련 의사 결정에 대한 구체적 연구는 지역 경제 침체가 토지 관리에 노동과 자본을 투입할 동기를 낮추고 투자를 저지하는 중요한 맥락으로 작동하고 있음을 드러낸다.

특정 소지역의 환경 변화를 지역, 국가 특성, 세계 경제 상황과 연계시키며 접근하는 사례 연구는 환경의 악화와 변화의 결과와 더불어 과정적 이해를 통해 다양한 공간 규모에서 지역 자원 이용자, 과학자, 전문가, 정책 결정자 모두에게 분명하게 드러나지 않는 정치화된 환경의 성격을 파악할 수 있게 해 준다. 이러한 개별 사례 연구와 이들을 누적시켜 보편적 특성을 드러낼 수 있는 것은 광범위하고 비판적 접근을 시도하는 정치생태학 연구가 가진 강점이라 하겠다. 따라서 개별성과 보편성은 상호 연계되며 환경 변화에 대한 이해를 보다 근원적으로 할 수 있도록 해 준다.

지역 정치생태학의 지역적 접근의 기초는 상황 또는 맥락으로서의 지역으로, 지역은 그 자체 생물리적 속성과 자연적으로 그리고 인간에 의해 만들어진 물리적 특징과 기후, 영양분 흐름, 동물과 인간의 이주, 수리 체계 등과 같은 과정을 포함한다. 사회-정치적 과정은 다양한 형태의 인간 상호작용, 예를 들어 가족 관계에서 자원 이용자 간 갈등 그리고 정치적 권력의 전개 등을 포괄한다. 여기에는 행위를 통치하는 공식적, 비공식적 규칙, 예를 들어 법령, 규정, 협정, 규범 등도 작동하고 있다. 사회-문화적 의미는 사람들에게 자신들이 속한 세상, 장소에서 어떤 행동을 하는가를 허용하는 사고, 가치, 믿음 등을 의미한다. 장소 형성의 요소인 사회-정치적, 사회-문화적 의미는 장소의 생물리적 속성과 상호작용을 통해 장소성으로 뿌리내린 것으로 지속적으로 장소를 특징짓는 데 작동하는 역동적 측면도 있다(Cheng et al., 2003).

장소는 특정 환경을 지녀 우리가 세계를 경험하고 행동하게 되는 근본적 수단이며, 사회적으로 구성된 적절한 행위를 기대하는 상황이며, 종종 정치적으로도 만들어진다. 장소를 구성하는 복합적 요소들은 상호작용을 통해 결합체로 장소성을 형성하며, 이는 개인과 집합 행동에 영향을 미쳐 해당 장소, 지역에 적합한 상황에 따른 의사 결정과 정책 설정이 이루어지는 과정에 중요한 역할을 한다. 따라서 장소는 생물리적 속성의 생동성 없는 단순한 담지자가 아니라 사회적-문화적-정치적 과정을 통해 의미를 만들어 가고 지속적으로 재구성하기에 정태적, 동태적 측면 모두에서의

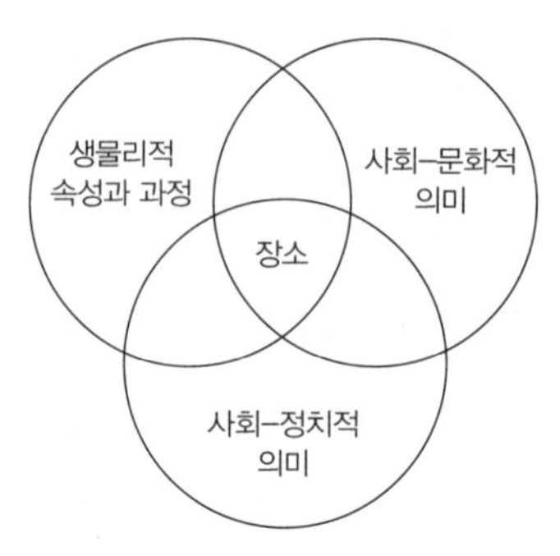

출처: Cheng et al., 2003의 변용
그림 4. 자연, 사회와 문화 그리고 정치의 교호적 결합인 장소

관심이 요구된다.

이러한 장소의 개념을 지역 내 자연 자원 이용과 관리에 적용하면 소지역 단위의 특정 장소에서는 일반적으로 자연의 가치와 목표가 특히 공유재의 경우 동질적으로 나타난다. 사유재의 경우도 외부 효과로 인한 공공성을 포함하게 되어 장소, 지역별 자원 특성은 생물리적 속성 그리고 이와 관련하여 형성된 사회–문화적 의미에 따라 다양한 경제적, 사회적 가치를 가지게 된다. 사회–문화–정치적 과정은 다양한 수평, 수직의 상호작용을 포함하므로 일반적으로 자원 이용에 갈등이 발생하고, 이는 공식적, 비공식적 규정 그리고 권력의 경합까지 다양한 양상으로 전개된다. 종종 갈등이 내부적 합의로 해소되었다고 하더라도 외부로부터의 규정과 협정이 도입되어야 하는 경우 또 다른 갈등 양상으로 전개되는 경우가 많다.

자원 이용과 그에 따른 갈등은 지리적 규모별로 다양하게 나타난다. 선진국과 개발도상국의 경우 자연에 대한 상당히 다른 공식, 비공식적 규칙과 관습을 가지고 있다. 재산권이 확립된 제1세계에서는 법규를 따라, 예를 들어 벌목이 사유지에서는 가능하지만 공유지에서는 불가능하다. 또 관습의 지배를 받는 다수의 제3세계에서는 비공식적 마을 전통이나 규범을 따라, 예를 들어 삼림 지역에서 떨어진 나뭇가지를 줍거나 생계 유지를 위한 수확물 채집이 가능하며 대신 일부는 마을의 공동 기금으로 납부하는 것이 일상화되어 있다. 제1세계와 제3세계는 환경 갈등의 원인에서 차이를 보이는데, 제1세계는 주로 외부 효과에 대해 규제와 가격 부과로 비용을 내부화시킬 수 없는 경우이고, 제3세계는 시장 기반의 환경 관리 방식이 유입되면서 지역 주민의 저항이 생겨나는 경우가 일반적이다. 이들 갈등은 지역별 상황에 따라 다르게 나타나지만, 세계화되는 경제, 사회 상황에서 한쪽의 관점 또는 방식이 다른 쪽에 확대 또는 강제되는 경우 갈등은 더욱 복잡한 형태로 전개된다.

정치생태학 접근은 제3세계의 토양 악화를 소지역 내 환경 변화로만 접근하기에는 한계가 있다는 것에서 출발하여 정치경제적 상황을 고려하는 비판적 안목으로 상당히 새로운 이해를 진척시켰다. 제3세계 사례 연구는 대다수 농촌 지역 소규모 1차 생산과 관련하여 환경 악화와 사용 통제에 따른 갈등을 주로 다루는데, 소작 농업과 환경 악화 간의 관계, 자연보호 지역의 지정에 따른 거주민 이주 갈등 등 자원 고갈과 효율적 이용을 명분으로 한 환경 관리가 전통 소지역으로 확대되며 공동체적 자원 이용과 관리가 붕괴되는 상황이 그 배경을 이룬다(Davis, 2005; Agrawal, 2001). 제1세계로 확대된 연구는 시장 원리와 재산권에 기초한 환경 보전의 모순을 드러내며 전근대적 경제·사회 체제로 치부하던 공동 자원 관리를 대안으로 제시한다(Robbins, 2002; Brogden and Greenberg, 2003). 제3세계의 상황은 탈식민 사회의 특성이기도 하고, 세계 시장과 제도를 수용해야 하는 구조적 불리함에서 유발된 지역 특수적인 현실로 고려할 수도 있다. 공동 자원 관리는 정치생태학 외에도 학제 간 지속가능한 발전 분야에서도 관심을 받으며 연구가 확대되고 있다(오스트롬, 2010; Berkes, 2008; 마코토,

2014; Ellen et al., 2000).

제3세계와 제1세계 환경 문제는 시장 원리의 확대와 모순 그리고 재산권 기반 자원 관리의 한계에 따른 공동체 관리의 적용을 강조하는 서로 상반된 모습이다. 기존 제3세계와 제1세계 여러 지역의 다양한 사례 연구를 지역별 다양한 전개와 변용 과정으로 비교하며 통합과 재구성을 시도해 볼 필요가 있다. 구체적으로는 삼림, 어업, 물 공급 등을 중심으로 한 사례 연구를 민영화, 상품화 등으로 전개되는 자연의 신자유주의화(Perreault, 2005; Swyngedouw, 2005; Mansfield, 2004b)와 자원 관리 규율과 체제의 개방성, 지속가능성(Thoms, 2008; Sneddon et al., 2002; Pagdee et al., 2006; Mehta, 2011, 2007)을 포함하는 공동 관리 측면에서 검토하며 지역별로 전개되는 다양성의 지리를 포착해 보고자 한다.

정치생태학 접근을 제3세계와 제1세계로 범주화해 구분하면 지리적 다양성을 드러내는 기술적 연구로만 한정되어 보편적이고 설득력 있는 지역 정치생태학을 정립시키지 못할 가능성이 있다. 제3세계와 제1세계 환경 문제의 지역 맥락적 접근은 환경 이용과 관리를 구체적인 지역에서 발생하는 현존의 문제로 다루지만, 동시에 두 지역의 기존 사례 연구를 지역별로 환경 문제의 원인이 서로 상반된 모습을 보이는 지역 맥락적 전개와 변용으로 비교·통합하며 보편적 원리를 찾고자 한다. 두 지역의 공통점은 지역 주민들의 생활방식이 점차 거대한 규모의 체계와 제도인 시장 원리와 신자유주의 정치경제로 연계되는 모습을 보인다는 것이다. 이는 자연을 대상으로 이루어지는 강탈에 의한 축적으로 지구 남부 국가와 북부 국가 모두에서 유용한 이론적 논의가 전개되지만(하비, 2007; 최병두, 2009; Swyngedouw, 2005), 그 전개 양상은 새로운 자연을 포함시키고, 대중 담론을 구성하고, 지리적 영역을 확대하며 다양한 모습을 보인다.

정치생태학에서 지역의 환경 문제는 환경과 사회의 관계가 지배적인 권력 관계의 영향으로부터 구분될 수 없다는 측면에서 광범위한 정치경제의 영향이 중첩되는 현장이 된다. 지역 사례 연구는 지역 정치생태학 정립을 위한 기본적인 작업이며, 제3세계와 제1세계로 구분되어 진행된 기존 연구들의 지역별 개별성과 이들 간의 비교를 통해 환경 문제 원인이 서로 상반된 모습에서 환경 관리 정책의 모순을 불평등한 권력이 자연을 대상으로 부의 축적을 위해 사용하고 있는 것으로 보편적 원리를 도출하는 작업은 지역 정치생태학 연구 핵심적 접근이다.

3) 분석의 틀 - 제3세계, 제1세계 환경 변화의 개별성과 역동성

정치생태학의 환경 악화와 갈등에 대한 연구는 분야별, 주제별, 지역별로 다양한 연구 성과를 만들어 내고 있다. 초기 정치생태학 연구는 제3세계 지역 주민들이 오랫동안 자신들 주변의 토지와 자연 자원을 다양하게 이용하며 생계를 유지해 왔으나, 중앙정부가 강력한 개발 지향적 발전을 추구하며 토지와 자원에 대한 접근과 통제를 잃어버리게 된 상황에 집중한다. 특히 이러한 개발 정책이 실제 현장에 대한 조사도 없이 매우 관료적이고 서구의 과학을 습득한 환경 전문가들의 결정으로 이루어진, 종종 선진국이 주도하는 국제기구의 지원으로 진행되는 경우를 밝혀 내며 비판적 접근의 필요성을 강조한다. 정치생태학 연구는 제3세계에 치중하여 이루어져 부분적이고 지방적이며 특수적이라는 한계를 지적받는다. 그러나 환경 갈등은 제3세계만의 독특한 문제가 아니므로 제1세계로 연구가 확대되었다. 선진국에서의 환경 갈등은 재산권에 기반하여 발생하고, 이와 관련한 시장 기반 자원과 환경 관리의 한계와 모순을 드러낸다.

정치생태학은 환경 악화와 갈등은 지역별로 이를 둘러싼 광범위한 정치경제적 상황과 맞물려 다양하게 전개된다는 접근으로 이해의 폭을 넓히고 있다. 그러나 주류적인 사례 위주의 연구들에서 제시하는 다양한 지역 상황과 결과들은 비교와 통합을 통해 체계적으로 정리할 필요가 있다(Neumann, 2011; Walker, 2003). 특히 소지역의 특정 환경 부문을 다루는 사례 위주의 연구들은 다양한 분산된 결과를 낳게 되어 일부 통합할 필요가 있다. 따라서 개별 연구들을 유사한 주제로 묶어 단행본으로 출간하거나(Zimmerer and Bassett, 2003; Peet et al., 2004), 환경 변화와 관리의 원인과 결과를 비교해 자연의 신자유주의화를 이론화하는(Castree, 2008a, 2008b; Heynen et al., 2007) 노력을 기울이고 있다. 또한 구체적인 지역의 사례 연구를 통해 환경 문제를 다루는 정치생태학 연구는 지역에 기초하여 정리와 비교가 필요하다는 논의(Walker, 2003; Neumann, 2006)가 제기되고 있다.

정치생태학에서 지역은 인간-환경 역동을 자연 또는 생물리적 과정으로 형태 지우는 다양한 상황으로 역할하고, 사회-환경의 상호작용으로 자원 접근과 통제가 이루어지는 정치의 장소이다. 환경 정치는 복잡한 사회 생태와 관계되어 모든 곳에서 나타나는데, 다양한 환경 과정은 자연-사회와 연계되어 권력 관계를 드러낸다. 규모의 정치경제로 유리한 정치생태를 만드는 다규모적 역동은 구체적 장소를 대상으로 전개되고 있기에 지역은 중요한 관심의 출발지가 된다. 지역 정치생태학은 이러한 측면에서 소지역 단위에서의 환경 변화를 지역, 국가, 세계의 영향으로 규모를 확대하며 설명의 연쇄를 통해 계층적 규모를 특정의 사회 공간, 즉 농촌-도시, 지역, 국가, 세계로 파악하고 이들의 상호작용을 개념화한다. 여기서 공간 규모는 기존의 존재로 주어진 것이 아니라 사회-환경적으로 구성된 것으로 고려하며, 더욱 자연-사회의 형성과 갈등을 다양하고 광범위하고 역동적으로 고려하는 접근을 취한다.

이 책은 정치생태학의 특정 지역 사례 중심의 연구를 비교하며 통합할 필요가 있다는 논의에 비추어, 제3세계와 제1세계 환경 이용과 관리 사례 연구에서 나타나는 환경 갈등을 환경과 발전을 두고 전개되는 정치경제적 상황과 과정으로 접근하고자 한다. 이러한 정치 경제적 상황과 과정은 지역별로 개별성을 보임과 동시에 시장 원리의 적용과 자연의 신자유주의화의 지구적 확대에 권력 관계가 내포되어 있는 정치화된 환경의 보편성을 또한 보여 줄 것이다. 선별된 사례 연구들은 근대화 과정에서 대다수의 국가들이 산림, 어업, 물 공급을 국가 관리에서 점차 민영화나 사유화 관리 방식으로 전환하고, 일부는 과거의 공동체 관리 방식으로 회귀하려는 등의 변화 과정을 겪고 있음을 보여 준다. 이를 면밀히 검토함으로써 개별성과 보편성을 포착하고자 한다. 이러한 목적은 환경 이용과 관리에서 드러나는 갈등의 원인에 대한 광범위한 상황적 이해를 도모하는 한편, 아직 구체화되지 않은 지역 정치생태학의 접근 방법을 제3세계와 제1세계의 경험을 비교하며 모순을 드러내는 방식으로 진일보시켜 보려는 의도를 가진다.

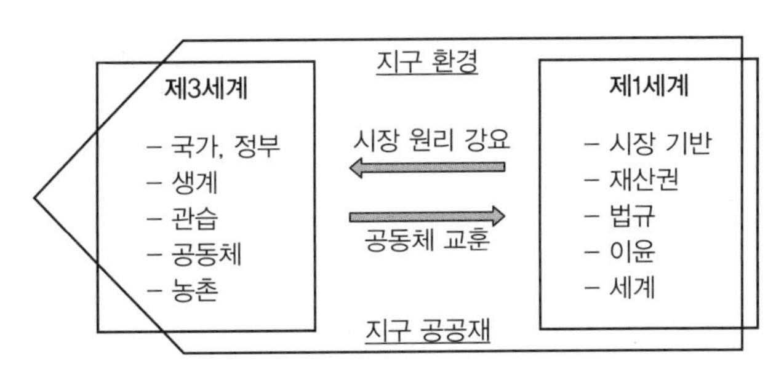

그림 5. 이 책에서 다루는 세계 지역, 주요 주제와 분석의 틀

세부적인 연구 목표는 네 가지로, 첫째 제3세계와 제1세계의 환경 갈등 사례를 과잉 인구와 관리 부재의 주류적인 설명과 지역 특수적이며 개별적인 환경 이용과 관리의 문제를 광범위한 정치경제적 상황으로 고려하는 정치생태학의 비판적 이해를 시도한다. 둘째, 제3세계와 제1세계의 사례 연구들을 검토하며 환경 갈등은 제3세계의 경우 국가와 세계 차원에서 도입하거나 요구하는 시장 원리를 환경 이용과 관리에 적용하며 생겨나고, 제1세계의 경우 재산권에 기반한 입장 대립과 상품화에 따라 불평등이 심화되는 문제로 구분 지어 본다. 여기에 제1세계는 제3세계의 공유재 관리 지혜와 지역 지식에 기반한 공동체 관리 방식을 시장 원리의 문제에 대한 대안으로 언급하고, 제3세계는 국가와 국제기구들이 제1세계의 시장 원리에 기반한 환경 관리를 도입하며 공동체 관리의 전통을 소멸시키고 있는 서로 상반된 방향으로 진행되는 모순을 드러내고자 한다. 셋째, 근래 들어 강조되는 지구 위기와 지구 환경 보전의 지속가능한 발전 담론을 비판적으로 접근하며, 제1세계에서 시장환경주의를 제3세계로 확대시키며 자연의 상품화를 통해 이윤을 추구하려는 전략으로 평가한다. 넷째, 환경 관리의 대안으로 최근 관심을 얻고 있는 공유재와 공동체 관리 전통의 성공적 사례를 통해 지역 지식과 공유 자원 관리의 중요성을 강조하고, 여기에 한국의 사라진 전통인 송계와 현재도 운영 중인 마을어장 경험을 추가해 보고자 한다. 더불어 최근 후기발전주의에서 논의하는 공유재에 기초한 지역 공동체 경제의 가치를 재발견하며 지속가능한 환경과 사회를 향한 노력을 소개한다.

이 책은 정치생태학 연구에서 누적된 사례 연구를 크게 제3세계와 제1세계로 구분하여 환경 악화와 갈등의 지역 개별성을 구분하여 정리해 보고, 제3세계와 제1세계가 지향하는 환경 이용과 관리의 방식이 서로 상반된 방향으로 전개되고, 제1세계에 의해 주도되는 지구 위기, 지구 환경의 대중 담론을 부의 축적을 위해 불평등한 권력 관계를 자연을 대상으로 그리고 전 지구적 범위로 확대시키려는 모순을 보편성으로 도출해 보고자 한다. 정치생태학 접근은 보편화되는 시장환경주의 관리의 한계와 모순을 드러내는 한편, 자본주의 경제에 가려 드러나지 않았던 공유재의 성공적 관리를 보여 주는 사례 연구와 지역 공동체와 전통적 지역 지식에 기초한 자연의 이용과 관리가 후기발전주의 논의에서 중요하게 다루어지고 있어 이를 비판과 대안을 동시에 지역으로 포괄하는 지역 정치생태학으로 접근 방법과 내용으로 제시한다. 지역 정치생태학은 기존 정치생태학 연구의 다양한 지역적 전개를 지역별로 구별 짓고, 이들의 변용을 지역 간 비교와 검토를 통해 파악하며, 보편성을 도출하는 지역 맥락적이며 역동적 접근을 취하며, 비판적 안목을 가질 수 있는 기회를 제공한다.

지역 정치생태학은 제3세계와 제1세계의 환경 이용과 관리 방식 그리고 역동을 환경과 사회의 상호 연계에 권력 관계가 작동하는 과정으로 비판적으로 검토한다. 또한 발전과 환경을 포괄하는 기존의 지속가능한 발전을 형평성까지 고려하는 지속가능한 환경과 사회로 발전시키려는 논의적 그리고 실천적 의도에 필요한 안목을 제공해 준다. 여기에 기존 주류적 접근에 대한 비판에 치중한 정치생태학 연구에서 부족한 대안 논의는 후기발전주의 연구에서 다루는 공유재와 지역 공동체에 기반한 지속가능한 자원 관리의 성공 사례를 더하며, 환경 이용과 관리에 대한 균형적인 접근과 이해를 도모하고 실천의 토대를 마련하는 지역 정치생태학을 제안해 보는 것이 이 책의 목표이다.

제3장

지역 정치생태학 : 제3세계, 제1세계 그리고 지구 환경

1. 세계 환경 변화의 정치생태학
2. 제3세계 지역 정치생태학–환경 악화와 갈등
3. 제1세계 지역 정치생태학–시장 기반 환경 관리의 모순
4. 시장환경주의 확대와 비판

세계 여러 지역의 환경 변화에 대한 정치생태학의 다양한 사례 연구는 상당히 누적되었다. 이 장에서는 정치생태학 연구를 제3세계와 제1세계로 구분하는 배경과 주요 자원인 삼림, 어업, 물 공급과 관련된 연구를 소개하며 제3세계와 제1세계에서의 환경 변화와 갈등의 사례를 지역별로 개관해 본다. 이러한 정태적 비교에 이어 동태적 특성으로 제3세계의 신자유주의적 환경 관리와 제1세계의 공동체 관리 방식의 교훈이 서로 역방향으로 나타나는 모순을 지적하고, 지구 공공재의 위기 담론을 전 세계에 시장환경주의를 확대시키려는 이윤 추구의 동기로 비판한다. 나아가 환경 이용과 관리의 물질적 그리고 담론적 속성을 환경, 발전, 형평성 측면에서 검토해 본다. 이러한 환경 이용과 관리의 모순을 지역별 특성과 지역 간 역설적 주장으로부터 드러내는 지역 정치생태학 접근은 다양성과 일반화를 동시에 견지하는 이해를 가능하게 해 준다.

1. 세계 환경 변화의 정치생태학

세계적 차원의 환경 악화에 대한 관심은 세계환경개발위원회의 보고서 『우리 공동의 미래(Our Common Future)』에서 지구 차원의 생존의 문제로 그 심각성을 언급하고 있다. 지속가능한 발전의 목표에 환경과 발전을 연계하여 다루는 것은 제3세계의 대다수 지역이 생계 유지를 자연의 이용에 의존하고 있어 환경 악화가 심각하게 나타난다는 것으로 보아, 빈곤 감소를 환경 보호를 위한 우선적 과제로 고려함을 의미한다(세계환경개발위원회, 1994; Escobar, 2011; Elliott, 2013).

환경 문제가 심각하게 나타나는 대다수의 지역들은 농촌, 산촌, 어촌 공동체로 임야와 해변을 공동으로 이용하며 생활해 왔다. 그러나 이러한 주민 생활의 근거지였던 자연은 독립국가를 형성한 이후 근대화 과정을 거치며 상당한 악화를 경험하고 있다. 이러한 상황은 제3세계의 경우 시장 기반의 환경 관리가 필요하다는 입장을 제기하는 배경이 된다. 반면 제1세계 국가들은 시장환경주의를 적용하여 이루어지던 환경 관리에서 모순을 경험하면서 일부에서는 공동체적 관리 방식의 도입을 고려하고 있다. 환경 악화와 관리에 대한 정치생태학 연구는 제3세계의 경우 사막화와 삼림 관리 그리고 물 공급 분야에서, 제1세계의 경우 어업 관리와 탄소 배출 분야에서 상당히 진행되고 있다.

1) 제3세계, 제1세계 정치생태학

제3세계의 구분은 냉전 시기 북대서양조약기구(NATO; 제1세계)나 공산주의(제2세계)와 연합하지 않은 국가들을 정의하며 등장했는데, 정치경제적인 측면에서는 아프리카, 라틴아메리카, 아시아의 식민화를 경험한 대다수의 국가들 또는 세계화된 경제를 주도하는 제1세계의 주변국들로 분화된 경제 기능으로 연계된 국가들을 일컫는다(Escobar, 2012). 이들 제3세계들은 식민지에서 독립하여 국가를 형성한 후 개발주의로 특징되는 국가 발전을 위한 계획을 수립하여 시행하게 된다(맥마이클, 2013).

제3세계 국가들은 서구 방식의 경제사회 발전을 모방하며 근대화를 추진하는데, 환경 측면에서 근대화는 자연과의 괴리에 기초한 사고로 인해 다양한 환경 문제를 유발하게 되었다. 근대적 발전은 자연 파괴적인 양상으로 전개되어 많은 원시적인 환경을 파괴를 지속하였다. 이에 대한 해결책을 찾는 노력은 광범위한 세계 경제와의 연계에서 근대화 사고의 틀에서 벗어나지 못한 채 신맬서스적 그리고 시장 원리에 기반한 환경 관리를 강조하였다. 실제로 많은 제3세계 국가들은 인구 억제, 공공과 환경 서비스의 민영화 정책 등을 추진한다.

제3세계와 제1세계의 국가 정책과 환경 변화의 관계를 간략히 구도화하면, 제3세계의 경우 대다수 국가는 경제 발전을 위한 근대화 프로젝트를 완성시키기 위해 능률성을 추구하는 국가 개발 정책을 성장 잠재력이 높은 산업 분야와 지역 개발에 집중적으로 투자하는데, 특히 자연 생산품의 개발과 수출 그리고 이를 이용한 제조업 발전을 추구하며 자연환경의 파괴를 가속화시킨다. 이러한 국가 발전 정책, 즉 능률성을 추구하는 정책은 환경 보전 및 형평성의 측면과 갈등 양상을 보인다. 제1세계에서는 산업화를 거치며 소득 수준이 높아짐에 따라 환경에 대한 관심이 높아져 환경 오염 산업을 제3세계로 이전시키거나, 높아진 환경 규제에 부합하기 위한 청정 기술의 개발과 이용이 이루어진다. 오염 산업은 환경 규제가 없거나 생산 비용이 낮은 제3세계로 이전하게 되고, 청정 기술은 환경에 대한 관심이 높은 국가나 무역에서 환경 규제를 강화시키며 수출 상품으로 등장해 제3세계로부터 소득을 올리는 기회를 제공한다. 그러나 제1세계 내에서도 저개발 지역에는 오염 산업이 입지하며 지역 갈등을 유발하는 환경 보전과 형평성의 문제가 드러나기도 한다.

일반적으로 국가 정책은 초기에는 경제적 능률성을, 다음으로 어느 정도 국가 경제가 성장하면 지역 격차 해소를 위한 형평성을, 마지막으로 경제적 성숙 단계에 이르면 환경 보전의 가치를 주요 국가 목표로 강조한다. 능률성은 국가 경제 성장을 극대화하고 국민 전체의 총량적 부의 증대를 목표로, 성장 잠재력이 가장 높은 산업과 지역에 집중적으로 투자가 이루어져 지역 간 격차를 심화시키는 결과로 이어지는 경우가 일반적이다. 형평성은 평등, 공정의 뜻으로 국가 정책이 사회 집단이나 지역의 소득과 복지 수준에 따라 차이가 많아서는 바람직하지 않다는 정의적 측면을 의미하는데, 지나친 형평성의 부족은 국가 통합에 지대한 차질을 가져올 우려가 있어 무시할 수 없는 주제로 남아 있다. 환경 보전은 쉽게 정의될 수 없는 광범위한 성격이지만, 기본적으로 그 목표는 자연과 그 안에 살고 있는 생물체 간의 균형을 추구하는 것이다. 이는 인간과 자연의 안전과 안락 그

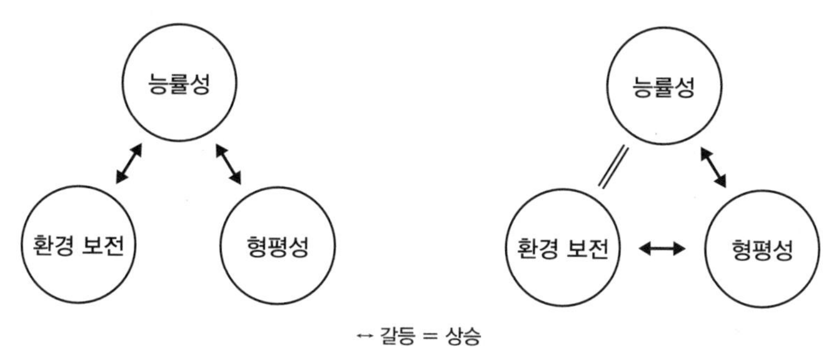

↔ 갈등 = 상승

주: 김형국(1996)의 논의를 변형, 확대

그림 6. 국가 정책 목표의 관계: 제3세계와 제1세계 상황

리고 지속가능성을 담보할 수 있어야 한다고 볼 수 있다(김형국, 1996).

선진국은 환경과 경제 간 상승 관계를 보이는데, 소득이 증가함에 따라 국민들은 삶의 질 향상을 위해 환경 개선 사업에 자발적으로 참여하며 기업 또한 생산 공정 관련 기술을 오염저감형으로 발전시켜 나간다. 환경 규제에 대한 기업들의 대처는 일반적으로 두 가지로 나타나는데, 하나는 오염 기업들을 외국으로 이전하는 것이다. 특히 환경 규제가 낮거나 없는 국가가 그 유입국이 되는데, 이러한 기업을 유치하는 국가들은 경제 발전에 총력을 기울이는 제3세계 국가들로 환경 규제가 없을 뿐만 아니라 외국 기업 유치에도 적극적이다. 다른 하나는 선진국 내 환경 오염이 증가하자 국민들의 환경권에 대한 요구가 증가하는 것으로, 조세 부과, 보조금 지불, 대체 기술의 개발에 대한 관심과 투자를 높여 환경 산업을 육성시키는 것이다(김형국, 1996). 이에 더하여 근래 정치생태학 연구로부터 새로이 드러나는 모습은 제1세계 국가들이 자연의 상품화를 통해 자국의 환경 보전을 추구하며 능률성, 즉 경제적 이윤을 추구하는 자연의 상품화를 들 수 있다. 이는 환경 악화의 문제를 시장 기제로 해결하려는 접근으로 국가 내의 환경 문제를 줄임과 동시에 제3세계로부터 이윤을 얻는 전략이다. 이에 대한 대표적 사례로는 물의 상품화와 탄소 배출권 거래제를 전 세계로 확대시키려는 노력을 들 수 있다(Bakker, 2007; Bumpus and Liverman, 2011).

이러한 환경 문제와 갈등 원인의 지역 간 차이는 광범위한 정치경제 상황을 고려하는 정치생태학 연구의 비교를 통해 파악할 수 있다. 제3세계는 세계화된 경제 상황에서 외부의 영향과 이에 따른 국가 정책에 의한 환경 악화가 보다 근원적인 문제이다. 외부의 영향은 세계화와 자본 논리이며, 여기에 지역 내부 엘리트와의 결탁에 따른 자본주의의 확대, 그리고 독립했음에도 식민 시대의 가치와 신념이 지속되는 후기식민성에서 그 원인을 찾는 경우가 일반적이다. 반면 제1세계의 정치생태학 연구는 정립된 재산권 체제 내에서 토지 이용 간의 갈등, 정부의 역할보다는 NGO의 역할, 그리고 제1세계 내에서도 농촌 지역의 경우 생계 유지의 문제와 관련한 갈등을 주로 다룬다(McCarthy, 2005b; Robbins, 2002; Bryant, 1998). 그러나 시장 기반 환경 관리의 모순과 한계를 노정시키는 연구 또한 중요한 비중을 차지한다(Mansfield, 2004b; Castree, 2008b). 이러한 연구는 흥미롭게도 제3세계의 공동체 자원 관리 방식을 농촌 지역 주민들의 생존 전략이 아니라 이를 넘어 합리적으로 자원을 이용하기 위한 지혜로 고려하며 관심 있게 다루고 있다(McCarthy, 2005; Selfa and Endter-Wada, 2008).

환경 악화와 갈등의 정치생태학 사례 연구들을 광범위한 세계 지역으로 구분하는 보다 근원적인 배경에는 제3세계의 경우 발전을 지향하는 국가의 정책과 시장 원리에 기반한 정책을 강제하는 국제기구의 권력이 소지역 환경에 영향을 미치며 갈등이 발생하고 있다. 제1세계의 경우 시장 기반의 환경 이용과 관리가 재산권 분쟁과 자원 고갈을 부추기는 한계와 모순이 있다. 이러한 서로 상반되는 환경 이용과 관리 방안의 적용은 역설적이며, 제3세계에 초점을 맞출 경우 시장환경주의 방식은 제1세계와 마찬가지로 한계와 모순을 드러낼 것임에도 불구하고 강제되고 있다. 제1세계의 경우에 환경 외부 효과를 다른 지역과 국가로 확대하는 동시에 일부 공동체 기반 관리 방식으로부터 교훈을 얻으려는 노력이 보편적으로 나타난다. 나아가 지속가능한 발전을 위한 지구 공공재 논의 또한 시장 기반 환경 관리를 지구 차원으로 확대하기 위한 위기를 조장하는 대중 담론 접근으로 비판할 수 있다.

이러한 제3세계와 제1세계에서 서로 상반되는 환경 관리 방안과 지구 환경 위기 담론이 전 세계로 확대되는 것에 대한 비판적 검토는 제3세계와 제1세계로 구분된 정치생태학 연구의 경계를 허문다. 환경 변화의 원인에 대한 보다 근원적인 이해를 가능하게 하는 지역 정치생태학 접근을 제시하고자 한다.

2) 주요 환경 자원 – 삼림, 어업, 물 공급

삼림은 현재 지구 전체 토지 면적의 약 30퍼센트를 차지하는데, 이는 과거에 비해 2/3만이 남아 있는 수준이며, 2000년에서 2005년 사이에도 연간 730만 헥타르의 삼림이 사라졌다. 이는 주로 삼림이 농지로 바뀐 것에 기인하는데, 아프리카와 남미에서 가장 많이 사라졌다. 1900년대 이전에는 벌목이 온대지방 삼림 감소의 주요 요인이었지만, 이후에는 삼림이 벌목으로부터 벗어나 안정되었고 일부 증가하기도 했다. 온대지방 선진국에서는 벌목이 거의 사라졌는데, 이는 삼림 수요가 줄어서가 아니라 자국의 삼림을 보호하는 대신 남부 국가의 습윤 열대 지역으로 벌목을 이동시켰기 때문이다(Langston, 2012).

열대지방에서는 현재에도 대규모 벌목이 이루어지고 있다. 열대우림 피복은 지구의 6퍼센트에 불과하지만, 전체 동식물종의 2/3를 포함하는 생물 다양성의 핵심지이며 '지구의 허파'로 불리는 인류의 공유재로 고려된다. 산업적 벌목뿐만 아니라 빈곤과 정부 정책에 의해서도 열대우림이 훼손되는데, 생계와 상업적 농업, 산업적 목축, 광업 등이 모두 산업적 벌목에 버금가는 수준으로 열대우림을 파괴하고 있다. 전 지구적으로 1950년대 이후 열대우림의 60퍼센트 이상이 감소했는데, 1960년에서 1990년 사이 브라질에 사라진 열대우림의 면적은 지난 300년간 사라진 열대우림의 면적과 비슷하다(Elliott, 2013).

현재의 열대우림은 원래 1억 2000만 헥타르 중 7퍼센트만이 남아 있으며, 그나마 불연속의 조각 삼림들이다. 최근 삼림 제거 면적이 감소하고 있지만 지구 온난화가 화재를 유발해 건조한 남쪽 아마존의 삼림 감소를 지속시키고 있다. 재삼림화는 일반적으로 긍정적으로 평가되지만, 어떤 수종을 심느냐는 지역의 수요보다는 사회-정치적 구조에 의해서 결정된다. 재삼림화에는 기본적으로 농산업을 위한 올리브, 팜, 커피, 코코아, 사과 등 과일을 맺는 수목이 선택된다. 19세기부터 효율적 삼림 과학 주장에 기초해 유칼립투스와 소나무 플랜테이션이 펄프 산업을 위한 집약적 자본 투자와 함께 새로운 식종으로 확대되며 생태계의 변화를 이루고 있으며, 이후 세계 수요에 따라 몇몇 수종을 산업적으로 식목하는 일이 전 지구적으로 광범위하게 이루어졌다(로빈스 외, 2014).

어업은 인간 생존을 위해 선사 시대부터 호수, 강, 연안 바다에서 이루어졌다. 1000년대 이후에는 생존을 위한 어업에서 상업적 어업으로 바뀌었으며, 19세기 말에는 전 세계의 수요를 충족시키는 집약적이고 지리적으로 광범위한 어획이 이루어졌다. 20세기 말에는 상업적 어획이 어종과 지리적 영역의 마지막까지 확대되어 전체 수확이 감소했으며, 해양 자원은 무한할 것이라는 이전의 생각에 변화를 불러왔다. 최근에는 해양 자원 고갈로 양식 생산으로의 변화를 꾀하고 있다. 19세기 중반 화석 연료가 동력으로 이용되면서 지역적으로 이루어지던 어업이 대규모로 성장했는데, 시장 확대와 트롤 어선이 등장하며 어획 자원이 고갈되기 시작하였다. 19세기 말에서 20세기 초에는 영국에서 시작된 증기 트롤 어선이 전 유럽과 미국에서까지 보편화되었다. 기계화된 어업은 일본에서 가장 급성장했는데, 일본은 원양 어업을 국가 생존을 위해 필요한 것으로 판단하여 효율적인 어획 방법을 사용함과 동시에 원양 진출을 강화해 1938년 300만 톤의 세계 최대 어획고를 기록한다(Muscolino, 2012).

어획은 제2차 세계대전 이후 전 세계적으로 무차별하게 이루어졌다. 1960년대 이전 북반구에 집중했던 어업은 이후 남반구로 이동하고, 선박들은 디젤 엔진과 냉장고를 갖추어 더 멀리까지 나가 더 많이 잡을 수 있게 되었다. 더불어 제2차 세계대전 동안 레이더, 음파탐지기, 나일론 그물 등의 기술이 발전함에 따라 어업은 더욱 효율화되었다. 과도한 어획이 전반적으로 이루어졌으며, 20세기 후반부터 전통적인 어업 기반은 점차 사라지고, 1970년대에는 전 세계 모든 어장이 개발되었다. 어획량 감소는 1980년대부터 나타나는데, 현재의 채취가 지속된다면 2048년 모든 상업적 어종은 멸종될 것으로 예측된다. 이를 대체하는 양식 어업이 성장하여 1990년대 말 전체 어류의 25퍼센트를 차지하는데, 중국이 선도적이다(Mansfield, 2004a).

그러나 양식은 양식 어류를 위해 야생 어류를 먹이로 잡기 때문에 남획으로 인한 어류 자원의 문제를 해결하지 못한다. 또한 양식은 사료, 항생제, 농약 찌꺼기 형태로 오염 물질을 만들어 낸다. 새우 양식은 맹그로브를 제거해 해안 지역을 폭풍에 취약하게 만들어 어류나 다른 해양 생물의 서식지를 축소시키고 있다. 따라서 양식이 해양 어류를 회복시키지는 못할 것이다. 해양보호구역 설정이 대책으로 제시되지만 현재 전체 해안의 약 1퍼센트 미만이 보호구역으로 지정되어 해양 생태와 어획의 미래는 밝지 않다(Muscolino, 2012).

물 공급에 대한 관심은 삼림과 어업 같은 자연 자원과는 달리 공공 서비스로 인식하는 음용수 공급을 민영화하려는 관리 측면의 변화이다. 물 공급 서비스는 몇 가지 특성을 가지는데, 공급이 한정되어 있으며, 지역별로 자연적 그리고 저수 및 저장 능력에서 차이가 크게 나는 장소특수적 특성을 보인다. 또한 안정적이고 안전한 물 공급은 생명과 건강에 필수적이므로 전체 인구의 물 이용가능성과 지불가능성은 복지 및 정치적으로 중요하다. 나아가 농업과 산업 발전에도 물 공급은 중요해 경제와 사회 발전의 목표를 성취하는 데 필수적인 요소로 지속가능한 발전, 특히 빈곤 감소와 관련 있는 민감한 자원이다(Kessides, 2004). 그러나 물 공급은 저장과 배분을 위해 댐과 관로를 건설해야 하는 매우 높은 고정 비용을 필요로 하는 반면, 생산 비용 대비 단위 당 가치는 그다지 높지 않아 특히 제3세계의 경우 공급에 어려움을 겪고 있다.

세계 인구의 상당수는 아직 하루에 필요한 최소한의 깨끗한 물을 이용할 수 없는 상황에 처해 있다. 그러나 국제 사회에서 이를 극복할 대안마저도 뚜렷하지 않고, 이 필수적인 기본 서비스에 대한 접근이 인간의 절대적 권리인지에 대한 공감대도 형성되어 있지 않다. 2000년 하루 40리터의 안전한 음용수에 접근하지 못하는 인구는 1100만 명(전 세계 인구의 17퍼센트)이었다. 유엔은 새천년개발목표(Millenium Development Goals)에서 이 수치를 2015년까지 반으로 줄이겠다고 제시했지만 이는 불가능해 보인다(Castro and Heller, 2009). 물 공급은 재정적, 경제적으로 지속가능한 정책과 기관을 필요로 한다. 제3세계는 국가 차원에서 농촌 지역으로까지 음용수를 공급하기에는 상당한 재원을 투입해야 하는 기반시설 서비스로 제1세계 국가들로부터 원조를 받아 사업을 수행하는 경우가 많은데, 세계은행을 포함한 국제기구들은 물 부족의 위기를 부각시키며 물을 경제재로 고려해야 한다는 필요성을 강조한다. 제3세계 물 공급에 선진국의 기업이 참여하는 것은 효율적인 물 공급 서비스의 운영과 시설 확충을 위한 방책으로, 다국적 물 기업들은 1990년대부터 개발도상국에 대한 투자를 늘리고 있다(Haughton, 2002).

주류적 접근에서는 삼림, 어업, 물 공급에서의 이러한 변화를 인구 증가와 생계를 위한 무지한 삼림 벌채, 전 세계 해양을 이동하는 공공 자원에 대한 경쟁적 남획에 따른 자원 고갈, 정부의 능력 부족과 비효율적 자원 관리 등에 기인하는 것으로 설명한다. 그러나 정치생태학자들은 이러한 주류적 설명을 넘어 광범위한 정치경제 상황을 고려하는 대안적 설명을 제시한다. 삼림 파괴의 경우, 재삼림화의 과학적 접근은 수종 선택에서 지역적 수요보다는 산업적 수요에 부응한 것임에도 국제기구나 정부는 삼림 파괴의 책임을 지역 주민에게 돌린다. 실제 많은 양의 삼림이 선진국의 수요에 부응하기 위한 삼림 정책으로 제거되었기 때문에 삼림 제국주의라고 비판받는다(Langston, 2012). 이러한 환경 악화에 대한 대중 담론은 사막화와 지구 온난화의 경우에도 발생 지역과 주민에게 책임을 전가하는 것이 보편적이지만, 실제로는 선진국의 경제에 유리하게 작동하는 국가 경제 발전 정책과 개발 사업에 기인하는 경우가 많다(Elliott, 2013; Liverman, 2009).

어업의 경우 남획은 일반적으로 어부들의 책임으로 언급되지만, 실제로는 어선 규모화에 대한 경쟁적 정부 지원과 어획 감소를 보완하려는 목적으로 위성영상과 거대한 트롤, 그물 등과 같은 신기술이 대규모로 적용된 것에 기인한다. 또한 어류 자원 관리의 명분으로 채택된 총허용어획(Total Allowable Catch, TAC)이나 개별이전가능할당(Individual Transferable Quota, ITQ)과 같은 정부 정책은 어업의 집약화와 자본 규모의 거대화로 이어져 소규모 생계 어업과 어촌의 쇠락으로 이어지는 결과를 초래했다. 국가별 배타적경제수역(Exclusive Economic Zone, EEZ)의 설정과 같은 어업 규제는 어업 활동을 공해와 외해로 확대시켰고, 선진국의 어획고가 감소하는 상황에서 어류 수요가 증가하자 대자본의 다국적 기업들은 개발도상국과 협정을 맺고 그들의 배타적경제수역 내에서 어업 활동을 수행하며 수입을 늘리고 있다. 물 공급의 경우 민간 기업에 의한 서비스가 확대되었지만, 효율성에 기반한 완전비용회수원칙으로 인해 물 가격은 점차 증가하고 있으며, 서비스가 주변 수요층에게까지 잘 전달되지 않아 빈곤층의 접근성 문제는 개선되지 못한 모습이다. 물 공급의 민영화는 자연과 자원을 이윤 추구의 대상으로 상품화하는 의도를 드러내며, 이는 지역 저항운동으로 이어지는 계기가 되고 있다(Budds and Sultana, 2013).

정치생태학 연구는 제3세계와 제1세계 소지역의 다양한 자원을 대상으로 환경 악화와 변화에 대한 사례 연구를 진행하며, 환경과 발전 그리고 형평성 측면에서 비판적 검토를 시도한다. 특히 삼림, 어업, 물 공급은 공공재의 성격이 강해 정부 차원에서 관리하는 경우가 보편적이지만, 자원의 효율적 이용이라는 논리로 시장 기반의 관리 방안을 채택하면서 의도하지 않은 결과로 이어지고 있다. 이들 분야는 가장 악화가 진행되는 자연환경 분야이면서 동시에 집중적 개발 대상으로 이들을 개발하려는 의도가 정치적으로 만들어졌을 가능성이 높다. 제3세계에서 자연의 이용과 관리는 대부분 국가가 관리하기 이전에는 지역 공동체가 관습적으로 수행해 왔다. 그러나 근대화 과정을 겪으면서 국가 관리로 바뀌었으며 최근에는 지구화되는 세계 경제 상황에서 시장 원리 기반의 신자유주의적 환경관리가 확대되고 있다. 따라서 소지역의 환경 변화는 국가와 세계의 광범위한 규모에서 작동하는 권력의 영향을 받으며 대다수의 지역에서 갈등이 발생한다. 제1세계의 경우 일찍이 시장 원리에 기반한 관리가 보편화되었으나, 재산권 간의 가치 충돌이 나타나거나 과학적 관리를 적용하기 어려운 환경 분야에서 한계를 드러내며 공동체적 관리의 지혜를 언급하는 경우가 많다.

환경의 이용과 관리에 대한 지역 특수적 사례 연구들을 지역과 분야에 기초하여 범주화하면 환경 악화 문제의 원인을 보다 광범위한 지역 규모에서 드러나는 정치-경제 상황에서 찾는 데 도움을 준다. 환경 문제에 대한 주류적인 접근인 지역 내에서 문제의 원인을 찾는 단순한 이해를 넘어 대안적으로 국가와 세계의 다규모적 관점에서 복잡한 환경-사회 그리고 정치 상황을 고려하는 비판적 접근은 제3세계와 제1세계의 상황별 원인과 이들 간의 차이와 상호적 연계로부터 자연의 이용과 관리는 환경 보전보다는 발전을 지속시키기 위한 동기가 작동하고 있음을 파악할 수 있게 해 준다.

2. 제3세계 정치생태학 - 환경 악화와 갈등

제3세계의 환경 이용과 관리에 대한 관심은 환경 악화에 집중된다. 소지역의 환경 악화에 대한 주류적 접근은 무분별한 환경 파괴의 원인으로 인구 증가를 강조하는 데 반해, 정치생태학 연구는 소지역을 둘러싼 지역, 국가, 세계의 정치경제 상황과 연계시켜 이해하는 접근을 강조한다. 일반적으로 생계 유지를 위한 지역 주민의 활동이 국가 차원의 개발 지향 정책과 빈번히 갈등 양상을 일으키고, 국가의 정책 또한 시장 기반의 자본주의 확대를 지속하는 세계 차원의 영향을 받고 있는 상황에 관심을 기울인다.

1) 개발(국가)과 생계(지역)

왜 정치생태학은 제3세계의 환경 악화에 관심을 기울이며 사례 연구를 지속하고 있을까? 1980년대 지리적으로 한정된 제3세계 지역에 대한 관심이 등장한 배경에는 아프리카, 아시아, 라틴아메리카의 발전에서 경제는 아직도 1차 산물에 상당히 의존하고, 식민 시기를 거쳐 독립한 이후 근대화를 추구하는 개발 지향 국가 정책은 수십 년간 자연의 과잉 채취로 악화로 이어져 오고 있다. 더불어 서구 식민 시기 그리고 이후의 근대화 과정에서 정부는 환경 관리를 서구의 과학 기술과 통제 그리고 시장 원리를 적용하게 된다.

제3세계 국가와 지역들은 최근 세계 경제와 통합되고, 중앙 집중적 시장 원리에 기초한 정치·경제 통제가 환경 이용과 관리에 적용되면서 환경 갈등이 발생하고 있다. 따라서 제3세계 환경 갈등에는 국가의 역할이 중요하게 자리 잡고 있다(Bryant, 1998). 이 지역들은 지난 50~60년 이상 개발이 이루어졌음에도 불구하고 대다수 사람들이 극악한 빈곤 상태이고, 이러한 빈곤은 자연환경에 의존하는 생계 기반을 유지하기 위해 개발에 저항하는 것으로 나타난다. 따라서 제3세계 정치생태학 연구는 환경 악화를 주류적인 접근에서 다루는 대신 빈곤과 부유의 권력 관계에 초점을 맞추어 접근한다.

2) 사례 - 사막화, 삼림 파괴, 물 관리, 대중 담론

정치생태학 접근의 연구가 시작되면서 주류적 접근이 가진 한계를 가장 뚜렷이 드러내는 제3세계의 환경 악화와 변화 사례는 사막화–토양 악화, 삼림 관리, 물 공급 민영화 그리고 주민 통제를 위한 대중 담론의 생산을 들 수 있다.

(1) 사막화

사막화는 생산력 있는 건조 지역이 매년 600만 헥타르의 규모로 가치 없는 사막으로 바뀌며 지구 환경을 급격히 변화시키는, 인간을 포함한 많은 생물종을 위협하는 환경 변화이다. 세계환경개발위원회가 발간한 브룬트란트 보고서(1987) 『우리 공동의 미래(Our Common Future)』는 사막화를 수 차례 언급하며 환경 악화의 대표 사례로 꼽고 있다(Brundtland, 1987). 아프리카 사헬 지역의 건조화는 지속적으로 진행되고 있는 환경 악화로 사하라 사막의 남쪽으로의 확대는 '조용한 사막의 침입'이라 부른다. 1930년대 서구인들은 이를 사바나기후 낙엽 삼림이 개방되며 화전식 이동경작이 이루어지고, 새싹과 가지를 먹어 치우는 목축으로 인해 점진적으로 악화된 것을 관찰하였다. 이러한 토지 이용은 사바나 삼림의 멸종으로 이어지고 식물 뿌리 약화와 강수량 감소는 나무들을 죽게 하여 건조 지역의 생산적인 토지가 사막으로 바뀌었다고 보았다.

사막화에 대한 과학적 접근은 아프리카 열대 지방에서 지속적으로 가뭄이 나타나는 기후 변화를 그 원인으로 꼽는다. 기후 변화와 인간 행동은 지표의 반사율인 알베도, 식생 피복, 대기 먼지 등의 변화로 연계되는데, 이러한 변화를 측정하는 데 위성영상이 이용되며 토양 황폐화는 과잉 목축에 의한 것으로 계량화하여 제시된다. 사막화는 자연환경 측면에서는 가뭄으로 시작되지만, 이러한 재해가 없더라도 인구, 목축, 농업 집약도 증가와 같은 인문환경의 변화로도 시작되어 식물 생육이 늦어지고 질병이 발생하는 등 토양이 취약해 지게 된다. 이는 빈약한 종자의 생산으로 이어지고 다시 생산량 감소로 이어져 수확량을 보충하기 위해 경작 빈도는 높아지게 된다. 이는 경작 주기를 짧게 해 토지가 바람, 강우, 유수 등의 침식에 더욱 쉽게 노출되고, 토양 성분을 보충하기 위해 경작을 하기 전 불을 자주 지르게 하여 휘발성 양분의 손실로 이어진다. 결국, 토양의 질과 물리적 구조는 악화되고 유기물은 손실된다. 이는 분뇨나 재를 통한 전통적인 유기질 투입으로 토양을 회복시키기에 불충분해 식물의 성장이 둔화되고 질병 취약성이 높아지는 악순환을 거듭하게 된다(Adams, 2009; 그림 7).

이러한 과학적 주장의 저변에는 환경과 인구에 관한 신맬서스주의적 입장이 논의의 주류를 이루는데, 핵심 개념인 수용능력(carrying capacity)을 생태적 규칙으로 제기하며 이를 넘어서는 이용은 피해, 악화, 생산성

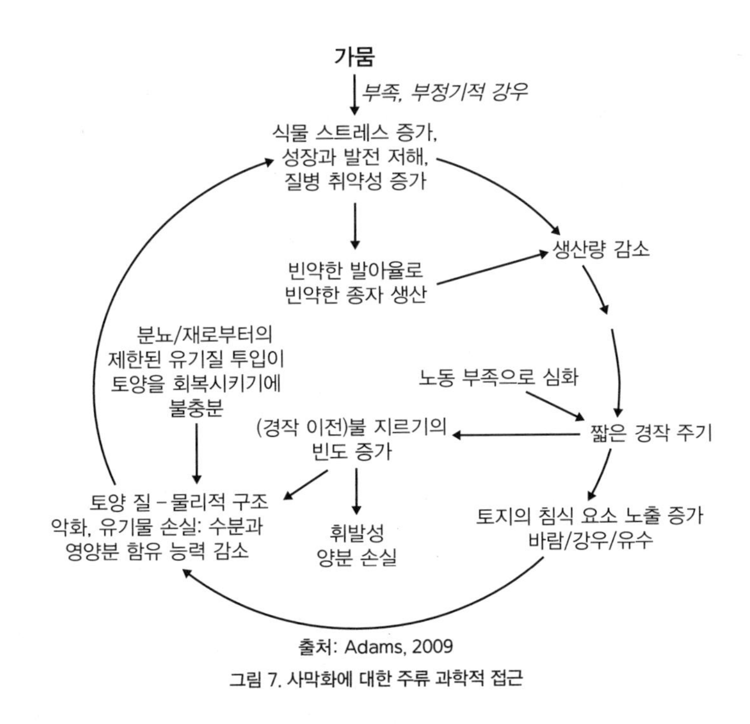

출처: Adams, 2009
그림 7. 사막화에 대한 주류 과학적 접근

저하를 유발할 수밖에 없다고 본다. 신맬서스주의는 과잉 인구와 과잉 목축을 강조하며 토지 악화의 주요 원인을 인간이 생태 한계를 넘어섰기 때문이라고 본다. 현명하지 않은 개발 계획과 적절하지 않은 관리도 문제이지만 핵심은 인간과 가축의 수 증가에 따른 압력을 문제로 본다.

신맬서스식 사고는 아프리카의 사막화에서 가장 두드러지게 나타나는데, 정부와 원조 기구들은 사막화를 기후 재앙의 자연재해로 보기보다 거주지 확대와 과잉 목축의 인간의 책임으로 접근한다. 20세기 중반까지 사헬 지역에서는 계절적으로 이용가능한 자원을 따라 이동 목축이 행해지며 정상적인 토지 이용이 이루어졌는데, 제2차 세계대전 이후 인구 증가와 단기적 이윤을 겨냥한 과잉 목축과 농업 방식이 문제를 악화시켰다고 본다. 이에 따른 사헬 지역에서의 관리 정책은 이동 목축업자를 한정하고 통제하여 정착시키는 것을 주축으로 한다. 우선 가축 수는 목초지 상황에 맞도록 줄이고, 울타리를 쳐서 가두는 방목으로 몸무게를 증가시키며, 목초지를 통제한다. 또한 불 지르기와 잡초 제거, 목초 배양을 통해 목초지 생태를 조정하고, 질병 통제와 상업적 유통을 촉진시키는 방향으로 관리가 이루어진다. 이는 목축업자의 정착을 유도하고 공식적인 토지 임차권 제도를 정착시켜 자본주의적 생산을 강조하는 모습이다. 또 다른 정책은 토양 악화가 진행된 지역의 거주자를 새로운 지역으로 이주시키고, 이들을 교육시켜 새로운 적합한 농촌 경제를 형성하고, 교육과 가족계획을 통해 인구 성장을 억제하는 방법을 제도화하도록 권고하는 것이다. 이러한 정부 주도의 광범위한 재정착에는 정치적, 경제적, 인간적 비용이 상당히 소요되는데, 이를 위한 선진국의 원조가 정착 등을 위해 유입되고 있다.

이러한 정책은 사헬을 대규모의 통제된 목축 체제로 바꾸려는 환경 관리 계획이자 개발 투자로, 농업 생산성 향상을 통해 밀, 쌀, 소, 어류의 생산을 최소 두 배씩 늘려 식량 자급을 이룰 수 있도록 하고, 이를 위해 대규모 관개 토지를 늘리고 교통을 개선하고 식량 저장과 삼림을 복구하는 선진국 주도의 계획이었다(Sinclair and Fryxell, 1985). 그러나 이러한 농업과 목축 발전을 위한 해외 원조 계획은 의도는 좋았지만 지역에 대한 충분한 지식이 없이 단기적으로 이루어지면서 기존의 토지 이용을 바꾸었다. 과잉 목축은 우물 주변에 형성된 식생의 후퇴를 불러왔고, 이러한 식생 제거가 점차 확대되며 사막화로 이어졌다.

주류적인 지속가능한 발전 문헌에서는 자연환경이 수많은 빈곤층의 손에 의해 악화 경로로 치닫고 있는 것으로 비추어진다. 사막화의 강렬한 이미지는 많은 관찰자와 해설자의 다른 의견을 일소시킨다. 목축 생계를 위해 사막은 조금씩 녹지 공간과 가축을 잠식하고, 늘어나는 인구와 가축 수는 장기적인 토양 생산성과 농촌 경제의 지속가능성을 위협한다. 따라서 사막화는 손을 쓸 수 없는 개념으로 받아들여졌다. 더욱이 이러한 이미지를 고착시키는 것은 자주 등장하는 소농들이 가파른 경사지에 농사를 짓는 모습이나 빈곤한 농부와 목부가 토양 비옥도가 낮은 곳에서 농사를 영위하는 모습들이다. 빈곤층은 반복적으로 생존과 경제 그리고 생태적 파탄의 경계에 놓인 것으로 묘사된다(Adams, 2009).

아프리카 반건조 지역의 환경 악화 이미지는 너무 강렬한 감정을 유발시켜 이 문제의 심각성을 보다 치밀하고 체계적으로 평가하기 위한 자료 수집을 허용하지 않았고, 농업과 목축으로 환경이 악화되었다는 신념이 정책을 수립하는 데 충분해 다른 고려는 필요 없다고 판단하는 상황을 조성하였다. 특히 1972~1974년에 걸친 가뭄은 1977년 나이로비에서 열린 유엔 사막화회의로 이어지고, 사막화에 대처하는 행동 계획의 실행에 유엔 환경계획(United Nations Environment Programme, UNEP)이 책임을 지도록 하는 단계로 발전하였다. 아프리카의 사막화는 1980년대에 이르러 국제적 의제가 되었으며, 가뭄-악화의 연계 설명은 사헬 지역 국가와 국제기구에 광범위하게 받아들여지고 대다수의 사람들에게도 일반화된 상황으로 인정받았다. 예를 들어 에티오피아에서는 정부와 서구 원조자들이 기근의 원인에 대해 너무 많은 인구가 환경 악화를 유발한다는 신맬서스식 설명을 제시하며 대규모의 식량원조 프로그램을 정치적 이념으로부터 중립적인 것으로 합리화시키는 데 적용하였다(Hoben, 1995).

서구의 사막화에 대한 일반화는 지속적으로 확대되었다. 1980년대 유엔환경계획은 개발도상국의 모든 건조 지역에서 사막화가 증가하며 지구 토양의 약 35퍼센트, 세계 인구의 약 20퍼센트인 약 8억 5000만 명을 지탱할 수 있는 면적이 침식에 취약하다고 추정하였다. 지난 30년간의 사막화는 세부적인 분석에서 가뭄, 환경 여건 그리고 토지 관리 방법 사이에 밀접한 연계가 있는 지구적 변화로 고려되며, 그 중요성은 정책 결정자와 환경 단체, 양자-다자 간 원조 기구와 국가 차원의 과학자들에게 당연한 것으로 받아들여졌다. 개발도상국의 사막화, 더 일반적으로 토양 침식은 환경주의자들의 주요 관심사이자 주제가 되었다. 세계자연보전연맹(IUCN, 1980)은 사막화를 토지의 잠재적 취약성과 인간 활동의 압력이 결합된 결과로 보고, 농업에 취약한 토지에 이주한 농부들을 위해 목축업자들을 가축 사육에 취약한 토지로 퇴출시켰는데, 이들 지역이 아프리카의 사헬과 수단이다. 아시아의 히말라야와 남미의 안데스의 경우도 너무 많은 야생 동물들이 나무와 초본 식생을 먹어 치워 침식을 가속화시키는 것으로 보았다(Adams, 2009).

정치생태학 연구는 환경 악화를 유발하는 토지 이용자의 대다수가 빈곤층이라는 기존의 일반화된 주장과 달리, 사회적·경제적·정치적 여건을 환경과 발전 문제의 핵심으로 고려하여 부유층을 책임자로 부각시키는 비판적 접근과 이해를 제시한다. 환경과 빈곤 간의 연계는 토지의 과도한 이용에 따른 환경 악화, 기근과 장기적 식량 부족으로 이어진다는 신맬서스적 관점처럼 단순하지 않다. 환경 악화는 빈곤층의 생계 위협과 연계되어 있기 때문에 환경이 빈곤층에 미치는 영향은 중립적이지 않으며, 환경의 질은 사회에 의해 중재되기에 사회는 차별적이다. 환경 악화의 영향을 자주 받는 사람들은 이를 중단시킬 능력이 없을 뿐더러 다른 곳으로 이주할 능력도 없다. 정치생태학에서 제기하는 환경 악화에 대한 정치-경제적 이해는 "토양 침식의 물리적 현상이 사람들에게 영향을 미쳐, 사람들이 반응을 보이고 생활 방식을 적응시켜야 할 때 사회적 현상이 되고 … 이 반응이 다른 사람에게 영향을 주고 이해가 충돌할 때 … 이는 또한 정치적 문제가 된다."(Blaikie, 1985, 89)는 주장에서 찾을 수 있다.

토양 침식과 같은 소지역 환경 문제는 농부의 경작 방법과 같은 지역 사회경제의 산물일 뿐만 아니라 지역, 국가, 세계적 규모의 정치경제의 산물이기도 하다. 따라서 광범위한 정치경제의 영향이 결여된 설명은 중요한 부분을 놓치는 것이다. 토양 침식은 개척한 농토에 폭우가 내려 발생하는 것뿐만 아니라 다른 요인들에 의해서도 영향을 받는다. 여기에는 침체된 농촌을 벗어나 임금 소득을 얻기 위해 남자들이 도시로 이주했거나, 노동력이 부족해 적절한 토지 개량이 이루어지지 못했거나, 국가 재정 정책이 수입 농산물을 보조했거나, 국가 부채와 구조 조정이 농업 확대를 위해 재정을 축소시킨 것 등이 포함된다. 기후 변화에 따른 아프리카 건조 지역의 가뭄만큼 빈곤층의 생계 유지에 외부의 정치-경제적 영향도 중요하다. 지역 환경 변화를 제대로 이해하지 못하면 정책 개발이 특히 빈곤층들에게 생각하지 못한 좋지 않은 결과로 이어질 수 있기에 한 가지 문제로 단순화하기보다는 다수의 모순되고 경쟁하는 문제로 접근하는 안목이 필요하다. 이를 위해서는 비효율성, 부패, 부채 상환, 재원 감소, 무역 관계, 세계 시장의 경제 침체 등 다양한 환경 관리에 영향을 미치는 상황에 대한 고려가 필요하다.

(2) 삼림 파괴

삼림은 토양 침식을 예방하고, 음용수를 여과시키며, 산호초와 어류를 보호하고, 수분 동물을 정착시키는 등 매우 다양한 역할을 한다. 또한 인간 특히 빈곤층에게는 식량, 연료, 섬유, 건축 재료 등을 제공해 주는 중요한 자원이다. 이와 같이 인간에게 절대적으로 필요한 보편적 자원인 삼림이 대다수의 제3세계 국가에서 감소하고 있어 문제다. 아마도 지구 환경 악화의 가장 상징적인 사례가 될 아마존의 대규모 삼림 파괴는 증가하는 인구를 수용하기 위해 토지를 늘리는 과정에서 진행된 무분별한 벌채에 기인한다고 보는 것이 보편적인 설명이다.

대다수의 제3세계 국가들의 삼림 정책은 국가 삼림 논리로 요약할 수 있다(Springate-Baginski and Blaikie, 2007; 그림 8). 국가 삼림은 기본적으로 '국가 이익'을 지역보다 우선시하는 오래된 입장이다. 독립 이후 국가 발전이 '근대화' 산업 발전 프로그램을 중심으로 진행되었으며, 삼림은 지역 생계를 위한 이용자보다 산업 발전에 필요한 재료로 고려되었다. 삼림의 정부 관리의 입장은 토양 침식 방지를 위해 엄격하게 보호되어야 한다는 명분으로 유지되었다. 그리고 모든 산업적 이용은 국가 이익이라는 명분 아래 지역 삼림에 의존하는 사람들의 생계는 국가 발전을 위해 억압되었다. 농업 생산성을 극대화시키기 위해서 불모지와 삼림을 경작지로 변모시켜 수익 창출을 위해 사용하였다.

정부의 삼림 관리 주장은 또한 근대화 과정에 도움을 주기 위한 입장이다. 적합한 목재와 임산물(non-timber forest product)은 상업적 상품, 기반시설 확충, 수출을 위해 필요하다. 목재는 식민 시대부터 선박 건조, 철도, 다리 건설 등에 필요했고, 재정 확충을 위해 지역 삼림에 생계를 의존하는 사람들이 사용하지 못하도록 보호구역을 설정하는 것이 일반적이었는데, 삼림의 이용과 관리에는 과학적 유럽 방식을 채택하였다. 이러한 국가 삼림 정책은 독립 이후 더욱 철저하게 지켜져 유휴 토지에 종이 등 산업용으로 필요한 나무가 식재되어 보호되고 공공적 이용은 배제되었다. 이러한 삼림 정책은 과학적 원리에 기초한 전문적 관리로 '과학적 삼림' 주장으로 일컬어지는데, 특정 수종의 성장에 대한 실증적 연구에 기초한 성장표가 만들어지고, 이는 삼림 관리자에게 특정 지역의 삼림 생산은 과학적

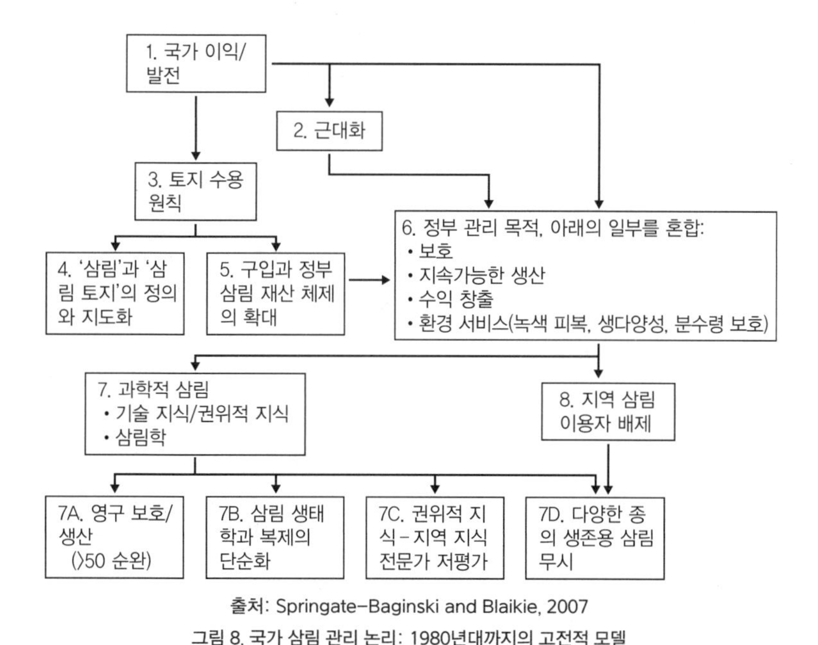

출처: Springate-Baginski and Blaikie, 2007

그림 8. 국가 삼림 관리 논리: 1980년대까지의 고전적 모델

으로 예측 가능하다는 주장의 근거로 이용되었다(Springate-Baginski and Blaikie, 2007).

국가 이익과 발전을 목표로 한 삼림 관리는 과학적 삼림 입장으로 이어져 중앙 집중의 기관만이 효과적으로 삼림을 관리할 수 있다는 주장으로 발전한다. 과학적 삼림 관리는 목재의 생산성, 자원 목록, 식재, 특이 종 도입, 의료용 작물 재배 등을 포함하며, 예측 가능성을 높이기 위해 수종을 통제 가능하게 단순화하고, 지역 주민의 간섭을 외부의 변화로 간주하여 배제시킨다. 과학적이라는 단어를 사용하는 주장은 대중들이 의문 없이 논리를 받아들이게 하는 역할을 한다. 과학적 삼림 관리는 산업, 건설, 종이, 철도 건설 등에 필요한 재료를 공급하기 위해 속성 종의 대규모 플랜테이션과 지속가능한 생산을 중시해 종종 50년이 넘는 장기적인 순환기를 설정하고 지역 주민을 배제한 장기적인 자원 통제를 정당화하는 계획을 수립한다. 비판적 검토 없이 대중에게 받아들여진 국가 삼림 관리 주장은 널리 수용되어 당연시된다. 과학적 삼림은 개인적 해석이나 정치적 편향보다 우선하고 의심할 바 없는 진술과 주장을 펼치기 때문에 권위적이다. 이러한 주장은 지난 수십 년간 이어져 왔으며, 아직도 강력하게 행정 부서와 더불어 일부 보전 또는 환경 단체 내에도 남아 있다.

삼림 지역 거주 공동체의 삼림 경작은 원시적이고 전근대적인 불법 행위로 금지되었다. 국가 계획은 농업 확대와 관개, 재정 수입, 도시 수요와 산업 공급을 위해 산림을 벌목하며, 경작지를 지속적으로 확대해 왔다. '토지수용 원칙'은 정부의 이익을 위해 토지를 수용하는 방식으로, 국가는 더 큰 이익을 위해 자원에 대해 관습적 이용과 근접성에 기초한 주민 권리를 넘어서는 권리를 갖는다. 정부 기관은 삼림은 국가 자원이지 공공재는 아니라는 입장을 고수하고, 지역 주민은 권리가 아닌 사용권을 가진 것으로 정의한다. 네팔의 경우 봉건 시대 사유 재산이었던 민간 삼림을 1957년 정치, 사회, 경제 발전을 위해 국유화하였다. 국가와 지역 주민은 이러한 삼림에 대한 권리를 두고 오랫동안 갈등을 지속하고 있다.

삼림 이용에 대한 갈등을 지역, 국가, 세계 공간 규모의 영향의 결과로 보는 중층적 접근은 아마존 열대우림 파괴를 토지 이용 갈등의 경우로 접근한 사례를 통해 이해할 수 있다(그림 9). 세계적 차원에서는 지속된 경제 발전과 비교적 근래의 환경 보전과 원주민 권리에 대한 압력이 국가 단위에 가해진다. 국가는 아마존의 개발을 통해 경제 성장을 추구하는 한편, 외화 벌이에 경쟁력이 있는 소 목축을 육성하기 위해 대규모의 목초지를 조성하고, 다른 한편에서는 토지 개간을 통해 남부의 토지를 소유하지 못한 가난한 농부와 1970년의 가뭄으로 어려움을 겪는 소규모 농부들을 정착시킨다. 이러한 토지 수요는 아마존의 삼림 제거를 통해 충족되었다. 한편 국제적인 환경 보존과 원주민 권리에 대한 압력이 국제기구를 통해 가해지고 내부적으로도 관심이 높아짐에 따라 정부는 이를 수용할 수밖에 없는 상황에 처해 상당히 넓은 면적을 자연보전구역과 원주민 보호구역으로 지정한다.[1] 그 결과 소지역 단위에서는 소규모 가난한 농부의 정착을 위한 토지 수요, 대규모 상업적 목축, 환경과 원주민 보전을 위한 토지 수요 간에 한정된 자원을 두고 경쟁이 발생해 환경 파괴로 이어진다. 특히 분쟁이나 갈등을 중재하려는 정부의 노력은 인권과 환경 문제 그리고 상업과 경제적 이익 사이에서 모호한 입장을 보이면서 갈등과 파괴를 더욱 심화시킨다(Simmons, 2002).

---

1. 브라질 아마존 파라 지역의 사례를 보면, 원주민 보호구역이 파라 지역 전체의 25%(약 270,000km^2)를 차지해 가장 넓고, 자연보전구역 약 175,000km^2, 상업적 목축 약 17,000km^2, 소규모 농업 약 8,500km^{2}의 순서로 추정한다(Simmons, 2002).

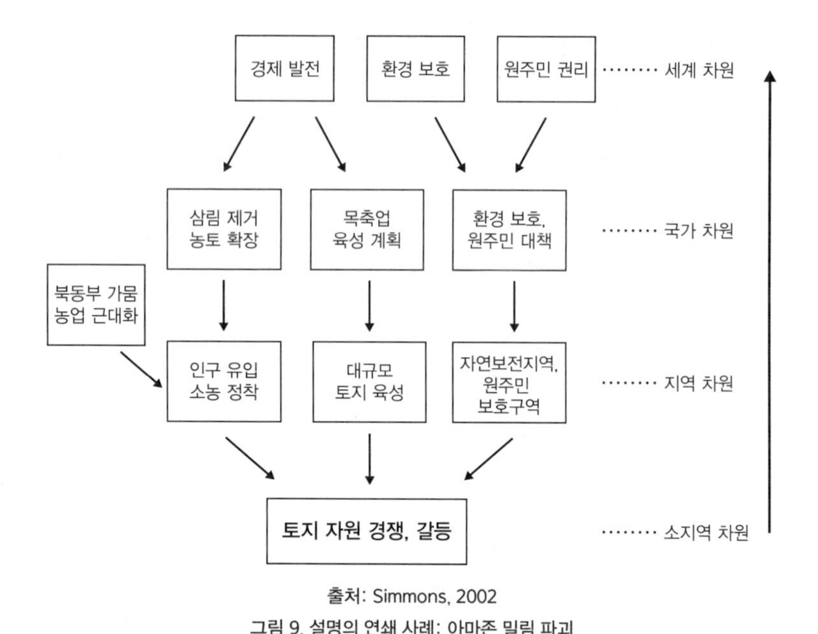

출처: Simmons, 2002

그림 9. 설명의 연쇄 사례: 아마존 밀림 파괴

정치생태학 연구는 기존 공동의 토지 체제와 생태계의 안정을 침해하지 않는 재분배 경제가 점차 국가 차원에서 자본주의 시장 경제를 도입하며 투자자, 토지 소유자, 비거주자의 의사 결정에 의해 파괴되는 것에 관심을 기울인다. 또한 점차 삼림 생산품을 판매하려는 생산자들이 수 세대 간 지속적으로 이용하던 생산 기술로 삼림에 거주하던 원주민 소규모 생산자들과 경쟁 관계를 형성하는 상황에서, 삼림 관리자들은 이동식 경작이 삼림을 훼손시키고 이동 방목은 식생 회복을 억제한다는 대중 담론을 구성하고 확대시키며 대규모 생산자의 입장을 대변하는 것에 주목한다(로빈스, 2008). 원주민들은 삼림이 다양한 역할을 담당하고 있다는 것을 알고 있어서 보호를 겸하는 경우가 일반적이다. 즉 이동식 경작은 농업과 삼림 관리를 병행하는 형태이고, 주택 건축 등을 위해 종종 벌목을 하지만 제한적으로 이루어진다. 그러나 과학적 삼림은 원주민의 생계를 무시하고 토착적 삼림 지식을 무시하여 삼림을 이용하는 원주민들을 배척하는 권위적 태도로 나타난다.

삼림의 생산성이 생계 유지보다 우선시되는 국가 삼림 정책은 사회운동, 저항 그리고 약자의 무기인 불법 침입, 파괴, 방화 등으로 표출되는 저항을 맞게 된다. 인도와 네팔의 경우 국가의 삼림 정책은 1980년대까지 유효하게 적용되었으나, 이후 삼림 이용자, 사회운동가 등 다양한 시민사회 행위자들에 의해 도전을 받았다. 국가 기구들은 통제, 단속에서 참여적 접근으로 변화를 보이고, 과학적이라는 용어 대신 참여, 공동체 등이 대중들에게 받아들여지고 있다. 삼림 정책은 생태적 균형과 환경 보호로 변모하고, 지역 수요가 중요한 우선순위로 고려되었다(Springate-Baginski and Blaikie, 2007).

(3) 물 공급

20세기에 들어서며 세계 다수의 국가에서 상수 공급을 공공 부문으로 관리해야 한다는 입장이 제도화되었다(Budds and McGranahan, 2003). 안전한 물은 생명과 건강에 필수적이다. 그러나 물 공급은 수원 확보와 수도관로 등 매우 높은 고정 비용을 필요로 하기에 자연적으로 독점이 이루어진다. 또한 전체 인구에게 물을 공급해야 함과 동시에 질병 확산이나 지반침하 문제 등 양과 질을 모두 통제해야 하는 매우 중요한 사회복지 성격을 가지기에 중앙 집중 방식이 적합하며 정부의 규제를 받아야 할 당위성을 갖는다(Kessides, 2004). 따라서 북부 국가들의 경우 대다수 물 공급과 관리는 공공 서비스로 전환되었다. 그러나 아프리카, 아시아, 라틴아메리카의 국가들 대다수는 아직 공공 서비스로의 진전을 이루어지지 못한 상태에 머무르고 있다.

남부 국가들의 경우 물 공급은 정부 관리의 비효율, 투자 재원의 부족, 열악한 업무 수행, 부패와 정실 인사 등의 문제를 안고 있다. 정부 보조는 물 공급을 개선시킬 수도 있지만 내부적으로 물을 보전하려는 노력을 기울일 필요가 없도록 만드는 문제가 있는 정책으로 언급된다. 제3세계 국가 지도자들은 독립 이후 1970년대까지 후기 식민 수탈에 대응해 채취 산업 부문의 국유화를 강조했다. 물 공급은 공기업에의 취업 기회와 편리한 공공재 그리고 사회 안정을 제공했지만, 부채 위기와 구조 조정 부담이 증가함에 따라 이를 민영화시켰다.

1980년대부터는 물 공급이 북부 국가에서도 정부 주도에서 신자유주의 정책으로 전환이 이루어졌다. 물을 경제재로 분류하는 신자유주의적 사고로의 변화는 특히 물 공급 방식에 상당한 영향을 미쳐 1992년 '국제 물과 지속가능한 발전 회의'에서 더블린 선언을 채택하며 민영화를 가속화시켰다. 더블린 선언의 핵심 내용은 물은 모든 경쟁적 이용에서 경제적 가치를 가지기에 경제재로 인식되어야 한다는 것이다. 이 선언에 뒤이어 많은 국제기구, 특히 세계은행은 물을 경제재로 다루는 새로운 접근을 발전시키고 확대시키는 데 주도적인 역할을 하였다. 선진국과 세계 금융기관들은 대출에 부수하는 구조 조정 패키지에 물 민영화를 포함시키게 된다(Bakker, 2013).

1990년대 들어 민영화 추세와 더불어 대규모 민간 기업이 개발도상국의 물 공급에 참여하는 일이 급속히 증가하였다. 1990년 당시 약 5100만 명 정도가 대다수 유럽과 미국에 있는 민간 기업으로부터 물을 공급받았는데, 10년 후 4억 6000만 명 이상이 세계 물 기업에 의존하였고, 지역으로는 아프리카, 아시아, 라틴아메리카의 개발도상국들에서 급성장했다.

표 1. 개발도상국 상하수도 계획 민간 참여의 지리적 분포, 1990~1997년

	계획	전체 투자(%)
라틴아메리카와 카리브 해	42	48
동아시아와 태평양	30	33
유럽과 중앙아시아	15	6
사하라 이남 아프리카	8	0
중동과 북부 아프리카	4	13

출처: Haughton, 2002

2015년에는 약 1160만 명이 유럽 기반의 물 기업으로부터 물을 공급받거나 사게 된다. 제3세계 국가 상하수 공급의 주요 직접 투자국은 프랑스와 영국으로 전체 투자의 약 75퍼센트를 차지한다. 프랑스 기업은 사하라 이남 아프리카, 스페인 기업은 라틴아메리카와 카리브 해 국가에 진출하여 흥미로운 후기 식민 지리를 보여 준다. 1990년대 말 물 공급과 더불어 위생, 공중보건, 교육 등과 같은 가장 필수적인 공공 부문은 사유화의 신자유주의 논리 아래 경매에 붙여졌다. 이후 공공 부문 민영화 문제는 현재까지 정부, 비정부 기구, 원조기구, 기업 포럼, 유엔 등이 참여하는 세계 회의의 주요 주제로 다루어지고 있다.

물 민영화를 실행으로 옮기는 가장 직접적인 방법은 세계은행과 국제통화기금(IMF) 대출의 조건으로 부과하는 것이다. 세계에서 가장 거대한 물 기업인 프랑스 기반의 수에즈(Suez)와 비벤디(Vivendi, 현재 베올리아 Veolia Water)는 민간 물 시장의 약 70퍼센트를 통제하는데, 2003년 경제위기 때 경쟁자들을 매입해 더욱 집중화되었다. 민영화된 물 공급은 조만간 자본화된 시장으로 원유처럼 비싸지고 전쟁을 유발하게 될 것이라 한다. 물은 초국적 자본 투자자들에게 가장 수지맞는 시장이 되었다. 서유럽과 미국을 제외한 거의 모든 공공 사업 민영화에는 세계은행과 IMF가 참

여하고 있다. 정부 관료들은 세계은행과 IMF의 자본 대출 조건을 거절하면 대출을 받을 수 없기 때문에 순응할 수밖에 없었다. 엄청난 부채 부담이 사회 상황을 악화시켜 대중 운동이 정부로 하여금 이러한 가혹한 대출을 중지하라고 요구하게 되고, 세계은행과 IMF는 부채 경감이라는 당근을 사용하면서 물 정책 개혁을 몰래 포함시켰다. 2001년 세계은행의 모든 물 공급과 위생 관련 대출은 이들 서비스를 민영화하거나 비용 복구를 상당한 수준으로 높이라는 조건을 달았다. 또한 실행 가능한 물 행동 계획을 빠른 시간 내에 수립하라고 요구하며 초국가 물 정책 네트워크의 전문가와 실행 계획을 수립하여 적용하였다. 최빈국 빈곤 감소를 위한 구조 조정 대출에도 물 민영화와 비용 복구를 주요 조건으로 제시하며 대출 재협상을 하였다(Goldman, 2005).

물 서비스 민영화의 주도권은 주로 북부 국가의 기업에게 주어진다. 처음에는 비용 복구를 위임하는 것으로 시작하지만, 정부가 이 요구에 응할 수 없을 때 그리고 관련된 가격 상승을 지불할 수 있는 능력이 없을 때 공공 부문에서의 물 공급은 적절하지 않다고 평가하며 서서히 일부 또는 완전히 민영화가 진행된다. 2002년까지 대다수 세계은행의 비용 복구 협정 그리고 부채가 있는 재정적으로 어려운 공공 기관은 세계은행과 IMF의 목표를 충족시킬 수 있게 채무 면제의 보석금 지원 형태로 지원하며 민영화로 이어졌다. 물 공급 구조 조정은 다국적 기업이 기술 이전이나 전문가 파견 등으로 도움을 주는 것이 바람직한 방향이겠지만, 대부분 새로운 이윤을 추구할 사업 기회로 이용되며 민영화가 유일한 선택으로 점차 확대되었다.

세계은행과 유엔이 지원하는 세계 물 위원회 보고서, "물 안전 세상: 물,

생명, 그리고 환경을 위한 비전"(2000)[2]은 세계의 가장 빈곤한 지역에 물을 공급하는 서비스에 보조금을 지급하는 방식은 급진적 변화를 필요로 한다는 내용을 담고 있다. 또한 증가하는 물 수요를 감당하고 깨끗한 물을 공급받지 못하는 사람의 수를 줄이기 위해서는 공급 시설에 대한 투자가 연간 7~8억 달러에서 2배 이상인 18억 달러로 증가해야 한다. 이러한 엄청난 투자를 할 수 없는 경우 현재 개발도상국 5퍼센트 미만의 도시에 물 공급을 담당하는 민간 부문이 이 차이를 채우도록 해야 한다고 권장한다. 물 위원회는 민간 부문 투자를 위한 가장 효과적인 자극은 물 이용과 서비스의 비용을 전액 회수하는 방식을 채택할 것을 주장하며, 물 완전비용회수 없이는 현재의 낭비, 비효율, 빈곤층을 위한 서비스 부족의 악순환이 지속될 것이라는 논지를 펼친다. 세계 물 위기에 대한 세계적 해법을 찾고자 하는 물 위원회에는 국가 수장들과 세계은행 관료, 물 관련 다국적 기업, IUCN 등 다양한 단체의 회원들이 참여하고 있으며, 대다수의 재정 지원을 세계은행과 북부 국가의 원조 기구로부터 받고 있다(Goldman, 2005).

물 위원회의 다양한 초국가 정책 행위자들은 1992년의 리우 회의와 더블린에서 나온 이야기, 선언과 원칙을 그대로 반복해서 강조한다. 이들은 다양한 사람과 세계관을 반영하기 위해 참석자의 범위를 넓혔다고 하지만 근본적인 물의 경제적 가치화의 '더블린 원칙'은 모든 사고의 중심에 자리 잡고 있다. 즉 물은 경제적으로 가치가 있고 지속가능한 발전이라는 이름으로 모든 사용에서 경제적 상품으로 고려되어야 한다는 것이다. 2002년 요하네스버그에서 열린 지속가능한 발전 세계 정상회의(World

2. World Water Council, 2000, *A Water Secure World: Vision for Water, Life, and the Environment*, World Commission on Water for the 21th Century Report.

Summit on Sustainable Development, WSSD)는 이러한 의견의 일치가 실현되는 장이었는데, 여러 지속가능한 발전 논의들이 의제에 있었으나 물 민영화가 주요 주제였다. 물 의제는 '빈곤층을 위한 세계 물 위기'였고, 그 해법은 비용 복구 그리고 더 나은 물 서비스의 효율성을 위해 공공 부문에서 민간 부문으로 이전하자는 것이었다. 이는 새로운 세계 정책과의 의견 일치를 보여 주는데, 신자유주의 시대의 여러 보편적인 전략과 다르지 않다. 세계 물 위기에 대한 논쟁은 모두에게 물이 긴급히 필요하기에 언쟁을 하거나 연기할 시간이 없다고 몰고 간다. 국제기구의 권위와 재정 그리고 무역을 통한 발전 노선이 이러한 주장을 뒷받침하고 있어 설득력을 얻으며 실행되었다. 결과적으로, 세계 남부 국가의 지도자와 취약한 전문 계층은 세계 물 정책 옹호자들이 제공하는 선택의 여지가 없는 선택에 놓이게 되었다(Goldman, 2004).

세계은행은 이러한 네트워크와 의제를 만들고 지지하는 데 큰 역할을 담당했다. 가장 영향력 있는 세계 물 전문가 모임은 세계 물 파트너십(Global Water Partnership), 세계 물 위원회(World Water Council), 21세기를 향한 세계 물 위원회(World Commission on Water for the 21th Century)이다. 이들 모임은 매 3년마다 세계 물 포럼(World Water Forum)을 지속적으로 개최하는 데 도움을 주고, 초국가 물 회의, 훈련 세미나, 정책 보고서, 새로운 물 개혁 운동의 원칙을 만드는 데에도 매우 활발히 움직이고 있다. 세계은행과 IMF의 물 민영화는 세계에서 가장 영향력 있는 물 비정부 기구마저도 물 부족을 피할 수 있는 방법으로 이를 받아들여 전 세계적인 동의를 만들어 가는 데 협조하게 만들었다. 초국가 물 정책 네트워크는 효과적으로 세계시민사회의 물 정책 아이디어 시장을 주도하고 있다. 전문가 집단이며 자금 지원이 풍족한 이들 회원을 제외하고 누가 세계 물 포럼에 참석할 여유가 있으며, 믿을 만한 세계 자료를 토대로 발언을 할 수 있겠는가? 실제로 물 정책 네트워크의 심포지엄 참석자들도 세계 물 정책 개혁에 중립적이 아닌 물 민영화의 옹호자로 행동하는 것에 대해 스스로를 비판하기도 하였다(Goldman, 2004).

세계 물 네트워크 참여 조직들은 비록 다양한 이해를 가지고 있지만, 세계 물 공공재는 위협을 받고 있고 세계 빈곤층들이 물에 대한 접근이 부족해 가장 고통을 받고 있다는 사실에 기초하여 물에 대한 의견을 세계적인 일치로 수렴시킨다. 이들은 물을 자유로이 얻을 수 있는 자연 자원인 것처럼 생각하는 비효율적이고 독점적인 정부를 물 서비스의 악화와 세계 물 공공재를 고갈시키는 주요 행위자로 지적한다. 물의 정확한 비용을 반영한 가격을 부과하지 않은 정부의 실패는 세계 많은 사람들에게 낭비적 문화를 심어 주었고, 그 결과 물 부족이 발생하게 되었다는 단순한 정치적 주장을 만든다. 대다수의 세계 물 소비자들이 물을 얻지 못하는 것은 정부의 무관심과 이용자들에게 사용에 대한 적절한 비용을 부과하지 못해 생겨난 결과라는 것이다. 이러한 초국가 물 정책 네크워크의 인과 주장은 빈곤한 세계 남부 국가 전체에 적용되었다.

그러나 초국가 물 정책 네트워크의 '세계 물 부족 위기' 담론에 의문을 제기하고, 그 뒤에 숨어 있는 실질적인 정치-경제적 이해를 비판적으로 검토해 볼 필요가 있다. 물 민영화는 물 부족을 겪고 있는 빈곤 공동체의 수요에 의해 생겨난 것이 아니라 국제금융기관과 물 산업 분야에서 특정 목적을 위해 만들어진 것이다. 도시 빈곤 지역이나 농촌의 생계 농업을 유지하는 빈곤층들이 물이 부족하지 않다는 것은 아니다. 그러나 이 물 정책의 동기는 위에서부터 시작되었고, 국제금융기관과 이들의 개발 파트너들에 의해 공표된 자본주의의 신자유주의 변형의 일부이다. 실제 세계은행은 1990년과 2002년 사이 276건의 물 공급 대출을 실행하였고, 이 중 1/3은 자금을 받기 위한 조건으로 물 공급의 일부를 민영화하는 것을 요구하였다. 1996년 이후 민영화 조건은 특히 아프리카 지역에서 3배로 늘었다. 유럽을 기반으로 한 물 다국적 기업의 수입은 지난 6년간 급격히 상승하였다(Goldman, 2004).

민간 부문은 자신들의 투자에 대한 합당한 수입이 보장되지 않는다면 투자하지 않을 것이다. 물이 부족해지면서 이윤을 추구하는 기업들은 물은 한정된 고귀한 자원이며, 미래에 물을 두고 전쟁이 있을 것이고, 투자할 만한 가치가 있는 엄청난 성장 잠재력이 있는 흥미로운 분야로 관심을 가지기 시작했다. 1990년대 말 아시아의 금융위기, 라틴아메리카의 경제 침체 등으로 남부 국가에서의 물 민영화 사업과 투자는 정체하는 모습이다. 이는 물 부문에서 대출자와 운영자들이 처음에 복잡하고 유용한 상업적 기회로 기대했던 것보다 이윤율이 낮아 투자를 꺼리는 것에 기인한다. 이후 민간 운영자들은 대규모로 경제가 성장하는 라틴아메리카와 아시아, 국가로는 칠레, 볼리비아, 브라질, 필리핀, 중국 그리고 농촌보다는 인구밀도가 높고 부유한 도시 지역을 선택하는 모습이다. 이는 이윤을 보장받기 위해 선별적으로 투자한 결과라고 하겠다(Kessides, 2004; Haughton, 2002).

칠레는 라틴아메리카에서 신자유주의 정책을 가장 먼저 본격적으로 시행한 나라로, 1981년 물 공급 개혁을 통해 토지 소유권과 물 권리를 구분하며 물 공급을 민영화했다. 개혁 20년 후 물 이용의 효율성은 높아지고 물 이용권 거래가 가능해졌다. 세계은행은 칠레의 물 공급을 성공적 개혁이라고 평가하였다. 그러나 물의 거래 비용, 즉 수요가 있는 곳으로 이동시키기 어려운 점 등으로 인해 물을 보전하거나 판매할 동기는 약해졌고,

가뭄 지역으로 물을 대여(lease)하거나 도시 거주자가 농촌의 물 이용권을 구매하는 새로운 양상이 나타났다. 더불어 농촌의 물 부족 위기, 수질 오염, 자연 생태계로 돌아가는 물의 감소 등이 문제로 드러났다. 농업 자체에서는 거대 농부가 소규모 농부를 희생시키며 물 접근권을 확대하는 문제 또한 생겨났다. 볼리비아는 물 사유화가 잘못될 수 있다는 국제적 상징의 하나로, 코차밤바(Cochabamba) 물 사유화 반대 운동이 반세계화 운동으로까지 확대된 잘 알려진 사례이다(Budds, 2004). 1999년 국제금융기관과 볼리비아 정부는 시장 기반 신자유주의 모델을 따라 물 공급법을 통과시키고 음용수 관리를 민간에 양도한다. 물 다국적기업인 벡텔(Bechtel)은 40년 계약으로 관리를 양도받아 운영하며 150퍼센트까지의 요율 상승, 새로운 물 공급 프로젝트인 미시쿠니(Misicuni) 댐 건설, 15퍼센트의 이윤 등 재정적·경제적 효율성에 우선순위를 두는 반면, 사회적·환경적 영향은 중요하게 고려하지 않았다. 민영화 당시 급속히 성장하는 코차밤바 시는 인구의 절반 정도만이 상수 공급에 접근할 수 있었고, 도시 주변 관개 상업용 농장과 물 경쟁을 벌이는 상황이 발생했다. 노동자와 환경주의자의 반대가 심해지고, 지역 공동체의 반대 운동은 특히 물 이용권에 대한 전통적인 이용과 관습에 기초해 이루어졌다. 반대 운동은 대규모의 강렬한 항의 시위로 이어져 정부는 상당한 액수의 계약 위반 비용을 부담하며 음용수 관리권 양도를 철회하게 된다(Liverman and Villas, 2006).

인도의 물 이용 사례 연구는 접근권과 권력의 차별적인 측면을 보여 준다(Birkenholtz, 2009). 인도 서부 구자라트(Gujarat) 지역의 쿠츠 반도는 건조해 지하수에 의존하는데, 점차 과도한 지하수 이용으로 수위가 낮아지고 염수화되고 있다. 쿠츠 지역에서는 물 부족으로 인한 빈곤과 인구 감소가 나타나는데, 물 부족은 원래 강수량이 적었으나 그나마 점차 감소하는 추세여서 지속되는 가뭄에 기인한다고 보았다. 따라서 댐 건설을 통해 물을 끌어오는 것만이 유일한 대안으로 고려되어, 빗물 이용 등 지역적 방안 모색은 관심에서 배제되었다. 댐 건설 또한 쿠츠 지역에 고루 혜택을 주는 것이 아니라 오히려 강수량이 많고, 공업화된 지역에 물을 공급해 기업 유치에 도움을 주는 역할을 우선적으로 염두에 두고 있다. 정부는 가뭄이 빈번한 물 부족 지역에 물을 공급한다는 명분의 홍보를 통해 '동의를 생산(manufacturing consent)'해 계획을 합법화시켰다.

가뭄은 강수량이 감소하지 않아도 빈번하게 발생했는데, 이는 벌목, 댐 건설로 인한 홍수와 실트가 충적되며 자연적으로 토지가 비옥해질 기회가 감소하여 번식이 제약을 받아 식생이 제거된 상황에 기인한다. 빈번한 가뭄의 또 다른 이유로는 지하수가 토지 소유권에 부속되는 것으로 간주되어 대다수의 지하수를 채취할 수 있는 상부 카스트 계층이 물 지배자로 불리며 지하수를 과도하게 채취한 것에 기인한다. 지하수 위기는 지하 수위 감소의 문제만이 아니라, 더 중요하게는 부족 자원에 대한 사회계층별 차별화된 접근과 통제의 위기로 보아야 한다(참조, 물이 환금작물인 설탕 재배에 이용되며 일부 권력자가 물을 사유화하고, 물 소유자가 사회적으로 물 부족의 위기 상황을 만들어 가는 다른 지역 사례로는 아프리카 모로코 서안의 스페인령 카나리아 섬 지역 연구를 들 수 있다, Aguilera-Klink et al., 2000). 그러나 언론과 정치인들에 의한 대중 담론에서는 물 부족의 인위적 측면인 대규모 농가의 책무, 물 관리의 부재, 정부의 정책은 별로 언급되지 않았다. 대신 물 문제는 인간의 능력을 뛰어넘는 자연 현상으로 치부되고, 댐 건설이 유일한 대안으로 제시되었다.

인도에서 지하수는 농업의 기본적 용수로 매우 중요한데 점차 사용량 증가와 더불어 물 분쟁이 심화되어 2004년부터 사용에 대한 규제를 시도하고 있다. 정부 차원에서는 새로운 탈중심화된 지하수 협치 규정을 제안하고 이를 적용하기 위해 물에 대한 관심을 높이는 캠페인을 전개한다. 이 규정은 농부들의 사고와 실천에서 물 보존의 필요를 높이려는 것이지만, 정부의 역할을 줄이고 사적 재산권과 지하수 이용권의 매매가 가능하도록 하는 방향으로 진행되었다. 2005년부터 농부들은 이를 신자유주의적 접근으로 판단해 회의론과 저항을 표출하며 반대 시위를 지속하였다. 농부들은 일부 물 절약에 대해서는 찬성의 입장을 표방하지만, 기본적으로 자신들은 이미 물 절약의 필요성을 알고 있으며 농사를 지을 물마저도 부족한데 절약을 강조하는 것은 무의미하다는 입장이다(Birkenholtz, 2009).

인도의 지하수 이용에 대한 연구는 지하수가 풍부한 서 벵골(West Bengal) 지역과 반대로 부족한 동부의 구자라트 지역을 비교하며 관리 방식에 대한 흥미로운 결과를 보여 준다(Mukherji, 2006). 서 벵골 지역은 지하수가 풍부하고 자원 개발이 그다지 이루어지지 않았음에도 주 정부는 강력한 규제 입장을 보이며 개발 속도를 완화시키고 있다. 농가 소득 또한 낮은 상태에 머물러 있고 농부들의 저항도 그다지 효과적으로 진행되지 못하고 있다. 반면에 구자라트 지역은 자원이 지나치게 개발되어 규제가 필요한 상황이지만 정치인이나 관료들은 자원 개발 지향적이고 농부들 또한 지하수에 대한 접근을 규제하는 어떤 시도에도 강하게 반대하고 있다. 이러한 입장 차이는 지하수의 이용 가능성과 관련한 물리적 측면의 문제를 넘어 과학적 접근만으로는 환경 문제를 이해할 수 없으며 현실적 문제로 접근할 필요가 있음을 보여 준다.

두 지역은 지하수 관리 방식에서 차이를 보인다. 농업의 지하수 의존 정도에서 구자라트 지역의 경우 지하수 의존도가 높아 규제가 가해지면 농업 활동이 상당히 줄어들게 될 것이며, 서 벵골 지역은 규제가 성장을 방해하고 있지만 빗물에 의존하는 농업이 발전하고 있다. 구자라트 농부들은 지하수 문제에 더욱 민감하기에 조직적으로 대응하는 모습을 보이며, 또한 대·중 규모 농가들이 많아 더 조직적인 움직임을 보인다 할 수 있다. 서 벵골 농부들도 빗물에 의존하는 농업으로 전환하며 소득이 감소해 불만이 높지만 농부 조직이 부족해 잘 표출되지 못하고 있다. 이러한 인도의 지하수 이용에서 대비되는 두 지역의 비교에서 흥미로운 점은 지하수가 풍족한 지역이 보다 강력한 규제를 시행하고 반대로 부족한 지역은 모두에게 무상으로 제공되는 모습을 보인다는 것이다. 이는 지하수 문제가 생태적 현실보다 사회정치적 지역 상황에 기초한 접근이 보다 적절한 이해를 가능하게 해 준다는 것을 보여 주는 사례이다.

물 부족은 물리적 부족(shortage)과 사회적인 결핍(scarcity)을 구분할 필요가 있으며, 물리적 부족에서 나아가 사회정치적 결핍으로 사고를 확장할 필요가 있다(Mehta, 2007). 이는 기존의 신맬서스주의적 인구와 자원 그리고 환경 악화의 단순한 사고를 넘어 대안적 사고의 필요성을 상기시켜 준다. 물 부족은 사회적 결핍 측면에서 재산권에 기초한 또는 공공재에 기초한 접근의 극단으로 구분해 볼 수 있다. 전자의 경우, 자원 부족은 갈등으로 이어진다는 사고가 지배적인데, 이러한 자원 부족을 갈등의 원인으로 고려하는 접근은 이념, 권력 관계, 불평등한 재산권 등 다른 설명 변수, 특히 권력 집단이 자원을 전유함으로써 자원 결핍이 가속화되어 빠르게 악화된다는 측면을 간과한다. 후자의 경우, 물은 수요가 증가할 것이기에 결핍 경제재로 고려할 필요가 있다는 입장으로 1992년 더블린 회의에서 물을 경쟁적 이용 대상으로 경제적 가치가 있는 상품으로 간주하며 가격 책정과 비용 회수 그리고 물에 대한 교역권을 제도화하기에 이른다. 그러나 이러한 접근은 물을 단지 경제적 가치로만 평가하며 문화적, 상징적

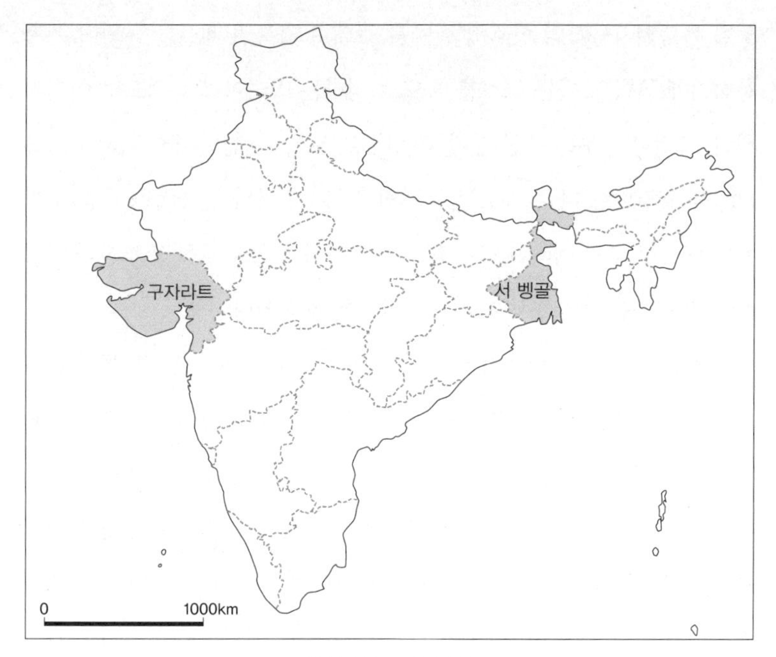

출처: Mukherji, 2006

그림 10. 인도의 지하수 부족과 풍부 지역 사례

측면에 대한 고려를 배제한다는 한계를 보인다. 결핍은 종종 협력을 고무하여 지역 주민과 정부가 재산 규범 체제를 통해 성공적으로 자원을 공동으로 관리하는 경우로 발전한다. 이러한 경험은 제도의 중요성을 강조하는 공동재산자원 이론으로 발전한다(오스트롬, 2010).

마을 단위의 물 부족에 대한 계획가들의 사고는 동질적인 마을 구성을 상정하고 있어 사회계층별 물에 대한 접근의 차이를 반영하지 못한다. 따라서 지배층에게 유리한 방향으로 물 관련 정책이 수립되어 온 문제점을 간과한다. 물 부족 지역에서의 전통적 생활 방식은 가뭄에 대비한 건조 농업 방식으로, 가뭄이 예상될 경우는 가뭄에 견디는 작물을, 그 반대의 경우는 면화를 재배하는데, 이웃 주민과 의견을 교환하며 작물을 결정한다.

또한 목축업자들과의 상호적 관계를 토대로 가축의 배설물을 퇴비로 활용하기에 목축의 이동 경로를 농토로 정하는 방법이 전통적으로 이어져 왔다. 그러나 정부는 생산 증대를 위해 보조금을 지급하며 이모작이나 삼모작을 권장함에 따라 농토는 봉쇄되고 목축업자나 전통적인 공동재 이용에 대한 정부의 배려가 사라져 토지와 목축의 상호 호혜적 교환과 다양한 토지 이용은 제약을 받아 지속되지 못하게 되었다.

실제 물리적 물 부족에 따른 생태 위기에 대한 대처는 강수가 토양에 흡수되도록 식생을 복원하여 바다로 유출되는 양을 줄이려는 노력이 필요하다. 사회적·정치적 측면에서의 물 부족은 가난한 농부에게는 세금을 면제하고 부자 농부에게는 높은 세금을 차별적으로 부과하여, 건조 지역에 대해 무지한 정부 정책에 비판을 제기할 필요가 있다. 이는 물 부족을 강수, 토양, 식생의 물리적 과정과 인간 간섭과 개입의 사회정치적 과정 그리고 이들의 상호작용으로 이해하는 통합적이며 장기적인 안목, 나아가 물 이용과 관리에 형평성까지 포괄하는 논의가 필요하다는 것을 보여주는 중요한 사례이다.

물 공급 민영화는 정부 실패의 상황에서 효율적으로 물 공급을 확대한다는 명분으로 시작되었으나, 많은 빈곤층과 환경주의자는 물 가격 부과와 사유화는 기본권과 형평성, 환경의 질을 위협하는 것으로 빈곤 경감과 사회정의의 윤리적 임무를 지니지 않으면 반대한다는 입장을 표방한다. 물 공급 서비스가 공공에서 민간으로 이전하는 것은 국가 발전의 추구와 선진국의 신자유주의 정책이 교차하며 자본 권력층과 세계 다국적 기업이 제3세계로의 새로운 투자 물결에 참여하여 경제적 이익을 추구한 결과로 고려할 수 있다.

(4) 대중 담론

정치생태학 접근은 다양한 사례 연구를 통해 환경 악화를 인구 증가에 따른 부족과 결핍의 문제로 단순화한 기존의 주류적 접근을 넘어 광범위한 정치경제적 상황을 고려하며 보다 근본적인 원인을 찾고자 한다. 여기서 단순한 인구 과잉, 자원 결핍의 이해는 종종 대중 담론으로 발전하며 주민 통제, 민영화 추진 등을 정당화하는 사회-정치적인 의도를 가진 접근으로 비판을 받는다.

최초의 정치생태학 연구는 1980년대 서부 아프리카 코트디부아르(또는 아이보리코스트) 북부의 말리, 부르키나파소와 연접한 지역의 농부와 목부들 간의 갈등에 관심을 기울였다(Bassett, 1988). 일반적으로 이 갈등은 적은 토지에서 너무 많은 동물을 기르며 생겨난 토지 부족에 따른 환경 악화의 문제로 알려져 있었으나, 정치생태학 관심은 이를 이 지역에 한정된 문제를 넘어 보다 광범위한 상황을 고려하며 궁극적인 원인을 찾으려는 노력을 시도하였다. 이 지역에는 국제금융자본(IMF)의 긴축 정책 자금과 개발 융자금 부채를 갚기 위해 외국 자본과 더불어 준국영 가축 회사를 세워 수출 소득을 늘리는 국가 계획이 적용되고 있었다. 이 가축 회사는 외국의 소들을 국내로 유인해 도축과 육류 가공을 활성화하기 위해 만들어졌는데, 사헬 건조 지역의 풀라니(Fulani) 이동 목부들을 유인하기 위해 이들에게 방목 권한을 주었다. 그 결과 대규모의 목부와 소가 유입되었으며, 점차 인근 세누포(Senufo) 지역에까지 소들이 방목되어 작물 피해가 속출하게 되었다. 세누포 농부들은 소를 훔치기도 하고 축사의 거름을 이용하기 위해 주변 지역을 침입하기도 하였다. 이러한 세누포의 작물 피해와 풀라니의 목축 피해는 지역 내 많은 동물 방목에서 시작된 문제로 접근했으나, 이 갈등의 근본 원인은 주변화된 농촌 공동체 외부의 국가 수출 정책과 이를 추동한 국제금융자본의 압력에서 찾는 보다 광범위한 상황적 이해가 필요하다(Bassett, 1988).

아프리카 목축의 생태-경제적 상황을 과잉 방목과 집약적 농업에 따른 사막화로 지나치게 단순화시켜 놓은 또 다른 사례로는 사막화 담론을 들 수 있다(로빈스, 2008). 북아프리카의 사막화에 대한 1997년 유엔의 한 보고서는 사하라 사막이 북쪽으로 확대됨에 따라 한때 로마제국의 빵 바구니라고도 불린 이 지역이 사막화되어 간다고 지적하였다. 이 보고서는 정부, 국제기구, 비정부 기구 등이 이 지역의 잃어버린 잠재력을 복원하기 위해 특단의 조치를 취해야 한다고 주장하는데, 이러한 결론은 과거 아프리카 식민 통치자들의 생각과 기록, 주장에 토대를 두고 있다.

사헬 지역의 사막화에 대한 세밀한 역사적 분석은 이 지역이 한때 열대우림 지역이었지만 과도한 방목, 특히 1,000년 전에 있었던 아랍의 침공 이후 불모지로 전락하게 되었다는 오랫동안 사실처럼 굳어진 주장을 담론으로 고려하였다. 이 담론을 검증하기 위해 이 지역에 대한 18, 19세기의 지도를 제작했는데, 이 지도는 식물 천이에 따라 외부 조건에 가장 잘 적응하여 최종적으로 형성된 식물 군락인 극상을 가정했을 때 그 시점 이후 이 지역 토지 피복이 어떻게 변화되어야 하는가, 즉 이 지역이 잘 관리될 경우 어떤 경관이 나타날 것인가를 담고 있다. 이 지도의 극상 군락은 유럽의 산림과 비슷한 것으로 가정되었으나, 이 지역의 사막 사진은 극상 지도와 대비되는 절망적인 황량함을 강조하였다. 이런 주장과 자료들은 모로코 일대를 점령한 프랑스 식민주의자들에 의해 만들어졌으며, 이를 근간으로 사막화 이야기가 만들어졌다(로빈스, 2008).

그러나 이 지역에 대한 실제 화분 분석 결과는 황량함과는 반대되는 상황을 보여 준다. 이 지역은 수천 년 동안 식생이 풍부하고 식물종이 다양한 상태를 유지해 왔다. 또한 지난 8,000년 동안 식생 피복은 상당히 증가해 왔고, 그 이후 미세한 변동은 있었지만 식생 피복의 축소와 식물종의 감소는 거의 나타나지 않았다. 간단히 말해, 아랍의 침공 이후 이 지역에서 사막화가 진전되어 사하라 사막이 확대되었다는 이야기는 과학적으로 전혀 근거가 없는 주장이다. 이 담론은 '극상 식생'이라는 핵심 개념, '잃어버린 낙원'이라는 설득력 있는 이야기, '진보와 복원'이라는 이데올로기, 정부 문서, 경관 사진 및 과학적 논문과 같이 객관성을 대변하는 다양한 구성 요소들은 단단히 사막화 대중 담론을 지지하고 있었다. 잘 정리된 일관된 구조로 만들어진 사막화 담론은 상당히 오랜 기간 정당화될 수 있었다(로빈스, 2008).

사막화 담론은 여러 측면에서 생각해 볼 수 있다. 우선, 단순히 프랑스 식민 지배자들이 화분 자료나 다른 고고학적 정보를 구하지 못했기 때문일 수 있다. 과학적으로 타당성이 거의 없는 개별적인 정보나 문서를 수집하고 이에 기초하여 판단을 했기 때문에 잘못된 해석은 의도하지 않은 실수일 수 있다. 그러나 한 단계 더 나아가 이 담론이 어떻게 형성되었고 대중성을 얻게 되었는가, 누가 사막화 담론으로부터 이득을 취했는가, 이 담론은 어떻게 제도적·정치적·민족적 권력 관계와 결부되어 있는가 등의 측면에서 비판적으로 고려해 본다면, 사막화 담론은 권력을 지속하는 식민 관료들의 필요에 부합하는 것이었다. 이 담론은 토지 이용에 대한 통제 그리고 토지 개량을 위한 투자에 강력한 정당성을 부여하였다. 특히 유목민 및 기타 원주민들의 정착지를 지배하기 위한 강력한 도구로 작용하였다. 광대한 삼림이 비합리적인 원주민들에 의해 파괴되었다는 주장은 토지 개량과 권력 지배에 강력한 정당성과 대중적 지지를 보장받을 수 있도록 했다(로빈스, 2008).

태국 북부의 토양 침식 문제도 의도적인 대중 담론의 형성을 보여 주는 사례이다(Bryant, 1998). 미얀마와 접하고 있는 히말라야 산지의 토양 침식은 인구가 증가하며 점차 더 가파른 언덕까지 계단식 경작을 위해 개간을 하며 가속화되었다고 보았다. 1989년 태국 정부는 벌목을 금지하고 티크, 소나무, 유칼립투스 나무의 재삼림화 계획을 실시하였으나, 자연에 대한 잘못된 이해가 환경 정책의 오류로 이어지게 된다. 실증적으로 고지대 개간에 따른 토양 침식을 검토하기 위해 항공사진을 시기별로 비교하고, 침식지와 침식되지 않은 지역의 토양을 비교해 침식 정도를 파악하고, 지역 주민을 대상으로 토지 이용과 변화에 대해 설문 조사를 한 결과 개간지와 비개간지의 침식 정도는 크게 차이가 나지 않는다는 결론을 얻게 된다. 침식 악화는 고지대 농부들의 무자비한 토지 개간에 의한 결과가 아니라 정부에서 미얀마 국경 지대에 있는 소수집단과 반정부군을 제압하는데 유리하도록 이주를 강제하기 위해 토양 보전 전략을 취했다는 기존과는 다른 설득력 있는 주장을 제기하기에 이른다. 개발도상국에서는 식민 시대 토지 관리 기관, 정부 환경부처, 생태 전문가들이 종종 토양 침식의 심화를 지역 거주민들의 책무로 돌리며 토양 보존이라는 이름 아래 이들의 행동과 재산을 통제하기 위해 사회-정치적으로 대중 담론을 고안해 정책의 근거로 삼는 경우가 많다.

3) 환경 정책과 불평등한 권력

1980년대 중반부터 시작된 정치생태학 연구는 초기 환경에 의존하는 지역 주민과 집단 간 갈등을 자원 이용과 관련된 갈등으로 단순하게 다루며 갈등 주체에 책임과 책망을 부과하는 접근을 의문시하였다. 현장의 치밀한 사례 연구는 국가 주도의 수출 진흥을 위한 정책이 지역에 적용되며 집단 간 갈등 상황으로 이어지거나, 정부 정책에 반하는 주변 지역 주민들을 통제하기 위해 과학적 지식을 동원해 정부의 입장을 옹호하도록 하는 등의 정치적 배경을 가지고 있음을 드러냈다. 정부, 특히 신생 독립국가들은 토지, 삼림, 물, 해양, 광물 등 대다수 자연에 대한 독점권을 취하며 이들의 개발을 통해 경제 성장을 도모하는 근대화 전략을 추진한다. 그러나 삼림 개발을 통한 플랜테이션, 펄프 산업 등 발전을 추구하는 전략은 삼림에 의존하는 지역 공동체의 생계를 파괴한다. 정부는 이를 정당화하기 위해 과학적인 삼림 관리는 옳고 이동식 경작은 좋지 않다는 주장을 강제한다. 마찬가지로 물 부족도 물리적 현상이라기보다는 사회적 결핍의 측면에서 고려할 필요가 있다.

정치생태학 연구는 제3세계 환경 악화에 대해 두 가지 중요한 비판적 이해를 제공한다. 첫째는 제3세계의 환경 문제를 국가 정책 실패를 넘어 지구 자본주의의 확대와 관련된 광범위한 정치경제 상황과 연계된 것으로 보아야 한다는 것이다. 제3세계 정부가 벌목, 채광 등 환경 파괴적인 활동에서 중요한 역할을 담당하는 것은 단지 자신들의 정치권력과 이의 계승, 국가 안보, 개인적 부의 축적 등만이 아니라 자본의 이윤 추구를 대행하는 것과도 맞물려 강력하게 추진되고 있다고 볼 수 있다. 따라서 제3세계 환경 문제의 원인은 복잡하고, 뿌리가 깊어 주류적 접근에서 제시하는 기술적인 해결 정책보다 제3세계 사회-정치 환경 상황을 형성하는 상위의 정치경제 구조에 내재되어 있다. 둘째는 제3세계 환경 문제는 지역-글로벌 정치경제의 급진적 변화를 통해 해결할 수 있다고 하지만 보다 근원적으로는 환경 갈등에 내재된 불평등한 권력 관계에 대한 이해를 우선적으로 필요로 한다. 현재 제3세계는 정치적 이해와 갈등의 산물로 권력 관계가 중심적인 역할을 하는 정치화된 환경의 특성을 이해하는 것이 필요한 상황으로 모든 곳에 정치와 환경은 서로 연계되어 있음을 드러낼 필요가 있다. 여기에 지역 차원의 풀뿌리 행위자에 의한 의사 결정은 이들의 생계 유지와 자연과 사회의 연계에 기반한 지속가능성을 위해 중요시할 필요가 있다. 이러한 이해를 위해서는 지역 환경 문제를 소지역의 현실에서 출발하여 점진적으로 광범위한 정치경제 상황으로 확대하며 연계시키는 접근이 중요하다.

제3세계 환경 문제는 행위자와 자연환경 간 그리고 정부, 지역 농부 등의 행위자 간의 연계가 불평등한 권력 관계에 의해 조정된다는 측면을 고려하는 접근이 필요함을 보여 준다. 정부 또는 국가는 생태적, 물질적, 문화적으로 복잡하게 얽혀 있는 지역 사회에 대한 이해보다 규제나 통제 중심의 환경 관리를 강조하지만 비용과 인력 면에서 효율적이지 못하다는 한계를 드러낸다. 정부의 발전을 추구하는 개발 압력 상황에서 자연은 개발의 대상이 되어 환경 악화가 가속화되고 지역, 사회 집단 간 불평등을 심화시키는 양상으로 전개된다. 정부 정책은 세계 기관으로부터 재정적, 기술적 지원을 받으며 시장 기반의 관리 방안을 설정하게 된다. 제3세계의 환경 이용과 관리는 지역 주민과 지역 지식은 배제하고 선진국 주도의 방향으로 국가 정책이 설정되며 진행되어 제3세계 소지역의 환경 변화도 불평등한 권력이 부의 축적을 위해 정치적으로 작동하고 있는 상황으로 고려하는 접근이 필요하다.

3. 제1세계 정치생태학 – 시장 기반 환경 관리의 모순

제1세계의 환경 문제는 대다수 시장 원리 기반의 환경 관리와 관련되는데, 시장환경주의 사고에서 환경 악화는 재산권 부재에 기인하는 것으로 경제적 합리성과 효율성에 기초한, 예를 들어 어획량 할당과 물 가격 부과 등이 환경 보전의 효과를 거둘 것으로 주장한다. 그러나 사유화를 통한 환경 관리 방식은 한계를 드러내 자연의 상품화에 따른 대규모 자본 위주의 불균형적 부의 집중, 재산권에 기반한 토지 이용의 갈등, 제3세계 상황과 유사한 지역 경관에서 소수집단의 배제 등의 문제가 나타난다.

1) 공유재 비극과 시장 기제

공유재 비극론은 지속가능한 자원을 이용하기 위해서는 그동안 공유된 환경에 대해 사유 재산권을 배분하고 환경이 갖는 가치에 가격을 부여하는 시장 기제를 작동시켜 거래가 가능하도록 해야 한다는 주장으로 이어진다. 그러나 제1세계의 자연 또는 공공재의 상품화는 지역, 사회 집단 간 불평등을 심화시켜 지속 불가능한 사회로 치닫게 하는 문제를 드러내며, 동시에 자연의 상품화를 통한 이윤 추구는 그 자체의 한계를 가지고 있다는 것이 어업과 물 공급의 사례에서 잘 드러난다.

어업의 경우 바다는 너무 넓고 어류가 풍부해 인간의 어획 활동이 해양 생태에 실질적인 영향을 줄 수 없을 것으로 생각해 왔다. 그러나 20세기 후반부터 어획량이나 어종의 다양성이 급격히 감소했는데, 포식 어류의 경우 지난 50년간 90퍼센트 감소했고 다양성도 10~50퍼센트 감소하였다(Muscolino, 2012). 어류 남획에 따른 위기는 어류, 생태계 그리고 이에 의존하는 사람들에게 영향을 미쳐 환경과 사회경제적 문제로 등장한다. 어업의 어장 황폐화는 어부들의 과도한 어획에 따른 결과로 보는 공유재의 비극에 기초한 접근의 대표적 사례이다. 남획은 바다에서 어부들 간의 자유로운 자원 수확 경쟁으로 어류들의 재생산 능력보다 빠르게 이루어지고, 개인별 배타적 재산권이 없기 때문에 불가피하게 자원 고갈로 이어질 수밖에 없다고 본다. 따라서 어획은 강력한 정부의 제한과 통제 또는 개인적으로 소유하는 배타적 채취권을 할당하고, 거래를 통해 효율성을 극대화시키는 방향으로 관리되어야 한다고 주장한다.

캐나다와 미국 대서양변의 조지뱅크(Georges Bank)는 대구 어업 붕괴로 잘 알려진 지역이다. 대서양은 대구가 풍부하기로 유명해 배가 지나갈 수 없을 정도였는데, 1980년대 후반에서 1990년대 초반 대구 남획이 심각해지자 캐나다와 미국 정부는 어장을 폐쇄하였다. 어장의 폐쇄는 특히 주변 해안 지역에 치명적인 영향을 주었는데, 1992년 3만 명이 한꺼번에 일자리를 잃게 되었다. 이 사례는 오랫동안 이루어진 남획이 어업 기술 향상으로 더욱 빠르게 어류 고갈로 이어졌음을 보여 준다. 정부 규제의 사례는 많은 작은 어촌들이 분포하는 캐나다 동부 해안 지역 사례가 대표적이다. 이곳의 어부들은 연안 어장 활용에 관한 자치 규칙 체계를 성공적으로 발전시켜 활용해 왔다. 그러나 캐나다 연방 수산해양부는 이러한 규칙 체계를 승인하지 않았고, 연방 정부는 동부 해안 전체를 누구나 자유롭게 접근할 수 있는 어장으로 간주하였다. 또한 현지의 관습적 규제가 어업 활동을 적절하게 감시할 수 없을 것으로 보고 규제 방침을 강화했다. 정부는 수산자원을 보존하고, 서로 경쟁하는 이용자에게 자원을 배분하는 관할 책임을 져야 한다는 입장을 채택하였다.

실제로 캐나다 동부 해안 바깥의 심해 어장은 오랫동안 대부분의 근해 어장과 마찬가지로 접근이 개방된 어장이었다. 어획량이 많았던 이곳에 외국 어선들이 대량으로 들어와 조업하면서 심각한 어족 자원 고갈 문제가 발생하였다. 1976년 캐나다 정부는 해양관습법에 따라 200해리 영해권을 주장하며 전 해안에 적용될 수 있는 획일적 규제 방안을 개발하는 데 초점을 두었다. 수산 정책은 어업 정책에 관련된 사람들에게 수산업 전반을 합리화할 수 있는 방안을 모색하는 데 기울여졌다. 정부가 어장 규제를 위해 취한 초기 조치는 다양한 어로 활동이나 고기잡이 어선에 대해 면허증을 발급하는 것이었다. 그러나 정부의 면허제 도입은 수산업 전반에 어부의 수를 줄이려는 시도로 생각되어 당시 어업에 종사하지 않던 사람들도 어업권에 대한 제약이 이후에 가해질 수 있다는 생각에 상업적 어업 면허를 취득하였다. 유사한 움직임이 다른 지역에서도 일어나 등록 어부의 수가 급증하는 결과로 나타났다(오스트롬, 2010)

유사하게 미국 뉴잉글랜드 어업의 경우도 이 지역의 어류 감소는 무정부적이고 너무 많은 어부들이 생계를 위해 경쟁하고 있다는 공유재의 비극에 기초한 설명이 오랫동안 지배적이었다. 개방된 접근을 제한하기 위한 규제 측면의 방안은 메인 만(Gulf of Maine)을 격자에 기초해 개방과 폐쇄를 하는 일련의 관리구역을 설정하여 운영하는 것이다(St. Martin, 2001; 그림 11). 어족 자원을 보호하면서 지속적인 어획을 가능하게 하는 또 다른 방안은 어류 남획을 방지할 목적으로 중요한 어족의 연간 어획고를 제한하고, 할당량 형태로 어획에 대한 사유 재산권을 설정하며, 관리구역 내에서는 어디에서나 사용할 수 있고 개별이전가능할당(ITQ)을 배분하는 것이다. 1984년 아이슬란드도 이러한 방안을 받아들여 할당량의 형태로 어족에 대해 개별재산권을 부여하고, 어획의 효율화를 위해 보다 생산성

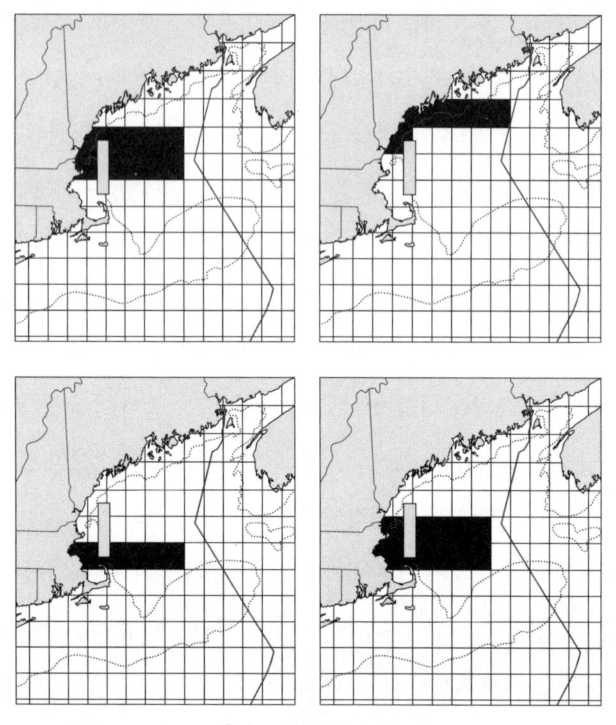

출처: St. Martin, 2011

그림 11. 미국 메인 만 지역 순환 봉쇄 구역도

이 높은 생산자에게 할당량이 양도될 수 있도록 거래를 허용하였다. 할당량 체제는 효율적이면서 경제적인 어로 행위로 이어질 것으로 기대되었다(윤순진, 2002).

물 이용 관리 사례를 보면 지하수의 경우 미국 동부는 기본적으로 토지 소유자가 다른 토지 소유자에게 피해를 주지 않고 합리적으로 이용하는 범주 내에서는 채취 이용권을 인정한다. 그러나 기후가 매우 건조하여 물이 절대 부족한 서부는 제한된 물의 적절한 배분이 주된 관심사여서 동부와 달리 기득권(prior appropriation)을 따르고 있다. 기득권은 원칙적으로 지표수에만 적용되지만 최근 몇 개의 주에서는 지하수에도 적용하고 있다(DuMars and Minier, 2004). 미국은 전체 용수 중 지하수가 약 1/3을 차지하며 건조한 지역의 경우 지하수가 유일한 수원이다. 서부의 지하수는 관개용수로 가장 중요하며, 생활용수와 상업용수로도 쓰이고 있다. 동부의 경우 물이 부족한 상황은 아니어서 물 자원에 대해 무엇을 할 수 있는지보다 무엇을 해서는 안 되는지, 즉 물의 공동 이용을 추구하는 연안권(riparian rights)에 기초하여 참여 책임을 강조한다. 반면 서부에서는 물이 부족해 토지에 부속되는 것이 아닌 물 자원에 대해 초기 개발자 또는 이용자에게 물 부족 시 우선권을 주는 기득권이 생겨났다.

지하수 이용과 관련한 대표적 위기는 오갈라라(Ogallala) 대수층 지하수를 이용하는 농업 활동이 텍사스 주 서부와 뉴멕시코 주의 남부 고지대 평원에서 확장되며 지하수 수위가 낮아지는 사례를 들 수 있다(그림 12). 남부 텍사스와 뉴멕시코 주의 건조 지역은 1930년대 자동 펌프가 이용 가능해지며 지하수 관개로 농사를 짓기 시작했으며, 1970년대에 이르러 지하수의 집약적 사용으로 고갈 문제가 나타나기 시작했다. 이 상황에서 뉴멕시코 주와 텍사스 주는 지하수 관리 기구를 만들었는데, 뉴멕시코 주는 지하수역(Underground Water Basins)을 설립하고 지하수 채취, 우물별 채취량과 우물 간 간격을 규제하였다. 텍사스 주는 좀 더 늦게 자발적인 지하수 보존구역(Underground Water Conservation District)을 지정하고 충분한 우물 간 간격 정도만을 통제하고 교육과 자발적인 기술적 보존 프로그램을 강조하였다.

대다수의 사람들은 텍사스 주의 방식이 자발적 지역주의에 의존하기에 자유로운 접근에 따른 문제를 해결하는 데 적절하지 않다고 판단하였다. 반면 물 채취에 대한 완전한 통제가 보다 낫다는 뉴멕시코 주의 방식은 공유재의 비극 논리에 부합하기 때문에 최선이라 여겼다. 즉 오갈라라 지하

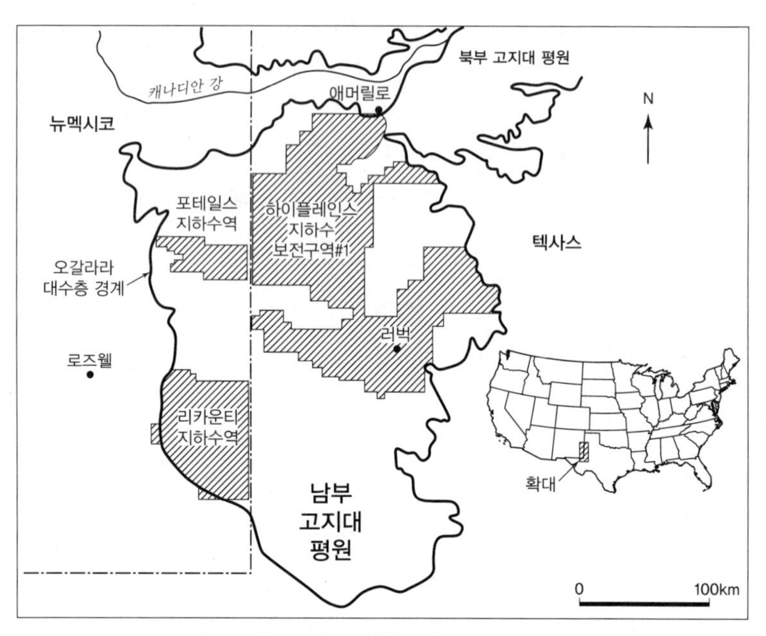

출처: Roberts and Emel, 1992

그림 12. 미국 남부 대평원 지하수 관리구역

수는 아무도 소유하지 않기 때문에 내가 쓰지 않아도 다른 사람이 쓰기 때문에 고갈에 대해 생각할 필요 없이 경쟁적으로 펌프를 설치해 물을 사용하며 생겨난 위기로 간주되었다. 따라서 자연 자원의 과도한 사용은 공공재 성격에 기인하는 것으로 규제와 사유화가 대안으로 제시되었다. 그러나 실제로는 공유재의 비극 논리와 자발적 지역주의에 기초한 두 방식은 지하수 고갈 문제에서 큰 차이를 보이지 않았다(Roberts and Emel, 1992).

어업이나 물 이용의 고갈 문제를 사유 재산권과 규제를 통해 관리하는 것만이 최선책으로 보는 접근은 실제 남용의 문제를 해결하는 데 크게 작동하지 않았다. 이는 공동재가 누구에게나 개방되어 있고 이기적인 개인주의가 팽배하고 채취가 재충전보다 빠르게 이루어진다고 가정하는데,

실제로는 지하수에 대한 접근이 완전히 개방된 것이 아니라 토지 소유자들에게 한정되어 있다. 또한 사용자들은 이기적인 개인이 아니라 사용자, 특히 재산 소유자들 간의 협력을 위한 정규 그리고 비정규의 집합적 행동들을 통해 효율적으로 지하수를 관리한다. 자원이 한정되어 있다는 가정 또한 한계를 가지는데, 자원은 기술 수준, 자본 투자, 시장 상황, 정부 지원 등의 사회적 과정에 따라 이용 가능성이 변하기 때문이다. 실제 지하수 고갈의 문제가 심각해진 것은 신품종 종자를 위시한 값싼 농산물로부터의 경쟁과 기술 발전으로 보다 많은 물을 비교적 값싸게 이용하려는 데서 지하수를 집약적으로 이용한 것에 기인한다. 공동재의 비극론 접근은 자원 고갈의 문제를 단순한 무임승차의 문제로만 고려하고 있어 이를 넘어 보다 광범위한 사회-정치적 상황을 고려한 접근이 요구된다.

2) 사례 - 어업, 물 공급 민영화, 재산권 갈등과 주민 배제

시장환경주의, 즉 재산권에 기반한 자연 관리는 모든 환경 가치가 편익-비용 분석에 포착되지 않으며 규제가 항상 최선의 결과로 이어지지 않는다는 것이 어업과 물 공급의 사례에서 드러났다. 다음에서는 세부적으로 제1세계의 시장 기반 환경 관리의 모순을 어업과 물 공급을 사례를 통해 살펴보고, 환경적·사회적으로 지속가능한 이용과 관리 방식을 위한 고민과 논의의 필요를 제기한다.

(1) 어업

어류 남획의 문제에 대한 주류적인 접근은 공동재의 비극론에 기초해 개인은 자신의 이익을 극대화하려는 합리적인 의사 결정을 하기에 재산권의 부재는 무임승차로 나타나 과도한 어획으로 인해 고갈로 이어진다고 본다. 20세기 후반 어업 능력의 엄청난 증가에 대해 재산권에 기초한 설명은 개방된 접근 상황에서 이루어진 개인의 합리적인 의사 결정에 기인한 것으로 보고, 이에 대한 해법으로 총허용어획 또는 개별이전가능할당 형태로 어부에게 할당된 몫에 대한 접근, 즉 재산권을 부여해야 한다고 주장한다(Mansfield, 2004a).

그러나 공유재의 비극에 기초한 설명은 어업 확대의 역사적 변천을 무시하고 어획 능력의 확대가 왜, 언제 그리고 어떻게 발생했는가에 대한 설명 등 중요한 과정을 간과한다. 오늘날의 남획 위기는 1950년 이래 진행된 자본주의 발전의 동력이었던 산업화 과정에서 이루어진 어업 확대에 기인한다. 재산권에 기반한 설명은 또한 지난 60년간의 어업 발전의 정치를 무시한다. 20세기 들어 급격히 증가한 어업은 누구나 이용가능한 공공재여서라기보다 산업화 발전을 추진하는 과정에서 생계와 지역 시장을 위한 소규모의 노동집약적 어업은 비효율적이고 비합리적으로 간주되어 변화를 겪었기 때문이다. 정부는 어업을 높은 이윤을 만들어 내는 근대적 자본집약적 산업으로 발전시키기 위해 보조금을 지급해 큰 규모와 높은 마력의 선박을 늘리고, 그물 등의 도구를 현대화하고, 항구를 조성하는 등의 투자를 하였다. 어업 관련 의사 결정에 포함된 효율성, 경제 근대화, 시장 원리의 정책적 동기는 노동집약적에 반하는 소수 거대 기업으로의 자본집약적 어업을 권장하는 것이었다.

어업의 산업화가 오늘날의 남획 위기로 이어지는 상황을 보면, 우선 대기업 주도의 대규모 선박은 현대 어업의 가장 큰 특징으로 크고 거대한 엔진의 힘으로 트롤, 건착망, 주낙 어업을 대규모로 행하고, 저장과 가공도 할 수 있는 선박 공장도 등장한다. 둘째, 북부 국가에서의 어류 소비가 늘자 남부 국가는 외화 수입을 위해 북부 국가로의 수출을 늘렸고, 이에 따라 어획량이 증가해 남획으로 이어졌다. 남획이 남부 국가 내부의 인구 증가에 기인한다는 사고는 협소한 시각에서 비롯된 오해이다. 셋째, 세계은행과 같은 국제기구에서 산업적 어업을 개별 국가, 특히 빈곤 지역과 국가의 발전 목표로 설정하였다. 모든 어업을 권장한 것이 아니라 근대화 모델을 추구하며 농업과 제조업처럼 생계와 지역 시장을 위한 소규모, 노동집약적 어업은 비효율적인 것으로 간주하고, 높은 이윤을 만드는 근대적이고 자본집약적인 산업적 어업을 대상으로 항구 확보와 정부 보조 및 판매자금 지원이 이루어졌다. 넷째, 정책 결정자들은 근대화와 경제 발전이라는 이름으로 소규모 어업보다 산업적 어업을 권장했으나 선박 크기로 보면 대형 선박은 1퍼센트인 반면 소형이 다수를 차지해 남획의 책임은 '너무 많은 배가 너무 적은 어류를 추적'한다는 대중 담론으로 소형 선박에 부과되었다. 실제 대형 선박의 어획량은 전체의 절반 이상이지만 소형 선박의 8배 이상의 연료를 사용한다. 또한 대규모 어업에 비해 소규모 어업이 24배나 더 많은 고용을 해 보다 환경적이고 보다 많은 경제적 혜택을 제공한다. 그러나 구조 조정 정책은 빈곤한 어부가 생계를 위해 남획을 한다는 가정에 기초해 이들을 다른 일자리로 전업시키는 노력을 기울인다. 실제 소규모 어업은 수확에 효율적이고 환경 악화를 덜 유발하기에 지속가능한 어업을 위해 권장해야 할 대상이다(Mansfield, 2004a).

재산권에 기반한 접근은 문제를 잘못 진단했을 뿐만 아니라 총허용어획 또는 개별이전가능할당 프로그램의 해법이 상황을 악화시키기 때문에 더욱 문제가 된다. 재산권을 어류 자체에 부과하는 것은 거의 불가능하고 어려운 작업이기 때문에 배당 또는 할당 프로그램은 대신 어류에 접근할 수 있는 권리를 만드는 방식으로 이루어진다. 이는 보통 전체 어류의 일정

비율에 대해 보장된 권리를 제공하는 형태로 나타나는데, 이러한 재산권이 어획량에 직접적으로 영향을 미치는지가 분명하지 않다는 점을 언급할 필요가 있다. 오히려 계절과 기타 규제 한도에 따라 정부 허가가 전체 어획이 얼마가 될 것인지를 결정하고, 할당은 단순히 누가 어류를 잡을 것인가를 결정할 뿐이다. 즉 환경 보호가 재산권에 기초한 개인의 보전 동기에서 나오는 것이 아니라 정부 부서에서 나온다는 것이다. 동시에 어획을 하는 사람을 결정하는 어업 재산권은 불평등한 상황으로 전개되어 어업의 산업화와 규모화로 이어져 생태계 악화와 소규모 어업 감소의 문제를 만들게 된다.

어업 재산권 제도는 일부 사람에게는 접근을 허용하지만 다른 사람은 배제하는 사고가 내포되어 있다. 재산권은 자원을 일부에게 주고 다른 사람에게서 빼앗는 현실을 부정할 수 없다. 어획량 할당은 어부들이 어업을 위해 소유해야 하는 값비싼 선박, 기구 등에 기초하기에 대다수의 경우 이미 부유한 사람들이 가장 혜택을 보게 된다. 또한 자본을 가진 사람은 이전 가능한 할당 허가를 살 수 있고, 자신들의 작업을 확장할 수 있는 반면, 자본이 없는 사람은 자신들이 잡을 수 있는 어류를 줄이거나 어획 자체를 중단해야 한다. 따라서 개별 재산권 할당은 자체적으로 남획을 금지할 수 없고, 오히려 부유한 사람들에게로 어업 합병을 권장하게 되어 불평등을 증가시킨다. 어획 할당 프로그램은 산업적 어업의 집약화와 소규모 어업의 소멸로 이어짐에도 이를 보전이라는 이름으로 조장하고 있다.

분명 어류 남획의 문제는 공유재의 비극이 아니며, 남획은 어업의 발달을 검토하며 정치적 과정으로 이해할 필요가 있다. 즉 어업 발달은 자연이 무엇이고, 누가 통제해야 하며, 어떻게 이용해야 하는가, 누가 혜택을 보아야 하는가라는 측면에서 접근할 필요가 있다. 서구 근대화 모델을 따른 어업의 산업화는 남획으로 이어질 뿐 아니라 사회경제적 불평등을 심화시킨다. 이는 대형 선박을 가진 부유한 자본가 어부와 어업 기업 그리고 잘사는 북부 국가 소비자 등 일부 집단에게 혜택을 준다. 반면 비용 증가와 환경 악화로 인해 가난한 어부들은 어업에 대한 접근이 어렵게 되며 더욱 비참한 상황에 처하게 된다. 즉 현대화된 산업적 어업은 사회적 약자들에게 악화와 주변화를 발생시키고, 이는 생계를 위한 집약적 어획으로 이어져 해양 자원을 고갈시키는 악순환이 지속된다. 시장 경제의 재산권에 기반한 정책은 해양 생태계와 빈곤층 모두에게 해법이 아니라 문제가 되며, 결과 또한 특정의 집단에게 유리하게 작동하기에 매우 정치적이다 (Mansfield, 2011).

요약하면, 남획은 산업 기술, 소비 시장, 발전 모델, 자연과 자본주의 간 관계의 역동에 의해 발생한 것으로 이해할 수 있다. 남획은 1950년대 이후 어업의 산업화가 대규모로 이루어지고 어획 능력이 세계적으로 확대된 결과이다. 그러나 남획의 궁극적인 원인은 어업 기술이 아니라 어업의 현대화에 치중한 광범위한 어업 정치경제의 산물이다. 자본집약적 어업은 이윤을 만드는데, 남부 국가에서는 전통적인 생계, 지역 시장, 빈곤 경감을 위한 소규모 영세 어업보다 북부 국가의 소비자를 먹이며 외화를 벌어들이는 대규모 어업을 우선시하였다. 따라서 남획은 단순히 기술 능력의 결과가 아니라 비용을 외부화하며 이윤을 추구한 결과이다. 많은 어부들이 남획의 문제에도 불구하고 이윤 극대화를 추구하게 된 것은 보다 근본적으로 서구 자본주의 발전의 본원적 모습이라는 것이다. 자본주의는 이윤 추구를 인간의 본성으로 보기에 어부는 어업에서 이윤을 만들어야만 한다. 어획량 증대는 대다수의 사람들에게 이윤 극대화의 가치를 유발해 전 세계에 합리적 시장이 운용되도록 하는 자본주의의 시간적, 공간적

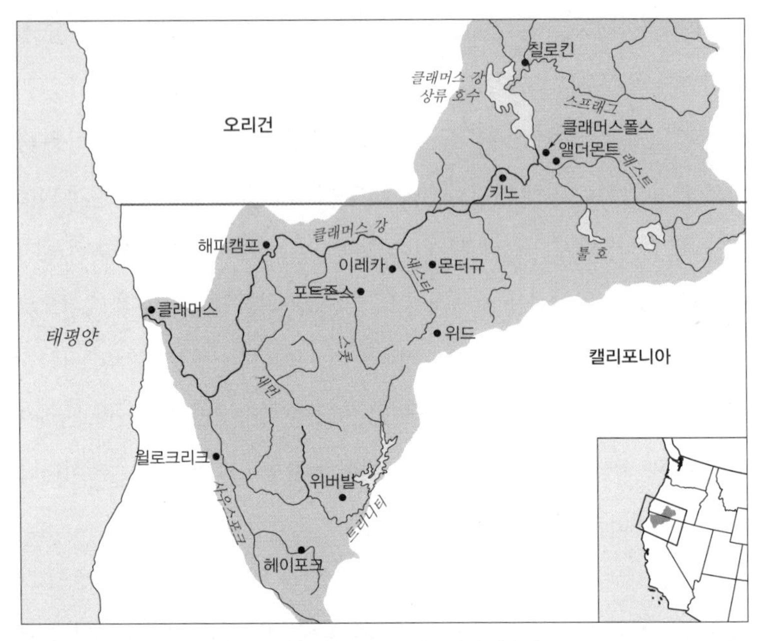

그림 13. 미국 서부 클래머스 강 유역분지

확대 과정이다(Mansfield, 2011).

미국 오리건 주와 캘리포니아 주 연안의 태평양 연어 어업은 한때 세계에서 세 번째로 수확이 많은 연어 생태계 중 하나였으나, 근래에는 역사상 가장 낮은 어획량을 보이고 있으며 몇몇 어종은 멸종 목록에도 올라 있다(그림 13). 초기의 남획이 어획량 감소의 가장 큰 원인으로 언급되며 어류의 수에 비해 어부가 너무 많다는 공유재의 비극 담론에 기초한 보존 접근이 주류를 이루었다. 그러나 후속 연구는 이 문제를 보다 광범위하게 접근하며 주된 원인은 연어가 수정을 위해 의지하던 클래머스(Klamath) 강으로부터 유입되는 물의 양이 농업용수 확보를 위해 강 상류 수로를 변경하는 연방정부의 관개 개발 프로젝트로 인해 감소하고, 강 상류 주변에 주택

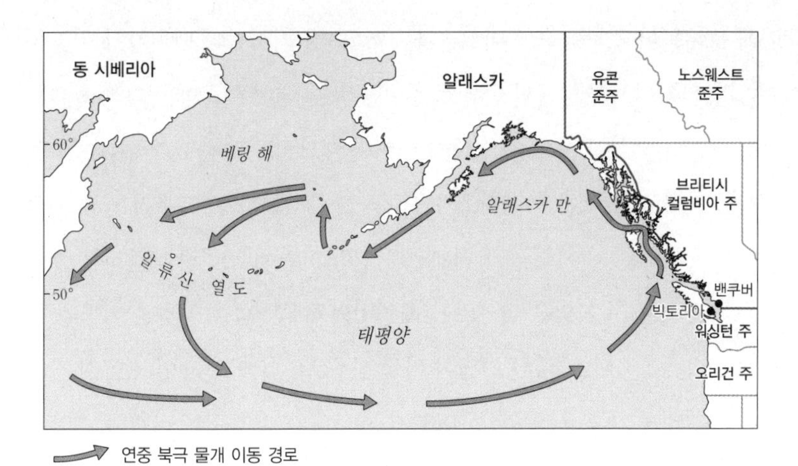

출처: Castree, 2003

그림 14. 북태평양 연안 북극 물개 이동 경로

이 건설되면서 강물이 오염된 때문인 것을 발견하였다. 근해 어업의 어획량 감소는 많은 곳에서 나타나는데, 이는 남획도 문제지만 내륙으로부터 유입되는 오염 물질에 의한 연안 황폐화가 주요 원인이다. 이는 바다로부터 멀리 떨어진 곳에서의 토지 이용에 의해서도 영향을 받을 수 있다는 광범위한 시각의 접근이 중요함을 보여 준다. 어획 감소를 어부의 남획으로만 한정하는 설명은 농업이나 도시개발과 같은 내륙에서의 토지 이용이 규제를 받을 수도 있을 까다로운 정치적인 문제로부터 관심을 돌리기 위해 의도한 것일 수도 있다.

자연의 가치는 시간에 따라 달라지며 사용 또한 변화하는데, 북태평양 북단의 물개는 자원 이용과 인식의 차이가 다양하게 바뀌는 경우를 보여 주는 사례이다(Castree, 2003). 알래스카로부터 600km 떨어진 베링 해 중간에 위치한 작은 무인도인 프리빌로프 제도(Pribilof Islands)에는 매년 여름이 되면 수백만 마리의 북극 물개가 새끼를 낳거나 짝짓기를 위해 해변에 모여들어 3개월 정도 머무른다. 1786년경 러시아의 탐험가가 이곳을 발견한 후 러시아 인들과 알류트 원주민 몇 십 명이 이곳에 정착해 물개를 잡아 고급 의류용 모피를 생산해 러시아 대도시로 수출했다. 80년 뒤 러시아는 이 섬을 포함한 알래스카를 미국에 매각한다. 자유무역 원칙을 선호하는 미국은 이 섬의 물개 사냥권을 민간 기업에 20년간 허용하는 증서를 발급하고 이 기업은 알래스카 매입비의 4배가 넘는 엄청난 이익을 보게 된다. 20년 뒤 또 다른 기업이 미국 정부로부터 허가를 얻어 물개 가죽을 생산하며 이익을 얻었다. 1857년 캐나다가 알래스카 하단의 해안에 도착하여 브리티시컬럼비아 주를 세웠는데, 곧이어 엄청난 수의 물개가 매년 1월과 5월 사이 해안을 따라 북쪽으로 이동한다는 것을 알게 되어 1890년에는 100척이 넘는 물개잡이 배들이 생겨났다. 그러나 미국은 자기네 영토 밖에서 일어나는 일이어서 간섭할 수 없었다.

20세기로 접어들며 물개 개체 수는 지나친 사냥으로 인해 점차 줄어들게 된다. 1911년 미국과 캐나다는 물개가 멸종되지 않도록 섬에서만 물개를 잡고 바다에서는 포획을 영원히 금지하는 협정을 맺었다. 이러한 변화는 러시아가 독점적으로 섬을 관할할 때는 어느 정도 사냥 숫자를 통제할 수 있었으나, 미국 기업이 들어오면서 경쟁적으로 물개를 사냥하고 여기에 캐나다까지 가세하자 더욱 경쟁적인 물개 사냥이 이루어져 급격히 물개 개체 수가 감소하게 된 것이다.

미국 정부는 1967년 상업적 물개 사냥을 전면 금지하였다. 이는 1960년대 초반부터 환경 의식이 높아짐에 따라 야생동물 사냥을 금지해야 한다는 목소리가 커진 것에 기인한다. 현재 이 섬에는 미국 정부가 운영하는 물개 번식을 연구하는 물개보전센터가 위치하고 있으며, 매년 여름 물개를 보러오는 관광객들이 연간 2만 명 정도 방문해 350명 정도의 섬 주민들에게 소득 기회를 제공하고 있다. 물개는 1960년대 이후 인간에게 혜택을 주는 환경적 가치가 있는 자원으로 상품화되었다. 이러한 자연의 가치는 시대에 따라 만들어지는 것이기에 자연의 상품화는 가치 평가에 따라 항상 새로운 상황으로 전개될 가능성이 있다.

재산권 기반의 어업 관리는 이윤 추구가 인간의 본성이기에 남획과 같은 공유재의 비극을 피하는 최선의 방책으로 확대되었지만, 실제로는 불평등한 권력 관계가 부의 축적으로 이어지고 있을 뿐 아니라 많은 성공적인 어류 공공재 관리의 경험들마저 무시하는 문제점도 있다. 공유재 비극론의 가정과는 달리 공유재는 개방된 접근이 이루어지는 자유재가 아니라 누가 자원을 언제, 어떤 방식으로 사용할 수 있는지를 제한하는 분명하고 암묵적 규칙이 있으며, 어부들은 실제 어업 활동에서 서로 소통하고 협력하며 공공재를 이용·관리하고 있다. 따라서 소규모 어업은 이윤 동기가 부족한 비합리성과 후진성을 지닌 개선의 대상이 아닌 보전의 대상이며, 공공재는 문제의 뿌리가 아니라 오히려 적절한 이용과 관리를 통해 지속가능한 혜택을 제공하는 미래의 보고로 고려할 필요가 있다(오스트롬, 2010).

(2) 물 공급 민영화

물 공급은 효율성과 환경 보전을 동시에 추구한다는 목표 아래 1989년 영국에서 시장 기반 관리를 적용하는 민영화가 시작되었다. 시장환경주의는 경쟁이 혁신을 권장하고 가격을 낮추는 결과로 이어질 수 있기에 규제나 윤리적 권고보다 나을 것으로 가정되었다. 물 이용의 효율을 높이기 위해서는 비용 부과가 핵심인데 물 가격의 완전비용복구 부과는 적정한 가격, 특히 물이 부족할 때 소비자가 물을 보전하도록 하는 수준을 유지하기 위해 물 이용량의 측정이 필요하였다. 인위적으로 경쟁을 도입하기 위해서 가격 상한, 부품 조달 등이 시도되었다(Bakker, 2007).

영국은 민영화 이전까지 사용한 물을 측량하지 않고, 주택의 크기와 시설, 재산 가치에 따라 과세하였다. 완전비용복구는 정확한 사용량에 대한 가격 부과로 초과 사용에 대한 교차 보조, 즉 외부 효과의 문제를 해결한다. 완전비용복구는 한계 비용 계산법을 통해 최적의 물 가격을 책정하는데, 이는 생산 비용의 한계 비용처럼 상품의 가격을 정하는 것으로 효율성을 극대화한다. 예를 들어 수요와 공급이 완전히 일치하는 어느 지역에서 새로운 수요가 발생할 경우, 여유분이 없어 한계 비용이 높을 것이며, 이에 따라 사용자는 매우 높은 가격을 지불해야 한다. 물 가격을 평균 가격이 아니라 한계 비용으로 부과하는 것은 소비자에게 보전을 유도하여 정부 규제가 없어도 결국 물 보전으로 이어지는 환경적으로 지속가능한 해법이 될 것으로 보았다(Bakker, 2005).

그러나 민영화 10년 이후 물은 기대보다 제한적이고 비협조적인 상품(uncooperative commodity)이라는 결론에 도달하게 된다(Bakker, 2003). 이는 여러 문제점을 드러내며 시장 실패로 언급된다. 유동적인 자원은 외부 효과를 쉽게 가둘 수 없기 때문에 이를 반영한 가격을 책정하는 일은 어렵고 갈등을 유발할 소지가 크다. 물 자체의 속성이 비용-가격 책정을 어렵게 한다. 물은 보관하기는 쉽지만 이동시키기 어렵고 고가의 지속적으로 유지되어야 하는 고정 기반 시설을 필요로 하기에 자연스레 독점으로 이어진다. 물 자원 확보를 위한 투자는 증가할 수밖에 없고 수입에 비해 높은 자본 투자를 필요로 한다. 한계 비용의 책정은 시간적, 공간적, 계절적으로 변하고 급격한 증가와 감소를 보인다. 물 비용을 공간과 시간에 맞추어 적절하게 조정하는 일은 실질적으로 매우 어렵다. 물 가격이 비용을 정확하게 반영한다면 농촌 소비자는 비싼 가격을 지불해야 하는데, 이는 물 민영화의 목표 중 하나인 농촌 소비자 보호와 모순된다.

물 공급 기업들은 소비자의 물 사용량을 측정하고 나면 단위 가격 부과가 가능해져 물을 절약하여 수요를 줄이려는 동기는 사라지고 많이 사용해야 더 큰 이윤을 남길 수 있기에 판매를 부추기게 된다. 특히 물의 여분이 발생할 때에는 소비자로 하여금 더 많이 사용하도록 할 가능성이 있다. 또한 누수를 줄이는 것이 경제적으로 효율적인 것만은 아니다. 누수 감소나 소비자 절약과 같은 수요 관리는 물이 절대적으로 부족할 때에는 유효한 단기적 대응이 되지만, 물 자원이 풍족할 때에는 누수를 고치는 작업보다는 물을 흘리는 것이 오히려 비용이 적게 든다. 누수가 많을 경우에는 회사들이 물 사용 측정을 주저하기도 한다.

물의 상품화, 즉 물을 경제재로 변환하는 데에는 경쟁과 비용을 반영한 가격 부과가 요구되는데, 물은 지속적으로 순환하는 생물리적, 공간적, 사회문화적 특징을 지닌 자원이기에 어려움이 있다. 또한 연계-통합이라는 유동 자원의 생태적 속성과 더불어 전국적으로 같은 수준의 공공 위생 유지는 효과적으로 경쟁을 유도할 수 없도록 했고, 정확한 가격의 도입은 사용량 측정에 대한 정치적 저항과 물 부족에 따른 가격 상승 그리고 확고한 환경 경제적 가치평가의 어려움으로 좌절되었다. 물 공급은 경쟁이 어렵고 적절한 가격 신호가 없어 민영화된 시장이 잘 작동하지 않자 효율적인 물 공급을 위한 새로운 민영화 정책이 시도되었다. 이는 독점적 공급이 지속되고 경쟁이 유발되지 않는 물 공급 시장의 특성을 고려해 지역 간 기반시설 확충, 비용복구 가격 부과, 수도계량기의 보급 확대 등 교차 보조를 광범위하게 늘리는 것이었다. 이는 비용을 반영한 가격, 사용된 물의 부피 측정, 경쟁 도입을 위한 지원으로 모두 정부의 관리 비용과 인력이 투입되어야 하며, 지불 가능한 가격을 유지하기 위한 규제의 도입이 필요한 상황이다. 이에 따라 민영화의 원래 취지인 물 공급의 효율성 제고, 환경 보전 측면에서의 물 이용 관리 등의 목적은 한계를 맞게 된다.

물의 상품화 실패는 신자유주의의 지리적 모순으로 더욱 심화되었다고 할 수 있다. 물 산업에 경쟁을 유발시키기 위해서는 경쟁이 작동하는 데 필요한 충분한 수의 경쟁자를 유지하는 것과 물 기업 관리자들의 업무 동기 유발을 위해 인수될 수도 있다는 압력을 가하는 것 사이에 적절한 타협이 필요하다. 물 가격 부과에 경쟁을 촉진하기 위해서는 공간적으로 차별화되는 가격 원칙을 적용하고 정치적으로 수용할 만한 최소 가격을 유지해야 하는 문제에 부딪쳤다. 환경 규제에서는 물 가격 부과 기술을 이용할 때 정확하게 가치를 매긴 환경은 환경 보전의 목표와 기준을 정당화하기에 충분할 정도의 금전적 가치가 없는 모순을 드러내었다. 물 산업에서 수요 측면의 관리 정책을 실행할 때 협소하게 정의된 경제적 효율성의 개념은 지속적인 물 수요 감소 측면에서 물 보전과는 반대로 나타나고 있다(Bakker, 2005).

이러한 모순들은 민영화 방식으로 해결할 수 없어 대다수 다시 규제를 통해 관리하는 형태를 보이게 된다. 더군다나 물이 시민의 권리인가 아니면 소비자의 상품인가 하는 정체성의 혼란은 시장환경주의 계획을 더욱 흔들리게 한다. 정부는 규제 완화와 가격 부과로부터 후퇴해 경쟁 배분 면허의 축소, 사용량 측정 취소, 사회적 약자에 대한 배려 등으로 변화를 도모했고, 적정 수준의 누수 감축 목표를 위한 자본 투자를 진행하였다. 물 공급이 경쟁을 적용하기 어려운 분야로 판명남에 따라 정부는 물 공급 서비스의 독점적 권력 남용으로부터 소비자를 보호하기 위해 직접 가격을 조사하고 투자하는 프로그램을 실시했으며 대다수 공공의 소유와 관리 형태로 운영하게 되었다. 결국 물의 상품화는 다른 상품과 같이 가격을 부과하고 이윤 동기로 작동하는 민영화 또는 상업화에 잘 부합하지 않는다는 결론에 도달하게 된다.

(3) 재산권 갈등과 주민 배제

재산권을 보장함에 따라 생겨나는 환경 갈등 사례는 미국 서부 지역에서 찾을 수 있다(Brogden and Greenberg, 2003; Sheridan, 2001). 서부 내륙 지역의 상당한 토지는 연방 또는 주 정부 소유로 지역 주민들이 농업이나 목축으로 생계를 유지하고 있는데, 농업은 매각된 사유지에서 이루어지지만 목축업은 넓은 면적의 초지를 필요로 해 오래전부터 토지 임대 제도에 따라 공공용지에서의 방목이 허용되어 왔다. 따라서 이 지역 주민들은 양도받은 사유지와 이를 둘러싸고 있는 넓은 공유지에서 목축을 하며 생활을 유지해 왔다. 그러나 최근 이 지역에서 관개용수와 냉방기가 이용 가능해지며 도시 거주자들에게 매력적인 휴양 주거지로 바뀌고 휴식 공간으로의 용도가 늘어나면서 지역 주민이 공공용지를 사적인 목축에 이용하는 것에 대한 반발이 제기되고 있다.

이러한 갈등의 배경에는 미국 서부 지역에 연방 정부가 지원하는 방위산업이 집중함에 따라 해안 도시 지역이 급성장하고, 도시를 벗어난 지역에서의 거주를 선호하는 고급 인력들이 내륙 농촌 지역으로 이주하며, 이들을 따라 기업들마저 이주하는 변화가 작동하고 있다. 이러한 토지 수요 증가에 따른 실제 그리고 개발 잠재력으로 지가가 상승하면서 기존의 농업이나 목축 용도의 토지 이용은 경쟁력을 잃게 되고, 이 과정에서 기존 거주자와 새로 이주한 거주자들 간 공공재 이용에 대한 입장 차이가 갈등으로 표출되었다. 도시 기반의 새로운 유입자들은 지역 목축업자들의 과

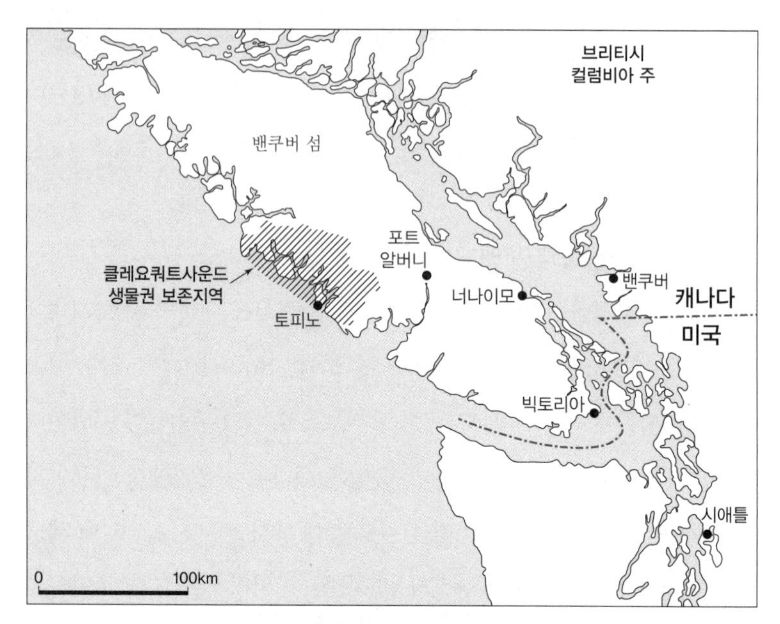

출처: Castree, 2005

그림 15. 캐나다 클레요쿼트사운드 생물권 보존지역

잉 목축에 따른 멸종되는 식물을 보호할 필요가 있다는 환경 보존을 강조한다. 반면 지역 주민들은 개발업자들에게 공공용지를 매각하여 초지를 잠식하는 주거지가 점차 확장되어 목축보다 더 생물종 다양성에 위협을 가하며 환경 파괴가 가속화되어 간다는 대립적 주장으로 갈등이 발생하고 있다(Walker, 2003).

지역 주민, 특히 소수집단의 배제는 제3세계의 경험과 유사하게 권력집단의 사고, 즉 인식론에 각인된 오랜 관습적 삼림 관리 방식을 식민 후기에도 국가 발전 통제 이념과 일치시키며 유지하는 경우에서 찾을 수 있다(Willems-Braun, 1997). 캐나다 서부의 삼림이 밀집된 오래된 거주 지역인 클레요쿼트사운드(Clayoquot Sound)는 삼림 전문가, 환경주의자, 관련 권력 집단들이 함께 야생의 관리를 위해 자연과 토착 문화에 대한 관심을 담은 글과 사진을 제작하였다. 이들 자료에는 이 지역 원주민 누차눌스(Nuu-chah-nulth)가 포함되어 있지만 전통적 원주민이라는 것 외에는 이 지역의 경관 형성 역사에 포함되지 않았고 지역 삼림에 대한 이들의 사용 요구는 거의 무시되었다. 식민적 사고는 1870년대 클레요쿼트사운드 지역 경관을 기록한 조사관의 사진과 잡지에 원주민들은 자연환경의 일부분 또는 새로이 등장하는 캐나다 국가 정부의 일부분도 아닌 것으로 다루어지는데, 이 배타적인 지배 체계는 현재까지도 환경 감시자들에게 후기 식민적 사고로 재생산되며 지속되고 있다.

보존과 벌목은 삼림 전문가와 백인 환경주의자에 의해 결정된다. 이러한 원주민이 배제된 현실에 대한 재인식은 지속가능하고 형평성 있는 환경 관리를 위해 필요하다. 더 나아가 방법론적으로 사진, 잡지, 과학적 범주와 같은 표현 체계에서 배제의 환경 정치가 작동하는 것을 포착하는 비판적 안목 또한 중요함을 보여 준다. 이러한 권력층의 인식론과 배제는 현재에도 다수의 산업적 삼림업자뿐 아니라 환경주의자에게까지도 식민 시대의 세상 분류와 기록하고 기술하는 방법의 논리와 관습을 물려받고 있을 수 있음을 보여 준다. 이는 제3세계 배제의 정치가 제1세계에서도 나타나고 있음을 보여 주는 사례로 넓은 안목의 접근이 필요함을 보여 준다.

3) 신자유주의적 접근과 불평등 심화

제1세계의 자원 관리는 시장 경제 원리를 적용하여, 사적 재산권과 봉쇄 구역을 설정하는 규제 방식을 채택하는 것이 보편적이다. 이러한 재산권 부여와 정부 규제에 기초한 환경 보호는 자연 관리의 효율성을 높일 수 있다. 그러나 자본가와 권력 집단들이 이윤 추구를 목표로 개발 사업에서 발생하는 부정적 환경 외부 효과의 비용을 피하고 주변화된 가난한 집단을 배제시키려는 의도 또한 내포하고 있어 생태적, 경제적, 사회적 문제를 심화시키는 모순을 가지고 있다(Bridge and Jonas, 2002).

어업의 경우 세계 대다수 지역에서 나타나는 고갈 문제가 보존 측면에서 대중의 관심을 많이 받고 있다. 최근까지의 어업 관리는 보호를 위해 공유재의 비극과 과잉 인구 논리에 기초한 설명에 압도적으로 초점을 맞추고 있다. 이러한 주장은 계량적인 분석에 기초한 과학적 접근을 강조하는 기술공학 전문가와 정부도 어업 소득 기회 증진과 자원 고갈을 막기 위해 노력을 경주하고 있다는 국가 관료에 의해 주도되고 있다. 그러나 자원 관리에서 과학 지식은 지역 생태를 잘 알고 있는 주민들을 분리시키며 지역 공동체를 주변화시키는 통제 방식을 취한다. 해양 자원 이용에 직접적으로 연관되어 바다와 어로를 일상적 삶의 토대로 살아가는 현장 상황을 누구보다 잘 알고 있는 어민들을 소외시키는 것은 비정치적 입장을 표방하는 정치적 접근으로 비판할 수 있다.

어업의 개별이전가능할당은 지역 공동체의 경제와 정체성에 치명적인 변화를 초래했는데, 정부가 할당한 개인화·사유화된 채취권은 대규모 기업 선박으로 통합되어 전통적인 소규모 사용자를 배제하는 결과로 이어졌다. 즉 이러한 할당제는 지역 어부보다는 선박 소유자에게 혜택을 주게 되고, 과학적 전문가들과 어부들이 가지고 있는 생태학적 과정과 보호의 공간이 근본적인 차이를 가지고 있어 과학적이고 효율적인 시장 해법이 지역 어부와 소규모 어업을 쇠락시키는 문제로 이어지며, 정치적 함의를 가지고 있다는 비판을 받는다. 뉴잉글랜드어업관리위원회(NEFMC)의 구역 격자선과 폐쇄 지역은 저해상도 정방형 지도로, 지역 어부들이 세밀하게 그린 지도에 나타난 번식 지역, 장애물, 식량원과 같은 해양 환경은 반영하지 못한다. 어업이 이루어지는 영역을 공간적으로 한정하고, 이들 지역을 돌아가며 폐쇄하는 대책은 모든 어장이 접근을 허용하는 개방된 환경으로 참가에 제약이 없고, 그들의 행동과 채취를 통제하는 규칙이 없는 상태에서 운영된다는 잘못된 가정에 기초한다는 한계를 드러낸다.

대다수의 어업은 절대 공동재 비극론의 상황처럼 무정부적이지 않으며, 종종 비공식 제도와 지역 지식 체계가 어업 활동을 규제하며 관리한다. 실제로 연안 어업은 모든 사람에게 완전히 개방되어 있는 것이 아니라 해당 지역 어부들에 의해 매우 제한적으로 공유되고 있다. 어부들은 어류를 수확할 때 자신들의 지역 지식에 기초한 섬세한 경로 지도를 따르는데, 이 지도는 고해상도의 미세한 지도로 아무 배나 운항할 수 없는 수면 아래의 바다 상황과 위험한 장애물에 대한 자세한 정보를 담고 있어 이 지도 없이는 어업이 거의 불가능한 매우 공간화되고 생태적으로 민감한 지역 지식을 나타낸다. 그러나 공식적인 정부 조직 아래의 관리 영역은 서양 장기판식의 격자 형태로 개방과 폐쇄의 운영이 이루어지는데, 어류 생태학이나 어부의 경험과는 거의 관련이 없다. 그 결과 폐쇄된 지역의 어획 활동은 생산적이지 못한 지역으로 강제로 이동하게 되고, 다른 지역에서 어업 활동을 하던 다양한 생태 지역에 분산되어 있는 선박들이 생태 환경을 고려하지 않고 설정된 관리 지역으로 이동한다. 축소된 범위에 집중된 선박들이 경쟁적으로 과도한 어류를 채취함에 따라 어획량이 줄어들기는커녕 더욱 늘어나는 악화된 상황으로 치닫는다.

재산권에 기초한 어업 관리 정책은 기대와는 달리 생태적, 경제적, 사회적, 정치적으로 모순된 결과를 드러낸다. 어업 이용권은 역사적으로 지역화된 전통적인 관습에 의해 통제되어 온 것이 보편적이다. 그러나 공동재 비극론은 현지 여건이나 기술에 부합하는 효과적인 규칙 체계를 가지고 있는 지역의 어장에 대한 접근과 사용 형태를 반영하려는 노력은 거의 없이 개방된 어장을 가정하고 어장 보존을 위해 어부를 줄이고 어획량을 거래할 수 있는 허가 형태로 사유화하는 정책을 시행한다(St. Martin, 2009). 할당량 소지자들은 고정된 할당량을 초과해서 어업 활동을 할 수 없기 때문에 잡아 올린 어류들 중 금전 가치가 높은 것만 남기고 크기가 작거나 원하지 않는 종류는 버린다. 이렇게 버려진 어류의 대부분은 상하거나 죽은 상태여서 해양 생태계에 악영향을 미치게 된다. 또한 전체 할당량이 한정되어 있어 할당량의 시장 가격이 상승하고 결국은 구매력이 큰 몇몇 거대 기업에 할당량이 집중된다. 이들 기업은 다시 시장 가격에 막대한 영향력을 행사하여 가격을 높이는 악순환에 이르게 된다. 새로운 기업이나 어민은 충분한 자본이 있지 않는 한 이 시장에 진입하기 어렵다. 할당량 배정을 통한 어족 사유화는 환경에 대한 생태적 책임감을 높여 환경 보전에 기여할 것이라는 주장과 반대되는 결과를 낳고 있다(윤순진, 2002).

물의 상품화는 효율적인 공급과 관리로 비용 절감과 절약을 유도해 환경 보호로 이어질 것이라는 기대로 시작되었다. 그러나 물 공급은 지난 세기부터 오랫동안 정부가 국민들에게 제공하는 서비스이자 법적 의무로 인식되었다. 따라서 중앙과 지방 정부는 안전한 음용수를 시민들에게 제공하는 것을 발전 과정의 하나로 여겼다. 그러나 이러한 물 공급은 1980년대부터 새로운 관리 방식이 도입되며 물이 상품으로 등장한다. 물 공급은 보다 효율적인 운영을 위해 민간 기업이나 조직에 맡겨지고, 비용 충당을 위해 물 사용료에 가격을 부과할 것을 요구받았다. 이러한 변화는 효율성과 시장 논리로 더욱 추동되었다(Bakker, 2005).

물을 위시한 자연의 상품성과 공공성은 관리 주체가 누구인가에 따라 정의적 측면에서 뚜렷한 대비를 보인다(표 2). 자연을 상품화하는 입장은

표 2. 상품과 공유재의 논쟁

	상품	공유재
정의	경제재	공공재
가격	완전비용회수	무료 또는 '생명선'
규제	시장 기반	명령과 통제
목표	효율과 물 안보	사회적 공평과 생계
관리자	시장	공동체

출처: Bakker, 2007

자연을 공유재가 아닌 경제재로 고려하며 효율적 이용과 보존을 가능하게 하기 위해서는 무료가 아닌 시장 원리에 기초하여 가격을 매김으로써 비용을 회수하고 비용을 아끼기 위해 절약으로 이어질 것으로 본다. 또한 시장에 기반한 공급은 통제와 규제가 필요 없어 비용을 절감할 수 있어 효율적임을 강조한다. 그러나 물 사유화는 여러 가지 이유로 반대에 부딪힌다. 우선 사유화는 급격한 가격 상승으로 이어질 가능성이 높으며, 민간 기업은 지방 정부나 공동체 관리에 비해 관리 업무 수행에 대한 조사가 어렵고 책임성이 부족하다. 또한 물은 환경재이자 공공 서비스로 사회적으로 공평해야 하는 공적 영역에 속한다는 오랜 신념을 바꾸기도 쉽지 않다. 물 공급 서비스를 발전시키는 사회적, 경제적 동기는 이윤에만 집착하는 민간 기업보다는 당국의 책임을 필요로 할 것이라는 믿음이 반대 입장으로 제시된다(홀, 2006).

물을 소유 또는 사유화할 수 있을까라는 근본적인 질문 또한 제기해 볼 수 있다. 물은 누구에게나 필수 불가결한 재화이며 자연에 존재하는 물은 인간이 생산하거나 만들어 낸 것도 아니다. 그렇다면 물은 누구에게 속하는가? 다른 물건처럼 개인이 소유할 수 있는 것인가? 국가의 경우 특정 국가 내에 위치한 호수나 강은 그 국가의 소유라 할 수 있지만, 여러 국가를 지나가며 흐르는 강, 국경 사이를 흐르는 강은 어떠한가? 이러한 질문은 물의 이용 권리에 대해 근본적으로 짚어 볼 만한 주제이다. 반대로 물은 공공재인가라는 문제를 짚어 보면 물은 자연에서 나오는 것이므로 개인이 소유할 수 없다는 생각이 오래전부터 이어져 왔다. 로마법은 '자연의 법칙에 따라 공기, 흐르는 물, 바다, 해안 등의 자연 자원은 인류 공동의 소유'라고 규정했다(자거, 2008). 따라서 물은 모든 인간에게 가장 기본적인 필수 요소로 민간에게 맡겨서는 안 되고 정부가 공공의 입장에서 관리하고 공급해야 한다는 것이다. 누구든지 흐르는 강물을 이용할 수는 있으나 독점하여 소유할 수는 없다. 이러한 관점에서 보면 왜 물 공급이 공공 분야로 남아 있어야 하는지에 대한 반대의 입장은 당위성을 갖는다(Bakker, 2005; 발로, 2009).

시장 기반의 환경 이용과 관리는 어업과 물 공급의 사례에서 검토한 것처럼 사회 집단에 차별적 결과를 불러오는 사회적 형평성의 문제를 내포한 정치적 편향을 가진다. 물 공급의 경우 오랫동안 무료로 취할 수 있는 공공재로 여겨져 오다 상품으로 바뀌며 일부에게는 생명의 위협으로까지 확대될 수 있는 가능성을 가진다. 실제로 여러 나라에서 물 상품화는 심각한 갈등 상황으로 발전해 극렬한 반대에 부딪히며 물 공급이 다시 원래의 정부 또는 공동체 관리로 되돌아가는 경우가 나타나고 있다. 미국의 지하수 이용 사례는 규제와 사유화보다 재산 소유자들 간의 협력이 자원 관리에 더 효과적일 수 있음을 보여 주었다. 어업의 경우 어획 활동의 대다수는 무정부적이지 않고 비공식적 제도와 지역 지식 체계가 어업 활동을 규제하고 있음을 알 수 있었다. 해안 어업은 모든 사람에게 완전히 개방된 것이 아니라 지역 어부들에 의해 매우 제한적으로 공유되고 있었다. 어업의 권리는 역사적으로 지역화된 전통적인 관습에 의해 통제 및 제한되고 있었으며, 어부들은 매우 공간화되고 생태적으로 민감한 지역 지식을 통해 자원을 이용하며 관리하고 있다(St. Martin, 2005; 오스트롬, 2010). 자원의 이용과 관리에 공동재 비극론에 기초한 재산권 부여나 공공 서비스의 민영화, 자연의 상품화는 가정이나 기대와는 달리 자원 고갈의 심화, 경제-사회적으로 사회 집단 간 불평등한 권력이 부의 축적을 위해 사용되며 빈부 격차를 심화시키는 모순을 드러내 시장 효율성과 과학의 객관성을 빌미로 한 정치적 접근이라는 비판을 받는다.

4. 시장환경주의 확대와 비판

정치생태학 연구는 제3세계 지역에서의 환경과 발전의 문제에 초점을 두고 시작하여 최근 제1세계로까지 그 대상을 넓히고 있다. 제3세계와 제1세계의 사례 연구는 환경 갈등의 주요 원인에 있어 지역별 특성을 가지지만 공통적인 면모 또한 포착할 수 있다. 제3세계의 경우 효율적 근대화 정책을 추구하는 발전 지향 정책이 지역 단위의 관습적인 자연 이용 및 관리 전통과 갈등을 겪는 경우가 빈번하며, 지속적인 환경 악화는 환경 관리의 과학적 기술과 재원 부족에 기인하는 정부 실패로 서구의 방식과 자본을 수용하는 상황으로 이어진다. 제1세계의 경우는 시장 원리에 기반한 환경 관리가 효율적이기보다는 사회 집단 간 충돌과 불평등을 심화시키고, 공공 서비스의 민영화와 자연의 상품화는 자본의 이윤 논리가 우선시되고 있음을 보여 준다. 이러한 측면에서 제3세계와 제1세계의 환경 문제는 공통적으로 발전과 맞물려 있으며, 성장을 지속해야 하는 자본주의가 서구 중심에서 제3세계로 정부 실패, 과학적 관리 등의 담론을 구성하며 공간적으로 확대되는 정치적 역동에서 보편성을 찾을 수 있다.

시장환경주의는 공공 서비스의 민영화, 자연의 상품화 등 자연의 신자유주의화로 전개되며 점차 제3세계와 제1세계의 구분을 넘어 지구화된 환경을 강조한다. 효율성 논리와는 달리 자본주의는 환경에 의존하여 이윤 추구를 지속적으로 유지하고 증대시키기 위해 집단 간 그리고 지역 간 불평등을 심화시키고 자신이 생산할 수 없는 재화와 서비스를 제공하기 위해 새로운 이윤 추구의 영역으로 자연을 상품화하는 전략을 구사한다. 이는 자원 고갈과 환경 파괴로 이어지며, 이로 인해 줄어드는 이윤을 회복하기 위해 보다 집약적인 자원의 이용을 추구하는 한편 새로운 자연의 상품화와 시장 확대를 위해 노력하며, 지리적 확장을 통해 공간적 조정을 도모한다(로빈스 외, 2014).

다음에서는 자연의 상품화 모순을 어업과 물 공급 사례 연구를 중심으로 검토하고, 나아가 최근 기후 변화에 대한 대책으로 활발하게 논의되는 탄소 배출권 거래제를 탄소 상품화의 시장환경주의 사례로 살펴본다. 이어서 한국의 물 상품화 경험을 제3세계와 제1세계 간 불평등의 심화 양상을 만들어 내는 상황과 유사한 사례로 소개한다. 마지막에는 지구 차원의 지속가능한 발전 논의를 신자유주의의 자연 분야로의 확대를 위한 지구환경 정치로 고려하며 비판적 검토를 제시한다.

제3세계와 제1세계 지역 간 환경 정치 관점에서 지구 차원의 환경 문제는 소지역에서 지역, 국가 규모의 환경 갈등이 중층적으로 얽혀 있는 상황이다. 제3세계는 북부 국가들로부터 자연 이용과 관리의 전통이 비과학적이라며 시장환경주의를 강제받고, 제1세계는 시장 기반 관리의 한계를 경험하며 공유재 관리의 지혜를 배우려는 노력을 기울인다. 이러한 세계 지역 환경 갈등과 정치의 정태적, 역동적 비교는 환경과 발전 관계의 개별성과 보편성을 동시에 포착하는 지역 정치생태학의 주요 접근 방법과 연구 내용이다.

1) 자연의 상품화 모순

자연에 대한 재산권 부여와 상품화는 생산을 위한 환경 조건을 붕괴시키는 모순을 내포하고 있다. 어업의 경우 개별이전가능할당은 더욱 과도한 남획으로 이어지고, 물 공급의 경우 생수 판매는 자본의 이윤 추구를 위한 수요를 생산하는 전략으로 환경 변화에 대한 비판적 이해에 도움을 주는 사례이다.

어업의 산업적 변모는 정부 차원에서의 권장과 자본주의 시장 논리에서 요구되는 비용 절감의 압력에서 찾을 수 있다. 어업에서 저렴한 비용으로 생산을 늘리는 방법은 비용의 외부화이다. 이는 선주들은 어류를 채취해 환경으로부터 이익을 얻지만 어류 관리나 채취한 지역의 회복에 필요한 비용을 정부의 보조로 충당해 소요된 비용을 완전히 지불하지 않는 방식이다. 어업은 해양 서식지를 파괴하거나 오염 물질을 버려도 환경 비용을 지불하지 않는다. 따라서 어업은 집약적으로 이루어지며, 자본 투입을 통해 경쟁적으로 대형화·첨단화되고, 자본 규모의 차이로 대형 어업이 소규모 어업과의 경쟁에서 우위를 점하게 된다. 어업의 산업화는 자본가에게는 이익을 주고, 어류 고갈이나 환경 오염의 비용은 주변 소규모 어선이나 지역 주민 또는 정부에 전가시키기 때문에 누가 혜택을 보고 누가 비용을 지불하는가에 대한 형평성 문제를 제기할 수 있다(Mansfield, 2004a).

자본가는 자신이 생산할 수 없는 재화와 서비스를 제공하기 위해 환경에 의존하고 동시에 이윤을 지속하기 위해 자신들이 의존하는 그 환경을 비용 외부화를 통해 파괴하는 상황이 지속되고 있다. 어업의 경우 자본가는 기본적으로 어류만이 아니라 이들을 유지하는 건강한 생태계 자원에 의존하는 동시에 환경 자원인 어류를 제거해 생태계를 악화시키며 파괴한다. 자본가는 상당한 재정적 투자를 했기 때문에 어획을 통해 이윤을 추구하므로 환경 파괴적일 수밖에 없고, 어획량이 줄어들더라도 어업을 지속해야 한다. 이러한 모순을 극복하기 위해 자본가는 여러 방법을 동원하는데, 줄어드는 어획을 보충하기 위해 보다 나은 기술을 적용해 더 많이 잡아서 이윤 감소를 보충하려 하고, 정부 보조를 늘려 달라는 로비를 하기도 한다. 이는 직접적인 비용의 외부화일 뿐만 아니라 다시 더 과도한 남획으로 이어진다. 어업을 양식으로 전환하기도 하는데, 이 또한 오염과 서식지 악화 등의 비용을 외부화하며 운영된다. 요약하면, 어획은 생산을 위해 환경 악화를 불가피하게 유발하며, 이를 극복하려는 노력은 더욱 환경을 악화시킨다. 어업의 문제는 비용의 외부화가 그 중심에 있으며, 이는 어업이 의존하는 바로 그 환경을 훼손하며 악순환의 고리를 형성한다 (Mansfield, 2011).

물 공급 민영화와 물의 상품화는 물에 가격을 부과해 사회적 형평성의 문제를 제기한다. 물 가격은 생산 비용의 전액 환수 원칙을 따르는데, 물은 확보, 이동, 공급에 많은 시설 비용 투자를 요구하는 속성으로 인해 민영화는 가격 상승으로 이어지고 현실적으로 기반 시설에 대한 투자는 그다지 이루어지지 않는다. 특히 대다수 제3세계 국가에서의 수도 민영화는 물 가격 상승과 물 공급으로의 접근성이 지역별, 계층별로 차별화되어 나타나 물 공급이 확대되기보다 축소되는 모습으로 주민들의 저항에 부딪힌다. 그러나 선진국의 다국적 물 기업은 세계 시장으로 팽창하며 지속적으로 수익을 창출하고 있다.

물 공급은 다양한 방식으로 이루어져 왔는데, 점차 공동체 통제에서 기업 통제, 수공업에서 산업적으로 바뀌는 양상이다(그림 16). 생수와 물 다국적 기업의 등장은 이러한 변화의 주축을 이룬다. 생수는 상수도 민영화와 같이 물을 이윤을 위해 판매되는 상품으로 바꾼 것이다. 역사적으로 무료로 이용할 수 있었던 세계의 물 자원은 점차 사적으로 통제되고 있다. 용천수는 원주민에 의해 통제되고 그들 공동체 내에서 개방되어 무료로 이용할 수 있는 공공재였다. 그러나 점차 물 자원의 이용권과 판매권은 공공재가 아닌 이익을 위해 사유화되었다. 이는 공동체와 대중으로부터 직접적인 전유를 통한 자본의 축적 방식이다. 생수의 경우는 민간 기업에게 소규모로 생산과 판매 허가가 주어졌다. 생수 업체는 특정 지역에서 물을 채취해 병에 담아 판매를 하는데, 이 물은 그 지역의 호수나 강 또는 지하

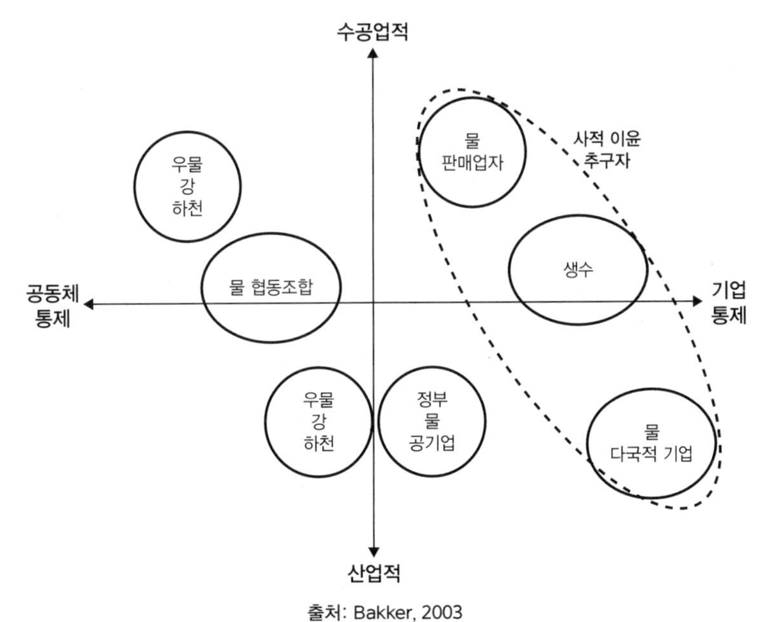

출처: Bakker, 2003

그림 16. 물 공급의 다양한 방식: 공동체-기업 통제와 수공업-산업적의 조합

에 있던 것이다. 본질적으로 공공의 물은 민간의 물이 되었고, 소유권을 빼앗긴 소비자에게 다시 판매되고 있다. 지역 공동체는 이 물이 자연적으로 순환되어야 한다며 생수 판매를 반대하기도 한다. 시장 중심적 관점에서는 자본가들이 충족되지 않는 물 수요를 충족시키고 있다고 주장한다. 이러한 물 공급은 이전에는 공동체 소유였던 자연의 물로부터 기업이 무료로 이윤을 얻는 본원적 축적을 가능하게 한다(로빈스 외, 2014).

개발도상국과 달리 선진국에서는 물 공급이 적절하게 이루어지고 있어 수요의 문제로 나타난다. 특히 실제 소비량보다 더 많은 탄산음료, 맥주, 주스 등의 음료를 선택할 수 있는 상황에서 생수에 대한 수요를 늘리기는 쉽지 않다. 이는 이익을 추구하는 자본가에게는 자본 축적의 한계, 즉 과잉 생산의 위기를 의미한다. 이 문제를 해결하기 위한 방안은 수요 창출, 즉 소비자들이 자신들의 상품을 구매하도록 만드는 것이다. 물 수요를 늘리기 위해서는 물에 대해 대중들이 건강, 위험, 안전 등에 초점을 맞춘 광고를 하며 여론을 조성한다. 수요 확대는 또한 품질을 강조하며 경쟁 상품을 잠식시켜야 하기에 일반적으로 수돗물을 겨냥해 안전과 건강 등을 비교하며 우위를 강조한다(로빈스 외, 2014).

최근 생수 소비에 따른 플라스틱, 운송, 에너지 비용 등의 환경적 영향에 대한 관심이 생수의 소비를 정체시키자, 생수 업자는 젊은 소비자와 아이들의 소비 습관으로 확대하여 수요를 장기적으로 확보하려 한다. 여기에서도 수돗물은 희생양이 된다. 사람들이 이미 무료로 얻고 있는 것에 대해 비용을 지불하게 하는 것은 과잉 생산의 위기 문제이다. 이러한 위기 상황에서 경제를 유지하기 위해서는 가급적이면 선택이 아닌 필수적인 새로운 수요를 창출해야 하는데 생수는 완벽한 경우이다. 소비자는 점차 정부가 공급하는 수돗물보다 생수를 좋게 평가하게 되며 상품으로서의 물 소비는 지속될 것이다. 물 자체가 생존을 위해 필수적이고 정부가 물 공급을 간과하거나 멈춘다면 생명 자체도 판매할 수 있는 상품이 되고 만다(로빈스 외, 2014; Trottier, 2008).

물 공급에서는 두 가지 서로 연계된 변화를 볼 수 있는데, 하나는 빈곤한 지역과 국가에서는 공동체의 물을 빼앗아 이 물을 병에 담아 다시 판매하는 것이다. 다른 하나는 이미 깨끗한 물을 충분히 이용할 수 있는 부유한 소비자가 있는 발전된 지역에서는 생수에 대한 수요를 만들기 위해 노력한다. 이들은 자연의 상품화라는 측면에서 시장환경주의 체제의 또 다른 모습이다. 물의 상품화는 공공 자산으로서 공적 영역에 속해 있던 물을 탈취하여 자본 축적의 계기로 삼는 것으로, 물이라는 비시장적 공공 영역까지도 자본 축적의 계기로 편입하고 있는 것을 의미한다. 물의 민영화는 물 이용에 중대한 변화를 가져오고 정치적으로도 심각한 결과를 초래할 가능성이 크다(하비, 2007; 이상헌, 2009). 실제로 볼리비아의 코차밤바 물 민영화 반대 운동이나 선진국 일부 국가 그리고 한국에서도 물 공급 민영화에 대한 반대는 상당히 거세게 일고 있다. 자연의 사유화, 상품화는 어업과 물 공급의 사례를 통해 알 수 있듯이 경쟁과 적정한 가격 부과를 통한 자연 보호의 행위로 이어지는 것이 아니라 사회 집단, 지역 간 불평등을 심화시키는 지속가능성과 형평성 측면에서 한계와 모순을 가진다.

2) 배출권 거래제 - 탄소의 상품화

과거 자연은 공유재로서 누구나 무료로 이용할 수 있었으나, 점차 자본 축적을 위한 상품으로 바뀌며 그 대상을 다양한 자연으로 확대하고 있다. 이러한 변화는 자본의 탈취적 축적 또는 신자유주의화되어 가는 자연으로 일컬어진다(하비, 2007; Castree, 2008b). 시장환경주의에 기반한 효율적 자원 이용과 관리라는 자연의 상품화는 최근 새로이 탄소 배출권 거래제를 통해 탄소의 상품화를 시도하고 있다. 탄소 배출권 거래제는 온실가스 배출을 효율적으로 줄일 수 있는 시장 기반의 정책적 해결 방안으로, 기본적으로 환경 오염 물질인 탄소의 예를 들어 주, 국가, 세계 등 특정 관할 구역 내 모든 배출의 전체 한계를 정한다. 기업이나 개인은 전체 배출량 중 양도 가능한 몫을 가지는데, 가장 효율적으로 전체 탄소 배출을 줄일 수 있는 방법으로 개별 할당된 몫은 거래를 통해 이전 가능하도록 하고 있다(로빈스 외, 2014).

배출권 거래제는 1997년 유엔 기후변화협약 당사국들이 현 세대와 미래 세대의 편익을 위해 형평성의 원칙을 바탕으로 공통적이지만 차별적인 책임과 각국의 능력에 따라 기후 체계를 보호하기 위해 합의한 기후변화협약인 교토의정서에서 출발한다. 이는 선진국들로 하여금 1990년 방출 수준에 기초해 온실가스 감축의 법적 구속을 시행한다. 기준 초과 감축량을 국제적으로 거래할 수 있는 유연한 방식으로 국가 간 배출 거래(International Emissions Trading), 배출 감소를 내부적으로 하기보다 부속국가 간 탄소 감축 투자에 따른 감축분을 인정하는 공동이행(Joint Implementation), 선진국이 개발도상국의 지속가능한 발전을 지원해 주는 온실가스 배출 감축 사업을 시행하고 이로부터 발생하는 감축분을 투자국의 것으로 인정해 주는 청정개발체제(Clean Development Mechanism)를 제도화한다(윤순진, 2008).

이들은 기본적으로 탄소에 가격을 매겨 거래가 가능한 상품으로 취급하는 탄소의 상품화이다. 효율적으로 탄소 배출을 관리하는 청정개발체제는 공간적으로 차별화된 배출 감축 비용을 활용해 기후 변화 완화 비용을 최소화하는 방법을 허가한 것으로, 선진국에게는 저렴한 비용의 감축 기회를 제공하고 개발도상국에게는 추가적인 재정 지원과 선진 기술의 확산을 가능하게 한다는 것을 의미한다(Lohmann, 1993). 여기에 산림 벌채와 훼손 방지 온실가스 감축(Reducing Emissions from Deforestation and Forest Degradation, REDD)이라는 삼림 상쇄 구매 프로그램이 등장하는데, 특히 브라질과 인도네시아의 열대우림 파괴에 대한 뜨거운 논란에서 삼림 보존을 통해 탄소 배출을 저감하며, 이 지역의 빈곤한 공동체에게도 도움을 주는 목표로 시작되었다.

브라질이나 인도네시아 같은 해당 지역 개발도상국들은 열대우림 파괴를 자신의 영토 안에 있는 자원을 이용해 성장을 추구할 권리로 주장했고, 선진국들은 지구 허파인 열대우림의 파괴이자 기후 변화의 진행을 촉진하는 행위로 비난하였다. 열대우림의 보전은 모두에게 중요한 일이지만 다른 국가들이 열대우림 지역의 개발도상국들에게 아무런 대가를 지불하지 않은 채 보전을 요구하는 것을 정당한 요구라고 보기는 어렵다. 따라서 선진국들은 개발도상국의 산림이 배출 탄소를 흡수 또는 저장하는 역할을 수행할 수 있는 여지가 크므로, 이를 저렴한 배출 감축 기회로 활용하기 위해 벌채나 훼손 대상의 삼림을 보전하는 비용을 지불하는 방식을 제안했다.

이 접근은 부유한 산업 국가의 탄소 배출 비용을 다른 곳에서 환경을 보호한 사람들에게 지불하여 상쇄한다는 논리로, 선진국들은 이를 통해 탄소 저감을 위한 혁신적 방안을 모색하는 데 필요한 시간을 확보할 수 있고 개발도상국들은 탄소 경제에서 벗어나는 데 도움을 주는 재정과 기술 지원을 북부 국가로부터 받아 기술 발전과 사회간접자본 투자를 늘릴 수 있을 것으로 기대한다. 환경을 보호하는 방법에 상쇄를 포함한 탄소 거래 방식을 포함시키는 것은 환경의 가치를 찾아 가격을 부과하고, 재산권을 배당하고, 이러한 서비스를 세계 시장에서 거래하는 시장 원리에 기초한 접근으로 시장환경주의의 또 다른 적용 사례가 된다(Newell and Bumpus, 2012).

탄소 거래제의 기본 사고는 정부가 환경에 위협을 가하는 배출의 최대 허용치를 정하고 기업들에게 자발적으로 목표를 달성하도록 하거나 또는 보다 효율적으로 배출을 줄일 수 있는 기업에 대가를 지불해 이를 대신하게 한다는 것이다. 기본적으로 기술이나 경험을 통해 보다 저렴하게 배출량을 감축할 수 있는 기업이 그렇게 할 수 없는 기업을 위해서 감축을 하는 대신 그에 대한 대가를 지불받는다는 것이다. 이 방법은 전통적 규제와 같은 결과를 얻지만 전체적으로는 낮은 비용으로 가능하기 때문에 이 방식을 경제적으로 더 효율적이라고 평가한다(로빈스 외, 2014).

배출권 거래제 옹호자들은 이 제도가 모든 공장과 지역이 똑같은 조건을 충족시켜야 하는 경직된 규제 방법에 비해 30퍼센트 이상 더 감축할 수 있다고 주장한다. 예를 들어 A, B 공장 모두에게 오염 물질 배출량의 30퍼센트를 줄이는 규제를 가했을 때 A 공장은 톤당 50달러가 소요되고 B 공장은 효율적인 기술과 생산 체계로 톤당 25달러의 비용으로 오염을 제거할 수 있다면, 전체 오염 최고 한도를 700톤으로 정하고 두 공장이 원한다면 거래를 하도록 하는 것이 전체 12,000달러를 사용하는 것보다 더 효율적이다. 이 경우, A 공장은 자체적으로 일부를 줄일 것이지만 더 효율적이고 적극적으로 감축을 해 목표치를 달성한 B 공장으로부터 남은 오염 허용 공제를 매입할 것이다. 규제적 접근이나 배출권 거래제 방식은 같은 양의 오염을 감축 하더라도 후자가 전체 비용이 적게 들어 이론적으로는 보다 비용 효율적으로 배출 감축을 달성한다(그림 17).

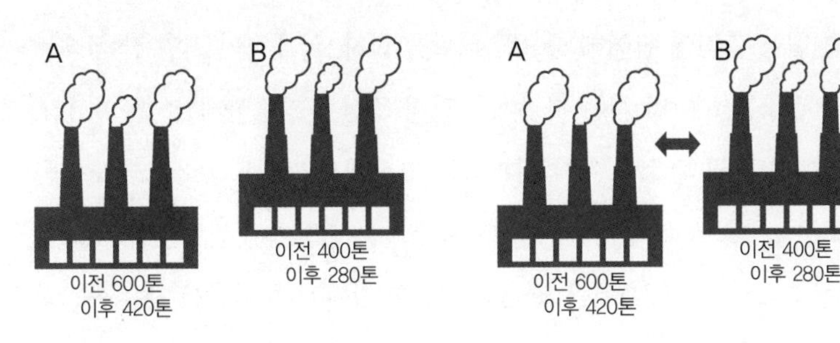

출처: 로빈스 외, 2014에서 변용

그림 17. 규제 대비 배출권 거래제 접근

교토의정서는 국가별 온실가스 배출 감축률을 1990년 배출 수준을 기준으로 설정해 배출량이 많은 국가일수록 더 많이 배출할 수 있는 현상 유지적 속성을 가지고 있다. 따라서 선진국들은 탄소 배출을 줄이기 위한 기술 개발이나 대규모 투자의 부담으로부터 벗어날 수 있다. 또한 거래를 허용함으로써 자국 내에서의 배출 감축보다 비용이 적게 드는 투자 대상국을 찾아 자국의 감축 목표를 달성하는데, 이는 감축 책임을 지리적으로 다른 국가로 이전시켜 비용을 절감하는 것이다. 배출권 거래제의 핵심은 시장과 기술의 활용이 가장 현명한 온난화 억제 방법이라는 것으로, 온실가스의 경우 국지적 배출이 문제가 아니라 대기 중에 누적되는 배출량이 문제이기 때문에 배출이 일어나는 지역과 감축이 일어나는 지역이 반드시 동일할 필요가 없다고 본다. 따라서 보다 저렴하게 배출을 감축할 수 있는 지역에서 감축이 이루어지면 전 지구적 차원에서 보다 효과적으로 감축 비용을 줄일 수 있다는 것이 이 접근의 핵심 논리이다.

배출권 거래와 상쇄는 시장화된 그리고 점차 초국가화되어 가는 상황에서 등장한 환경 관리의 한 형태로 정부와 비정부 행위자들 모두 상쇄를 위한 협상 추진에 참여해 중요한 역할을 한다. 국제적인 지역 간 상쇄는 배출 감소를 해야만 하는 자본에 공간적 조정을 가능하게 할 뿐 아니라, 남부에서 값싼 탄소 공제를 확보하는 과정에서 개발도상국에게 도움을 주고, 이 배출 감소 활동 결과를 더 비싼 북부 시장에서 판매할 수 있도록 하는 새로운 자금의 흐름을 열었다. 이러한 값싼 배출 감소를 찾는 공간적 조정 방식은 자본이 신자유주의 상황에서 경제 위기를 피하고 지역 특수적인 자연을 부를 축적하는 새로운 대상으로 통합하며 개발도상국도 대상 국가로 포함시키는 결과로 이어졌다. 상쇄는 민간 자본의 거대한 자원과 능력을 청정 기술에 투자하는 기회를 제공하는 새로운 녹색 자본주의 형태로 강조하지만 환경제국주의라는 비판을 받기도 한다(Bumpus and Liverman, 2011; 윤순진, 2008).

기후 변화는 국제적으로나 국내적으로 그에 따른 손실과 피해가 사회경제적 약자, 특히 기후 변화에 대한 책임이 상대적으로 덜한 집단에게 보다 광범위하게 발생해 기후 부정의를 증가시킨다. 현재의 배출권 거래제 또한 경매와 예치 등이 허용되고 주식-증권이나 현물 시장처럼 시세 차익을 추구할 수 있기 때문에 오염 원인자가 비용을 부담하는 것이 아니라 오히려 혜택을 보는 모순이 나타나기도 한다. 온실가스 감축 사업에서 얼마의 비용이 들었는지와 무관하게 탄소 시장에서는 예탁의 공급과 수요에 따라 가격이 결정됨으로써 시장 행위자들은 사업의 성격에 관심을 두지 않은 채 가장 비용이 적게 드는 방식으로 감축하여 최대의 수익을 남길 수 있는 방향으로 추진하게 된다(윤순진, 2008).

탄소 거래와 상쇄 계획들은 주최 국가와 공동체의 발전 혜택을 주장하지만, 청정개발체제에서의 발전은 평상시 자본주의 경제에서 나타나는 다양한 불균등하고 단명한 발전과 유사하다. 현재의 배출권 거래제는 불평등한 공간 배분과 특정 기술로의 편중을 보여 준다. 청정개발체제의 탄소 공제 대다수는 중국, 한국, 인도와 같은 나라에서 HFCs, N_2O와 같은 지구 온난화 잠재력이 높은 가스의 감축을 위한 것이다. 청정개발체제가 청정하지 않은 근본 원인은 급격한 성장에도 불구하고 화석 에너지에 초점을 두고 전체 자본의 극히 일부분만이 개발도상국으로 투입되기 때문이다. 예를 들어 세계은행 에너지 명세표에서 기후 변화를 고려하고 있는 항목은 50퍼센트 미만이다. 자발적 상쇄는 시장이 공제를 판매할 가능성을 보고 거의 청정개발체제를 따라 출발하였다. 자발적 상쇄의 상위 3개 계획된 형태는 수력(32%), 토지매립가스(17%), 풍력(15%)이고, 나머지는 다른 기술들이다. 따라서 혁신적 기술과 지리적 분포 측면에서 주요 자발적 시장 공제는 2008년 기준 거의 청정개발체제 형태를 띠며, 아시아, 미국, 중동의 각 45, 28, 15퍼센트에 비해 오직 1퍼센트만이 아프리카에서 나타난다. 따라서 배출권 거래제 옹호자들이 강조하는 남부에서의 지속가능한 발전은 수사적 문구이며, 이를 실제적으로 성취한다는 청정개발체제와 자발적 상쇄 시장 모두는 그 역할에 대해 근본적인 의문을 제기해 보아야 한다(Bumpus and Liverman, 2011).

지구 온난화 문제에 시장 기반 접근이 정당화되는 가장 중요한 논리는 효율성의 극대화이다. 온실가스 감축 비용은 장소에 따라 국가별로 다르게 나타나지만 배출 감축이 어디에서 이루어졌는가와는 무관하게 환경적 혜택은 전 지구적으로 공유되기에 감축 비용이 가장 저렴한 곳에서부터 배출을 줄여 나가면 전 지구적 환경 비용을 최소화할 수 있다는 것이다. 하지만 전 지구적 비용이 무엇을 의미하는지를 분명히 할 필요가 있다. 절감된 비용과 증가한 혜택이 국가들 사이에 고르게 배분되지 않는다면, 특히 기후 변화로 인해 더 많은 피해를 입게 되는 국가들에게 피해에 합당한 조치를 취할 수 있도록 경제적 지원을 하지 않는다면 이 논리는 정당화될 수 없다. 청정개발체제에 대한 가장 강렬한 비판은 개발도상국 정부가 미래의 청정개발체제 투자 증가를 막을 두려움 때문에 추가 에너지 효율성, 재생에너지 또는 다른 배출 감소 활동을 진전시키는 국내 정책을 억제하는 왜곡된 동기를 만들고 있다는 것이다. 개발도상국의 온실가스 배출 증가와 개발도상국 발전 지향의 투자 패턴을 고려하면 이러한 시장 기반 환경 악화 저감 노력은 논리와는 달리 환경과 발전에 부적절한 결과를 만들어 낼 가능성도 내포하고 있다(Liverman, 2009).

지구 환경 비용을 시장을 통해 감소시킨다는 논리는 개발도상국 혹은 다음 세대로 비용이 전가된다는 기후 부정의적 사실을 은폐하고 있다. 현재의 교토의정서 방침하에 확대되고 있는 탄소 배출권 거래 시장은 배출권의 거래와 이를 통해 발생하는 경제적 이득에 보다 치중하여 지구 공유지의 기후 변화로부터의 공평한 보호와 지속가능성에는 관심을 기울이지 않는다. 탄소 시장은 지구 대기의 제한된 흡수 능력을 효율적으로 사용하여 기후 변화를 억제하기 위한 창의적인 방안으로 제안되었지만, 현재의 접근은 기후 변화를 유발한 기존의 경제 개발 방식을 유지하고 화석연료에 기반한 에너지 체제의 획기적인 개혁을 지연시키는 자본에 의한 자연의 상품화 전략으로 드러난다. 청정개발체제 사업은 상대적으로 손쉽고도 저렴하게 수행할 수 있는 온실가스 제거 사업에 초점을 맞추고, 기후 변화를 완화하기 위한 핵심 사업인 재생에너지와 에너지 효율 향상을 위한 사업에는 관심이 매우 미흡하다. 이는 청정개발체제 사업이 개발도상국의 지속가능한 발전에 기여해야 한다는 애초의 취지를 무색하게 하는 것이다. 결과적으로 탄소 거래제는 기후 변화의 진행을 감속시키기보다는 기후 부정의를 확대시키고 기후 온난화를 안정화시킬 가능성을 어둡게 하는 방향으로 진행되고 있다(윤순진, 2008).

탄소 배출권 거래제와 상쇄는 제도화 자체에도 심각한 한계와 결점을 가지고 있다. 우선 기본적으로 정보, 확인, 투명성의 문제를 제기할 수 있다. 탄소 거래가 실제 탄소 감소로 이어지는지 어떻게 알 수 있을까? 나무를 심는 데 자금이 들어간다고 가정해도 이들 나무가 실제 심어지건 말건 또는 15달러 가치의 나무가 1.5톤의 탄소를 제거시킬 수 있는 만큼 성장을 하건 하지 못하건 실제로는 아무것도 상쇄되지 않았다. 누가 이런 탄소의 행적을 확인하고 계산할까? 어떤 가정이 이러한 계산에 필요하며, 이 회계는 어떻게 감독할까? 얼마나 많은 탄소가 거래를 감독하는 기업의 관리와 마케팅 업무를 위해 필요한가? 이들 모호한 과정들은 모든 소비재에 난무하는 생산품, 재화, 서비스를 환경 친화적이라고 과장하거나 거짓말로 홍보하는 위장환경주의, 과도한 과장, 거짓 정보, 명백한 거짓을 특징으로 하는 판매 촉진 마케팅을 고려해 볼 때 회의적으로 검토할 필요가 있다(Lohmann, 2006).

또한 탄소 배출권 거래와 상쇄는 실제적으로 상한선을 정하고, 한계를 결정하며, 감축을 감시하고 실행하는 문제를 내포하고 있다. 시장을 도구로 사용하는 것은 어느 정도의 오염을 허용할 것인가를 결정하는 어려운 협상과 규제의 경험이 요구되기 때문에, 오염 통제에서 정치적 영향을 배제하는 데 아무런 역할도 하지 못한다. 또한 시장에 기반을 둔 접근은 종종 정부의 간섭을 줄일 수 있다고 하지만, 실제 시장에서의 거래가 합법적인가를 확인하기 위해 공적 비용으로 정부 과학자와 감독관 수를 늘리고 정부의 규제 확대도 필요로 한다. 이를 옹호하는 사람들조차 초기에 시장을 만들고 유지하는 데 정부의 규제가 강력한 역할을 할 수밖에 없다는 것을 인정한다(Bumpus and Liverman, 2008).

부유한 북부 국가와 기업들이 남부의 빈곤한 국가에 나무 심는 비용을 지불한 것과 같이 상쇄 실험을 추적한 연구는 해당 지역 공동체가 실제 거의 투자에 따른 가치를 얻지 못하고 있다는 실패의 경험을 보여 준다. 삼림 훼손 상쇄 계획을 위해 지정된 토지는 세계의 빈곤자들에게는 생존 자원의 손실이었고 실제 매우 적은 탄소만이 제거되었다. 우간다의 탄소 삼림의 경우를 보면, 노르웨이의 석탄을 연소하는 에너지 회사는 자신들의 발전소 배출을 줄이는 대신 우간다 정부에 나무 심는 비용을 지불했는데, 그 결과는 다음과 같이 나타났다(Lohmann, 2006; 로빈스 외, 2014).

- 2만 헥타르의 대규모 토지를 구입했지만 단지 600헥타르에만 나무를 심었다. 그리고 이 나무들의 대다수는 생태적으로 바람직하지 않은 속성수이거나 외래종이었다.
- 이 토지의 재산 가치는 미화 1000만 달러 정도였지만, 기업들이 탄소 감축을 위해 산업 설비에 지출을 하지 않아도 되기에 실제 서류상으로 기대했던 것보다 훨씬 낮은 탄소 제거만 이루어졌다.
- 정부에 사용료를 지불했지만 우간다에서 인플레이션이 증가하며 이 액수마저도 급격히 감소해, 50년 동안 토지를 이용하는 데 지불한 금액은 11만 달러가 채 되지 못했다.
- 이 토지로부터 수백 명의 농부와 목축업자를 퇴거시켰지만 새로운 일자리는 43개만 생겼다.

결과적으로 비용은 분명히 빈곤한 국가에 부과되었지만 혜택은 부유한 국가에서 발생해 삼림 상쇄는 실제 환경 개선에 있어 한계를 내포하고 있음을 보여 준다. 대다수의 이런 거래는 불분명하고, 규제되지 않으며, 이미 존재하는 경제적 관계에 포함되어 있기 때문에 성과를 내지 못할 것으로 예측할 수 있다. 실제로 이러한 계획은 친환경적 방향으로 가기보다는 불균등한 선진국의 발전과 개발도상국의 저개발의 상황으로 귀결되는, 즉 생산자를 위한 매우 실용적인 투자라는 비판을 받을 수밖에 없다(Lohmann, 2010).

청정개발체제는 국가 간 그리고 계층 간 불평등을 심화시키는 문제가 있음에도 이에 대한 고려는 부족하다. 만일 어떤 공장이 오염 물질을 방출하는 대신 감축은 멀리 떨어진 다른 곳에서 할 수 있도록 허용한다면, 전체적인 감축 목표는 달성했더라도 공장이 있는 지역은 환경 재난을 겪기 때문에 탄소 상쇄는 지역에 차별적으로 미치는 영향에 대해 논란이 있다. 북부의 상쇄 기업은 탄소 시장을 남부의 새로운 입지로 확장하며 종종 자신들이 운용하는 지역 공동체에 혜택을 제공하고 지역 주민을 탄소 감축 사업에 적극적으로 참여시킨다고 주장한다. 실제 삼림 상쇄 구매 프로그램은 온실가스 감축 비용을 줄이며, 삼림 지역의 빈곤한 원주민과 주변 공동체에게도 도움을 주는 목적으로 등장해 기후변화협약에 포함되었다. 따라서 이 프로그램의 삼림 보전은 열대우림 지역의 주민들의 생존권과 문화를 보전하는 방식으로 이루어져야만 의미가 있다. 그러나 삼림 보전을 위해 빈곤한 지역 주민이 공동체 토지와 같은 자원에 대한 접근에 제약을 받거나 강제로 이주해야 한다면 생계에 치명적인 영향을 받게 될 것이다. 즉 탄소 상쇄는 지구의 지속가능성을 담보한다는 명분 아래 지역 주민의 희생과 개발도상국의 권리를 제한하며 기후 부정의를 심화시키는 환경제국주의의 모습을 보일 수 있다(윤순진, 2008; Lohmann, 2006).

탄소 거래제는 온실가스 감축이 선진국에서는 비용이 많이 들지만 개발도상국에서는 쉽고 저렴하게 가능하고 탄소 거래를 통해 효율적으로 관리할 수 있다고 표방하지만 새로운 이윤을 창출할 기회를 만들어 가고 있다. 지구 온난화 문제에 대한 시장 기반 해법의 탄소 상쇄 지리는 혜택과 비용이 지역 간, 특히 부유한 국가와 빈곤한 국가 간에 불평등하게 편중되며 세계 불균등 발전을 심화시키고 있다. 국제 기후 협상은 현 세대와 미래 세대의 편익을 위해 형평성의 원칙을 바탕으로 하여 공통적이지만 차별적인 책임과 각국의 능력에 따라 기후 체계를 보호해야 한다고 협약에 시간과 공간 형평성 그리고 정의를 명시하고 있지만, 현재 드러나는 모습은 기후 체계의 보호가 아니라 성장의 보호를 위한 권력의 환경 정치 과정으로 드러나고 있다(로빈스 외, 2014).

유사한 대기 관련 사례는 현재 기후 변화에 대한 환경 정책은 보다 기술이 진전된 사전 예방 기술을 적용하는 것이 바람직하지만, 환경 기술의 초기 형태인 사후 처리 기술의 개발과 적용에 몰두하는 경향을 보인다. 선진국에서는 수송 부문 에너지 소비가 지속적으로 증가하고 이로 인해 온실가스 발생이 꾸준히 증가하고 있는데, 이 문제를 풀기 위해 미국은 바이오 에탄올 생산에 적극적으로 나서기 시작했다. 2006년에는 2005년의 기록이 역전되어 세계 최대 에탄올 생산국이었던 브라질을 앞질렀다. 나아가 미국은 브라질로부터 바이오 에탄올 수입을 더욱 확대해 나갈 예정이다. 미국이 석유 의존을 완화하기 위해 선택한 전략은 에너지 소비를 교통 수요 관리나 토지 이용의 변화를 통해 줄이는 것이 아니라 단순히 석유를 바이오 에탄올로 대체하는 것이다. 대량의 바이오 연료 생산은 세계 곡물 가격을 상승시켜 개발도상국의 사회경제적 약자들을 고통으로 내몰고 있다. 그야말로 선진국이 기후 변화를 유발한 생활양식을 유지하고자 개발도상국 주민들의 생존을 위협하는 상황이 전개되고 있는 것이다. 바이오 연료 생산은 농경지 침식과 산림 벌채, 농약 살포, 광범위한 지하수 이용

등을 필요로 하기 때문에 자연 생태계에도 큰 부담을 준다(윤순진, 2008).

정치생태학 접근은 탄소 배출권 거래제 뒤의 구조적 동기에 초점을 맞추어 효율성을 명분으로 하는 신자유주의적 환경 관리가 실제로는 자본의 이윤 추구를 동기로 하고 있어 환경 개선의 의지가 부족하며 지역 간, 집단 간 불평등으로 이어지는 모순을 드러낸다. 현재의 탄소 거래제는 경제가 가능하도록 만드는 근원적 상황인 지구의 대기를 지속하는 것보다 지속가능한 성장을 선호하는 자본주의의 이윤 극대화를 향하고 있다. 따라서 대규모 녹색 기반 시설인 태양과 풍력 에너지 생산에 대한 공공 투자, 에탄올 생산보다 주택 태양열 집진판 설치에 대한 세금 감면 선호의 보조금 구조 변화, 산업계의 이산화탄소 배출에 대한 직접적인 한계 설정과 같은 대안적 방향으로의 진행은 쉽게 이루어질 것 같지 않다.

3) 물 민영화, 상품화 한국 사례[3]

한국은 2006년 정부의 상하수도를 민영화하여 이를 세계적 수준의 다국적 물 기업으로 키우겠다는 목표로 '물 산업 육성 5개년 추진 계획'을 발표하였다. 이 발표는 다국적 물 기업의 본거지인 유럽연합(EU)과 자유무역협정을 타결한 상황에서 이루어져 상수도 민영화 논의는 더욱 갈등을 유발하게 되었다. 상수도 민영화는 수도 사업이 과잉 중복 투자되었고 지역적으로 불균형하게 진행되었기 때문에 160여 개 지방자치단체로 나뉘어 있는 상하수도 사업을 30개 이내로 광역화하고 현재 지방자치단체와 수자원공사에 부여된 수도사업자의 지위를 민간 기업에도 부여한다는 내

3. 이 내용은 저자의 글, "물의 신자유주의화: 상품화 논쟁과 한국에서의 발전," 2012, 한국경제지리학회지, 15(3), 358-375에서 발췌·수정한 것이다.

용을 담고 있다. 상수도 민영화에 대한 반대 여론이 높아 추진은 보류된 상태이지만 물 산업 육성에 대한 정부의 의지는 확고한 것으로 보인다(이상헌, 2009).

물 민영화는 물 관련 분야의 산업적 측면을 강조하며 대외 경쟁력을 갖춘 물 산업을 육성하고자 하는 정책이다. 여기에는 상하수도 서비스업의 경영 효율화, 상하수도 인프라 개선 및 운영 체계 개선을 통한 시장 확대, 물 산업 수출 역량 강화 등이 포함된다. 그러나 물은 모든 국민이 향유해야 할 보편적 재화이며, 이를 안정적이고 효율적으로 공급하는 것은 국가의 핵심 과제 중 하나이므로 물 산업 민영화를 반대하는 입장에서는 공공성 측면을 강조하며 수도 서비스는 정부에서 제공해야 한다는 주장을 강하게 펼치고 있다. 물 산업 민영화에 대한 비판은 다양하게 이루어지는데, 물 공급의 경우 자유 경쟁 체제는 상당한 기반 투자를 필요로 하는 독과점적 성격의 서비스로 사기업에 의해 독점화될 가능성이 있다. 또한 물 산업을 통한 기업 육성을 표방하지만 지방자치단체가 아닌 민간 기업화는 오히려 자유무역협정의 규범을 따라야 하기 때문에 세계적인 다국적 기업의 국내 진입을 열어 주게 될 가능성이 높다. 나아가 세계적으로 물 민영화가 대세인지 아니면 민영화 중단과 공공성 강화가 대세인지에 대한 충분한 검토가 필요하다는 주장 등이 제기된다(백명수, 2008; 신춘석, 2007; 염형철, 2006).

물의 상품화 논의와 관련해 지하수는 특별한 관심을 받는다. 지하수는 개인의 재산에 부속되어 있어 공공재로 관리하기에는 기본적으로 재산권을 침해하게 되고, 사유재로 관리하기에는 지하수의 경계를 명확히 할 수 없어 과도한 생산으로 인해 타인에게 주는 피해를 가늠하기 어려운 외부효과의 문제가 있으며, 아직 수익적 사용을 법의 기본으로 하고 있어 지하수 분쟁은 해결점을 쉽게 찾지 못하고 있다(윤양수, 1997; 정광조, 2002; Roberts and Emel, 1992). 그렇다고 규제 강화를 통한 관리 방안도 최근의 신자유주의화 추세에서 공감을 얻기 어려워 자연의 사회적 속성에 대한 이해가 필요하다.

한국은 현재 용수 공급을 주로 지표수에 의존하고 있어 지하수는 비상시의 대체 용수 및 물 부족의 대안 정도로 인식하고 있다. 그러나 지표수의 오염, 댐에 의한 용수 공급의 한계 및 물 소비량의 증가 등으로 인하여 지하수의 이용량은 점차 증가하는 추세이다. 사용량이 보충량보다 많아질 경우 고갈의 문제로 이어지는데, 특히 최근 들어 지하수의 생수 상품화가 보편화됨에 따라 사용량이 급증하고 있어 사유재와 공공재로서 지하수의 특성에 대한 관심이 높아지고 있다. 기본적으로 지하수 수리권은 그것이 부존된 토지의 구성 일부로 인식하여 부존 토지 소유자의 사유물이 될 수 있다고 보는 채취권과 토지 소유권과 별개로 먼저 물을 사용한 자에게 우선적으로 사용권을 주는 선용권으로 대별된다.

지하수를 부존 토지의 일부 구성으로 인정할 때에는 토지 소유자가 자기 소유 토지의 지하수에 대하여 당연히 소유권을 갖고 그것을 원칙적으로 자유롭게 개발하여 이용할 수 있는 권리를 가질 수 있다. 그러나 지하수는 부존 토지와 분리될 수 있는 성질을 지니고 있는데, 토지는 부동의 고체물로 구획과 분리가 가능하지만 지하수는 대기, 지표, 지하 및 해양에 걸친 수문 순환의 한 과정으로 지하에서 맥이나 대를 이루어 구획과 분리가 불가능한 액체여서 지표 상의 개별화된 토지 소유권에 의해 구분되고 개별화될 수 있는 성질의 것이 아니다. 이 두 가지 사이의 다양한 혼합 형태가 있는데 그중 대표적인 것은 합리적 이용과 상관 관계적 권리이다. 합리적 이용은 자신의 토지의 필요에 대해 지하수를 이용할 수 있지만 다른 곳으로 이동시켜 사용할 수는 없다는 것이며, 상관 관계적 권리는 상부의 토지 소유 비율에 맞추어 지하수를 배분하는 것으로 자신에게 할당된 분량만 사용할 수 있는 것이다. 지하수에 대한 여러 권리 구분은 각각 환경적 문제를 내포하는데, 채취권은 무한정 이용으로 치달을 수 있으며, 선용권은 비효율적 이용이 지속될 수 있고, 합리적 이용은 다른 지역에서 보다 유용하게 사용될 수 있는 상황이 전개될 수 있으며, 상관 관계적 권리는 토지 이용의 효율성을 반영하지 못한 형태로 배분될 수 있다(DuMars and Minier, 2004).

한국의 지하수 관련 법령은 지하수를 사법적 측면에서 토지 소유권의 일부로 간주하는 견해와 토지 소유권에서 독립한 물권으로 보는 견해로 양분되어 있다(김세규, 2007; 정광조, 2002). 전자의 경우는 민법 제212조에 '토지의 소유권은 상하에 미친다'라고 규정하고 있으며, 후자의 경우는 1997년 개정된 지하수법에서 지하수 개발·이용의 허가제도(제7조)를 규정함으로써 지하수 공개념 제도를 도입하였다. 이러한 양 입장에 비추어 지하수 자원의 부존 상태 및 수질 현황 등에 대한 기초 조사 및 연구, 그리고 지하수 자원의 개발 및 이용에 대한 적절한 부담금 체계의 도입 또한 필요하다는 판단하에 이를 준비하고 있다. 지하수의 소유권과 이용권에 더하여 지하수는 사회경제적 기능면에서 국가나 지방자치단체에 의해 상수원으로 개발되어 토지 소유 여부에 관계없이 일반 대중의 이용을 위해 제공되는 공공의 수자원이 되고 있으며, 생활용수 및 각종 산업용수로서 그 이용권은 점차 늘어나는 추세이다.

지하수 채취는 특정 지점에서 이루어지지만 일반적으로 대수층 전체에 영향을 미치고, 다량의 지하수 채취는 지반 침하로까지 이어질 수 있다. 지표수와의 연계성으로 인해 지하수의 과도한 채취는 지표수의 수량

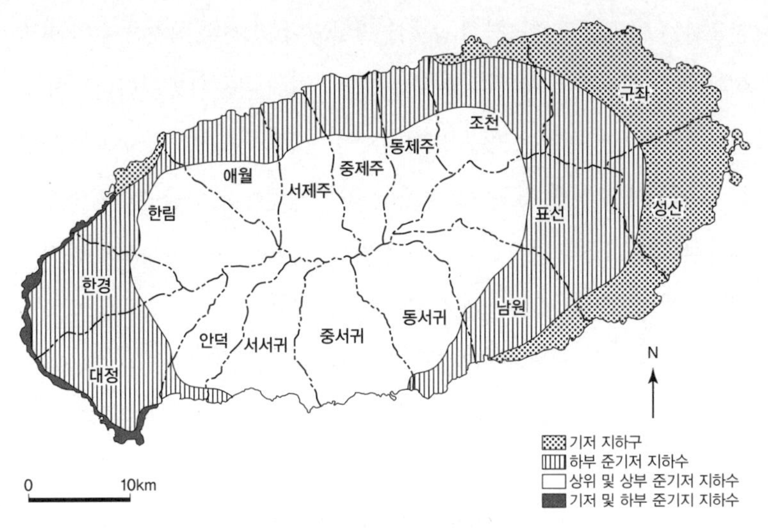

출처: 제주수자원개발공사 홈페이지
그림 18. 제주도 지하수 부존도

을 줄이고 때로는 하천이나 습지를 메마르게도 하기 때문에 지하수 이용과 관리에 대한 사적 이용권을 제한하며 공공의 수자원으로 인정하여 공적 관리를 해야 한다는 입장이 국가, 지역별로 다양한 형태를 보이며 강화되고 있다(윤양수, 1997).

제주도는 지하수를 생명수라고 부를 만큼 의존도가 매우 높아 지하수의 공동 이용과 관리의 원형적 경험을 가지고 있으며 물의 상품화와 이에 따른 갈등 또한 경험하고 있는 지역으로, 제주도의 지하수 이용과 변화 경험은 물 이용과 관리의 한계와 가능성을 보여 주는 적절한 사례 지역이 될 수 있을 것이다. 제주도는 지하수에 전적으로 의존하는데, 용수원은 용출수, 용천수, 봉천수로 구분한다. 용출수는 다시 해중 용출수와 해안 용출수로 구분되며, 해안 용출수는 해안 마을에 거주하는 주민들이 주로 이용하는 것으로 용수라는 용어를 많이 사용한다. 용천수는 주로 고지대에서 분출하는 지하수로 한라산의 중턱에 발달되어 있으며, 이것이 수원이 되어 개천으로 흐른다. 봉천수는 주로 중산간 지대 마을에서 나타나는데 지질상 물이 고일 수 있는 곳에 빗물이 자연스레 고이도록 인공수조를 조성한 후 이곳에 고인 물을 용수로 이용한 것을 일컫는다. 용출수와 용천수는 개략적으로 최근의 지하수 부존에서 기저 지하수, 상부와 하부의 준기저 지하수에 해당한다(전경수, 1995; 제주발전연구원, 2008).

제주도에서는 1998년부터 지하수를 생수로 판매하는 물의 상품화가 시작되었는데, 소량으로 한진그룹에 의해 배포되던 제주 광천수가 최근 '제주퓨어워터'라는 이름으로 본격적인 판매를 시작하며 법정 소송으로 이어지는 갈등이 표면화되었다. 실상 제주도 정부에 의해 개발, 판매되는 삼다수의 생산과 증산도 지역 내에서 논쟁이 되기도 했지만 물의 상품화에 대한 관점에서의 접근은 이루어지지 않아 자연의 상품화 측면에서의 검토가 필요하다.

제주도의 지하수 개발은 1961년 애월읍 수산리에서 관정을 이용해 물을 채취하는 데 성공하면서 시작되었다. 1970년대 들어오면서 용천수 수원 개발과 지하수 관정 개발 사업이 병행되며 상수도 공급이 확대되어, 1985년 제주도의 상수도 보급률은 전국에서 가장 높은 99.9퍼센트를 보인다. 이후 행정기관 주도로 이루어지던 지하수 관정 개발이 관광호텔, 목욕탕, 농업용 등 개인 용도로 이루어지면서 무분별한 지하수 개발로 이어졌는데, 지하수 개발을 규제할 수 있는 법적인 제도가 없었기에 누구나 지하수를 개발해 사용할 수 있었다. 1989년에 접어들면서 지하수 고갈과 해수 침투 등 지하수 난개발에 따른 부작용 발생에 대한 우려가 제주 지역의 현안 문제로 등장해, 1991년 10월부터 12월까지 시·군 합동으로 지하수 관정 현황 조사를 실시하였다. 조사 결과, 제주도 내에 총 1,831공(공공

357공, 사설 1,474공)이 개발되어 있는 것으로 파악되었다.

1991년 12월 31일 제정 공포된 제주도개발특별법은 지하수 굴착, 이용 허가 및 지하수 원수 대금의 부과와 징수에 관한 규정(제25조와 제26조)을 포함함으로써 전국 최초로 지하수를 법적으로 관리할 수 있는 기틀을 마련하였다. 지하수법 제정이 지지부진하던 당시에 제주도개발특별법에 지하수 허가제와 원수 대금 부과 근거를 마련했다는 것은 획기적이었으며, 특히 지하수 개발을 위해 토지를 굴착하고자 할 때에는 환경영향평가 과정을 밟도록 의무화함으로써 무분별한 지하수 개발을 근본적으로 규제해야 한다는 여론을 법에 반영하였다. 1992년 11월 6일 제주도개발특별법 시행령에 의거 이미 개발된 지하수 관정에 대한 양성화는 신고된 관정에 대한 현지 조사를 실시한 후 이용을 허가하였다. 2000년 1월 28일 개정된 제주도개발특별법은 지하수 관리를 대폭 강화해 개인에 의한 먹는 샘물 제조 목적의 지하수 개발과 이용은 허가하지 않는 것을 비롯하여 지하수를 100분의 80이상 이용하여 청량음료 또는 주류 등을 제조하여 판매할 목적의 지하수 개발과 이용 또한 허가하지 않고, 지하수 공동 이용 명령, 지하수자원 특별관리구역의 지정, 오염원으로부터 일정 거리 이내에서의 지하수 개발 금지, 지하수 개발·이용 시설 기준 제정, 지하수 시공감리 시행, 지하수 인공 함양정 설치 신고, 용도별 지하수 이용 허가 기간의 부여, 지하수 원수 대금 부과 대상의 확대, 지하수 영향조사서 작성 대상의 확대, 지하수 수질 기준의 강화, 지하수자원 보전지구의 지정 및 관리 등에 관한 사항을 규정하고 있다.

그러나 제주도 지하수는 개발과 이용이 점차 늘어나며 상품화 대비 공수화의 논쟁을 겪고 있다. 이 논쟁의 배경에는 먹는 샘물로 판매되는 제주퓨어워터(이전 제주광천수)와 제주삼다수 간의 입장 대립이 중심에 있다.

먹는 샘물 제조업체 허가 제1호는 한진그룹 계열사인 (주)제동흥산으로 기존 먹는 샘물 생산 제품을 '전량 수출 또는 주한 외국인에 대한 판매에 한함'을 조건으로 '제주광천수'라는 상표의 먹는 샘물을 생산하였다. 그러나 1995년 11월 25일 지하수 재이용 허가를 하면서 반출 목적을 '그룹 계열사 공급'으로 정하여 반출 허가를 해 왔으며, 2005년부터는 이전과 달리 반출 목적을 '판매'로 기재하여 신청하였으나 반출 목적을 '계열사(그룹사) 판매'로 제한하여 보존 자원에 대한 반출 허가로 제한하여 처분하였다.

그러나 한국공항(1998년 (주)제동흥산을 합병)은 2005년 그룹 계열사 판매로 한정한 부관이 보존 자원인 지하수의 보호를 위한 반출 허가 제조의 목적에 부합하지 않고, 수단의 적합성도 인정되지 않으며, 그 제한이 과도하여 비례의 원칙에 어긋날 뿐만 아니라, 부당결부금지 원칙과 평등 원칙에 반하고, 원고의 직업 활동의 자유를 본질적으로 침해한다고 주장하며 국무총리행정심판위원회에 행정 심판을 청구하였다. 행정 심판에서 이 요구가 기각되자 한국공항은 제주지방법원에 행정 소송을 제기하였으나 기각되었으며 다시 고등법원에 상고하였다.

한진그룹의 주장은 제주국제자유도시특별법상 제주도지사의 권한은 지하수 채취량과 반출량만 규제하는 것이라며 승인받은 지하수를 국내에 판매하는 것까지 막을 권리는 없으며(특별법 위배), 이미 제주도지방개발공사에 대해서는 자신들보다 훨씬 많은 지하수를 채취하도록 하고 판매처도 제한을 두지 않고 있다(형평성 위배)는 것이 주된 내용이다. 한진그룹의 소송 제기에는 제주삼다수의 개발이 언급되는데, 제주도는 독자적인 먹는 샘물 개발과 판매를 위해 제주도지방개발공사를 통해 1995년 6월 지하수 환경영향조사를 실시하고, 같은 해 11월 북제주군 교래리에 연간

16만 톤의 먹는 샘물 생산 시설 건설에 착수하였다. 1998년 2월부터 제주도는 '제주삼다수' 브랜드로 제품을 생산하여 (주)농심을 통해 국내 시장에서 판매를 시작하여 단기간에 국내 생수 시장 점유율 1위를 차지하였다. 2013년 12월부터는 제주도와 농심 간 수익 분배를 놓고 갈등이 발생해 2년여의 소송을 거쳐 제주도가 승소하며 국내 유통 판매사를 광동제약으로 교체하였다.

한진그룹은 2006년 광주 고등법원에서 1심 판결을 깨고 '부관을 취소하라'는 승소 판결을 받았으며, 제주도의 대법원 상고에서 2007년 대법원은 '1심과 2심에 대한 법리 해석 검토 결과 제주도의 부관은 행정 목적상 필요한 범위를 과도하게 침해했다는 것이 인정돼 더 이상 심리가 필요 없다'며 부관 취소 결정을 내렸다. 이로써 한진그룹은 제주도로부터 최초 지하수 개발·이용 허가를 받은 1993년 11월 이후 14년 만에 제주 지하수를 시판할 수 있는 길을 열었고, 2008년부터 인터넷 주문을 통해 본격적인 국내 시판에 들어갔다. 이후 월 3,000톤 생산에서 9,000톤으로의 증산을 신청해 논란을 거듭하고 있는데, 결국 제주 지하수에 대한 극단적 입장 대립인 '사유화'와 '공수화'의 문제로 귀결되고 있다.

지하수의 공수(公水)화는 사유화와는 반대로 이스라엘, 이탈리아, 이란, 독일, 러시아 등에서처럼 지하수를 국가에서 토지 소유권과 분리된 별개의 공공 자원으로 규정하고 관리해 사적인 개발과 이용을 통제하는 것을 말한다. 이러한 공수 개념은 종래 물에 대한 각국의 실정법에서 일정한 하천이나 호수 등을 사적 소유의 대상이 될 수 없는 것으로 규정함에 따라 형성되었다(윤양수, 1996). 결론적으로 '공수'란 '모든 국민이 공유할 수 있는 것이면서 사적 소유권의 대상이 될 수 없는 수자원'이라는 의미의 '공공의 수자원'과 같은 의미를 지니는 것이라 하겠다. 그러나 지하수의 상품

표 3. 제주도 지하수 관리 제도의 변화, 1991~2006년

구분	주요 내용
-1991	ㅇ 이용자의 임의적 지하수 개발·이용
1991-1994	ㅇ 제주도개발특별법 공포(1991. 12. 31) • 지하수 굴착·이용 허가제 도입(용도, 규모에 관계없이 허가) • 지하수 원수 대금 부과·징수제 도입 • 지하수 수질검사, 원상 복구 명령 근거 마련 • 지하수 굴착 시 사전 환경영향평가 의무화 ㅇ 기존 지하수 관정 양성화(1993. 8. 25, 11. 25)
1995-1999	ㅇ 제주도개발특별법 개정(1995. 1. 5) • 광천 음료수 제조·판매 목적의 허가 제한(지방 공기업 예외) • 지하수 영향조사제도 도입(시행령 개정 1995. 6. 30) ㅇ 특별법에 의한 최초 지하수 굴착 허가(1995. 5. 19) ㅇ 보존 자원 지정고시(지하수·송이·산호사 1996. 10. 23)
2000-2005	ㅇ 제주도개발특별법 개정(2000. 1. 28) • 지하수 이용기간 연장 허가제 도입 • 지하수자원 보전 지구, 지하수자원 특별관리구역 지정제도 도입 • 지하수 개발·이용허가 제한 확대(오염원과의 이격 거리 등) • 지하수 공동 이용 명령제, 지하수 시설공사 감리제 도입 • 오·폐수의 지하 침투 행위 금지 • 지하수관리자문위원회 구성(지하수영향조사심의위원회 명칭 변경) ㅇ 제주도개발특별법을 제주국제자유도시특별법으로 개정(2002. 1. 26) • 반경 250m 내 기존 지하수 관정이 있는 경우 신규 허가 제한 규정 신설 ㅇ 제주국제자유도시특별법 개정(2004. 1. 28) • 지하수 취수량 제한 근거, 단계적 취수량 제한 조치 근거 마련 • 허가 취소 조항 신설, 지하수 공동 이용 신청 절차 등 마련 • 빗물 이용 시설 설치 및 운영 규정 마련 • 지하수 오염 우려가 높은 농약의 공급 및 사용 제한 근거 마련 • 지하수 원수 대금 부과 체계를 5개 업종으로 단순화 ㅇ 제주국제자유도시특별법 시행조례 개정(2005. 3. 30) • 지하수 원수 대금 부과 대상 업종 중 "골프장 및 온천용" 신설 • 먹는 샘물 지하수에 대한 지하수 원수 대금 부과율 상향(2% → 3%) • 제주도지사가 지하수 영향조사기관을 지정할 수 있도록 함 • 지하수자원특별관리구역 내 장기간 미사용 관정 정비 규정 신설
2006-현재	ㅇ 제주특별자치도 설치 및 국제자유도시 조성을 위한 특별법 공포(2006. 2. 21) • 지하수를 공공의 자원으로 규정(제310조) • 수자원관리종합계획 및 농업용수종합계획 수립 의무화 • 지하수법, 먹는물관리법, 온천법을 배제하고 특별법 체계로 단일화 • 지하수 관측망 설치·운영 및 단계별 조치 • 지하수관리특별회계 설치 및 지하수 관련 사업에 사용 ㅇ 제주특별자치도 지하수 관리 기본조례 공포(2006. 4. 12) • 지하수 판매 또는 도외 반출 허가 등 11장 68개 본문으로 구성 ㅇ 제주특별자치도 지하수 관리 기본조례 시행규칙 제정

출처: 제주발전연구원, 2008

표 4. 제주도 지하수 이용 갈등 입장

쟁점	한국공항 주장	제주도 입장
지하수 도외 반출 허가, 처분의 관련 법령 및 입법 목적 위반 여부, 위법·부당 처분 여부	지하수 반출 목적을 계열사(그룹사)로 제한한 것은 특별법 29조, 31조(보존자원 매매업 허가, 허가 등의 기준), 32조, 33조, 34조(보존자원의 지정·반출 허가 등) 등의 규정을 위반했고, 관련 법령 목적과 취지에 관계없는 위법·부당한 처분임.	지하수 도외 반출 허가는 법률적으로 도민의 이익에 부합하고, 도의회의 동의가 있어야 하며 공익적 이용 원칙에 부합돼야 함. 지하수를 일반 시중까지 확대 판매해 더 많은 사익을 얻으려는 것은 특별법의 취지와 목적에 위반돼 허가할 수 없음.
지하수 반출 목적 계열사(그룹사) 판매 기재가 정당한 이익을 침해하는 행정 행위의 실질을 갖는 부담인지 여부	지하수 도외 반출 허가 신청에 대한 처분을 통해 반출 목적을 계열사(그룹사)로 제한한 것은 '부담'에 해당하며, 사실상 정당한 이익을 침해하는 행정 행위로 위법·부당한 것임.	2000-2005년 한국공항의 먹는 샘물 연평균 매출액 66억 원, 매출 이익 연평균 36억 원, 2005년 매출액이 74억 원 이상으로 전국 64개 업체 중 12위임. 따라서 판매 목적 제한이 중대한 재산적·물질적 손실을 주지 않아 정당한 이익을 침해하는 위법·부당한 부담이라 볼 수 없음.
보존자원 도외 반출 허가에 관한 특별법 및 시행조례의 위임 입법 한계 초과 여부	보존 자원 반출 허가 기준을 '도민의 이익에 부합되는 경우로 도지사가 인정하는 경우'로 규정한 특별법 시행조례 34조는 법률 또는 상위 법령의 구체적 위임 없이 행정 규제에 관한 재량권을 지나치게 광범위하게 인정, 입법 형성권의 범위를 초과한 위헌 소지가 있음.	지하수 도외 반출 허가에 관한 특별법 규정은 전반적인 체계와 취지·목적, 위임 조항의 규정 형식과 내용 및 관련 규정 간 유기적·체계적 관계를 형성하고 있으며, 포괄적이고 일반적이라도 법률적 위임 근거가 있기 때문에 위임 입법의 한계를 초과했다고 볼 수 없음.
헌법이 보장하는 직업 선택의 자유와 영업의 자유에 대한 중대한 침해 여부	먹는 샘물을 일반인들에게 판매하지 못하게 하는 제한은 헌법이 보장하는 직업 선택의 자유를 중대하게 침해한 면이 있고, 영업의 자유에 대한 중대한 제한에 해당하므로 위헌적 처분임.	지하수 도외 반출 허가는 막대한 이익을 얻을 수 있는 독점적·배타적 권리를 부여하는, 공적 제약이 강하게 내포된 행정 행위로 허가권자의 재량행위나 자유재량행위에 속함. 지하수 공적 관리를 위해 반출 목적을 제한한 것은 직업 선택·영업의 자유를 중대하게 침해했다고 볼 수 없음.
합리적 이유 없는 차별적 대우 여부, 헌법상 보장된 평등권 침해 여부	제주도가 제주도지방개발공사를 사기업에 비해 우대할 만한 특별한 이유가 없음에도 지하수 보존을 명목 삼아 경쟁 업체를 제거해 제주도지방개발공사만의 이익을 도모하기 위해 한국공항에 합리적 이유 없는 차별 대우를 하고 있을 뿐 아니라 헌법상 보장된 평등권을 침해했음.	한국공항은 제주도 내의 유일한 먹는 샘물 사기업으로 특별법 제정 이전에 허가받은 업체임을 감안, 특별히 배려하고 있음. 제주도지방개발공사의 제주삼다수도 취수량을 엄격히 제한하고 있으며, 판매 수익금 전액을 도와 4개 시·군에 배당해 지하수 보존·관리 및 지역 발전 재원으로 활용하고 있어 비교 대상이 아님.

출처: 제민일보, 2006의 수정

화는 사기업의 이윤 추구만이 문제가 아니다. 제주도도 물 산업 육성을 강조하며 여러 차례에 걸친 제주삼다수의 증산과 더불어 새로운 기능성 음료나 제주 맥주 등의 물 상품 개발과 판매 계획을 추진하는 자연의 상품화에 앞장서고 있다. 이러한 제주도 정부의 행보에 한진그룹은 제주삼다수의 수익 중 상당액이 판매 회사인 농심에 돌아간다는 사실과 더불어 국내 시장 점유율 1위인 제주삼다수는 독과점법에 따라 더 이상 동종 제품 시장에서 점유율을 확대하지 못하기에 자신들이 제주 지하수의 시장 확대를 위해, 특히 자유무역협정 체결된 이후 국내 먹는 샘물 시장 개방이 가속화되면서 수입 샘물들이 급속하게 국내 시장을 잠식하고 있으므로 제주 지하수의 프리미엄 제품을 통한 대응이 필요한 시점이라고 주장하고 있다. 이에 따라 제주 지하수는 선언적으로는 보전을 강조하지만 증산의 길로 접어들고 있다.

최근의 한국공항과 제주도 간의 지하수 이용에 대한 갈등은 물의 상품

표 5. 제주도 지하수 개발 현황 (2007년 12월 현재, 단위: 공, 천m^3/일)

구분		계	생활용	농업용	공업용	먹는 샘물 제조용	조사 관측용
계	공수	4,941 (100%)	1,351 (27.3%)	3,312 (67.0%)	162 (3.3%)	4 (0.1%)	112 (2.3%)
	개발량	1,709 (100%)	622 (36.4%)	1,037 (60.7%)	45 (2.6%)	5 (0.3%)	– (0.0%)
공공	공수	1,193 (24.1/100%)	324 (27.2%)	759 (63.6%)	2 (0.2%)	3 (0.3%)	105 (8.8%)
	개발량	1,041 (60.9/100%)	372 (35.7%)	664 (63.8%)	1 (0.1%)	4 (0.4%)	–
사설	공수	3,748 (75.9/100%)	1,027 (27.4%)	2,553 (68.1%)	160 (4.3%)	1 (0.0%)	7 (0.2%)
	개발량	668 (39.1/100%)	250 (37.4%)	373 (55.8%)	44 (6.6%)	1 (0.1%)	–

주: 염지하수 1,144공 791만 5000톤/일 제외, 공공·사설비율 – (공공–사설/용도)

표 6. 제주도 지하수 다량 사용 업체 현황 (2007년, 단위: 톤)

순위	업종별	업체명	연사용량	월평균	일평균
1	관광숙박	제주그랜드호텔	699,240	58,270	1,942
2	업무시설	한국공항공사	446,104	37,175	1,239
3	먹는샘물제조	제주특별자치도개발공사	433,614	36,135	1,204
4	골프장	에버리스골프장	416,683	34,724	1,157
5	발전소	남제주화력발전	382,600	31,883	1,063
6	골프장	스카이힐	361,275	30,106	1,004
7	골프장	핀크스	303,210	25,268	842
8	골프장	오라컨트리클럽	302,840	25,237	841
9	골프장	블랙스톤	299,446	24,954	832
10	공동주택	이도주공APT 2, 3단지	294,196	24,516	817
11	골프장	해비치리조트	289,137	24,095	803
12	관광숙박	호텔롯데	268,728	22,394	746
13	골프장	제주컨트리클럽	264,337	22,028	734
14	골프장	크라운컨트리클럽	252,092	21,008	700
15	골프장	엘리시안	249,763	20,814	694
16	관광숙박	제주신라호텔	240,885	20,074	669
17	골프장	라온골프장	236,063	19,672	656
18	공동주택	아라주공아파트	232,596	19,383	646
19	목욕장	탐라탕	221,388	18,449	615
20	골프장	캐슬렉스골프장	217,377	18,115	604

자료: 제주발전연구원, 2008

화와 공유재화로 드러나지만 여러 가지 모순을 내포하고 있다. 우선 기초적인 지하수 사용 현황을 보면 농업용수가 대다수를 차지하고 있으며, 먹는 샘물 제조용은 전체 사용량의 1퍼센트에도 미치지 못한다. 지하수 사용 중 사설 용도는 약 40퍼센트를 차지하고 있는데, 사용량이 많은 업종은 호텔, 한국공항, 제주도지방개발공사, 골프장이 상위 지하수 이용시설로 나타나고 있다. 특히 흥미로운 것은 제주그랜드호텔이나 한국공항은 제주도개발특별법 이전부터 지하수를 개발하여 이용하던 시설이지만, 대다수의 골프장들은 1995년의 지하수 이용을 제재하는 특별법 이후에 생

표 7. 제주도 먹는 샘물 생산 현황 (단위: m^3)

연도	제주도지방개발공사			한국공항		
	연사용량	월평균	일평균	연사용량	월평균	일평균
2001	120,494	10,041	330	6,748	562	18
2002	257,808	21,484	706	9,603	800	26
2003	266,902	22,242	731	10,872	906	30
2004	308,941	25,745	846	11,712	976	32
2005	302,897	25,241	830	9,094	758	25
2006	554,795	46,233	1,520	9,689	807	27
2007	433,614	36,135	1,205	38,984	3,249	108

자료: 제주발전연구원, 2008

겨난 시설들로 지하수 이용이 크게 규제를 받지 않고 이루어졌다. 이는 제주도의 개발지향적 성향을 보여 준다.

제주도의 골프장 등록 일자를 보면 2011년 1월 현재 28개소가 운영 중인데, 1995년 이전 등록된 골프장은 4개소(오라, 제주, 중문, 캐슬렉스제주 골프장)에 불과하며 나머지는 1998년 크라운 골프장이 등록된 이후 최근까지 이어지고 있어 지하수 보전에 대한 노력이 개발 계획에는 예외적으로 적용되고 있음을 알 수 있다.

제주도 지하수의 먹는 샘물 생산은 한국공항과 제주도지방개발공사의 두 곳에서 이루어지는데, 생산량에서는 제주도지방개발공사가 한국공항보다 평균 10배 이상의 지하수를 생산하고 있다. 이는 한국공항의 경우 지하수 개발이 판매 목적보다 그룹 내 사용으로 시작한 것에 기인한다. 그러나 1995년부터 생수 시판이 국내에서 허용됨에 따라 생산량을 3배 증가시킨 9000톤을 생산하겠다는 계획을 제주도에 제시하여 논란을 일으키고 있다. 반면 제주도지방개발공사는 생수 시판 시점부터 생산을 시작해 몇 차례의 증산을 통해 현재 국내 생수 시장 판매 1위를 차지하고 있으며, 독과점법에 따라 더 이상 동종 제품 시장에서 점유율을 확대하지 못하는 이유로 기능성 물과 음료 제품을 만들어 판매하고 있다.

제주도지방개발공사의 제주삼다수와 기능성 물 생산과 판매는 한국공항의 지하수 생산과 판매를 규제하며 이루어지고 있다. 한편으로는 공유재와 공수화를 주장하며 다른 한편으로는 물 산업을 육성시킨다는 목표로 지하수 생산을 늘려 상품으로 판매하는 이율배반적인 행동을 보여 한국공항이나 제주도민들에게도 그다지 반갑지만은 않은 모습이다.

제주도의 지하수 이용 갈등은 정치생태학 관점에서 보면 세 가지 한계를 드러낸다. 첫째, 제주 지하수 사용의 범주를 보면 농업용 이용이 전체 지하수의 약 61퍼센트에 달하고 있으나 농업용 이용에 대한 문제는 제기되지 않고 있다는 점이다. 농업용 지하수 이용의 비율이 높은 것은 상품작물 재배에 따른 농작물의 변화에 기초하는 것으로 이에 대한 관심을 기울일 필요가 있다. 지하수 이용에 대한 도민들의 관심은 대부분 한국공항의 생수 판매나 때때로 골프장에서의 지하수 이용에 집중되어 있다. 이는 언론 보도 내용에 따른 편중된 관심의 표출로 볼 수도 있지만, 농업적 이용에 대한 관심을 회피하려는 의도적인 결과일 수도 있다. 선진국의 경험에 비추어 보면 지하수 이용의 갈등이 가장 보편적으로 나타나는 경우는 오래된 농업적 이용에 더하여 인구의 분산과 교외화에 따른 생활용수의 수요가 늘며 지하수에 대한 양적 그리고 비용 부과의 차별성, 특히 농업용 이용에 대한 낮은 비용 부과가 문제로 지적된다. 제주도의 경우 농업용 이용에 거의 비용을 부과하지 않고 있어 공수화 노력에 걸림돌로 작용하게 될 것이다.

둘째, 제주도의 지하수를 대량으로 사용하는 기관과 용도를 보면 상위 20곳 중 11곳이 골프장이며, 다음으로 관광숙박 호텔이 3곳, 공동주택이

2곳으로 나타나고 있다. 따라서 골프장이 상당량의 지하수를 이용하는 시설임에도 불구하고 이들 시설의 지하수 사용에 대해서는 지역 사회에서 크게 문제 삼지 않는다. 또한 단일 시설로는 그랜드호텔이 가장 많은 지하수를 사용하고 다음으로 한국공항과 제주도지방개발공사로 나타나고 있다. 한국공항의 경우 일부 사용량, 약 8퍼센트만이 생수로 이용되고 있으나 제주퓨어워터의 판매와 증산 요구가 지역 사회에서 가장 큰 논란이 되고 있다. 이는 앞에서 언급한 농업용 지하수 이용과 유사하게 지하수를 생명수로 간주하여 공수화하려는 노력을 다른 방향으로 돌리려는 모습으로 보인다. 또한 제주도지방개발공사의 경우 제주삼다수 외에 '휘오 제주 V 워터+'라는 칼슘, 칼륨, 마그네슘 등을 첨가한 기능성 물을 만들어 판매하고 있으며, 감귤쥬스와 제주 맥주를 개발하여 판매를 개시하였다.

셋째, 정부의 물 산업 육성 계획은 해수 담수화, 여과 과정 기술 등의 기술 분야를 강조하지만 제주도의 경우 지하수 생수의 판매와 이를 이용한 음료 개발이 주를 이루고 있다. 지하수의 개발과 판매는 기술 개발과는 거리가 있고, 공기업인 제주도지방개발공사의 지하수 이용의 양적, 질적 확대는 공익적 목적의 개발이라고는 하지만 독점적 개발과 이용에 대해 다른 민간 기업들이 형평성을 제기하며 개발 참여의 기회를 요구하는 빌미를 제공하고 있다. 제주도는 공수화의 필요성과 노력을 보이고 있지만 물의 상품화를 위한 개발을 점차 확대하는 모순을 보이고 있다. 이는 다른 민간 기업들에게도 지하수 보전을 위한 규제에 대한 저항을 보이고 상품화에 편승하려는 자극으로 역할하고 있다 하겠다.

결국 제주도의 지하수에 대한 공유재와 사유재의 갈등은 뚜렷한 토착의 경쟁력 있는 산업이 없는 제주도가 물 산업 육성 정책의 중심지로 선정되며 기술·지식 기반보다 지하수 채취에 의존하는 사업에 치중하여 공유재와 사유재의 양자를 모두 취하며 나타난 모순된 결과라 하겠다. 따라서 물 산업 발전을 위해서는 지하수 채취와 상품화에 기초한 '자연의 탈취'를 넘어 기술·지식 집약적 신산업 또는 토착 산업에 기반한 지속가능한 미래지향적인 산업의 육성 방향을 모색하는 고민이 요구된다.

요약해 보면 제주도의 지하수는 전통적으로 중요한 생명수로 간주되어 이를 소중히 다루는 것이 지역 정서에 중요한 역할을 했으나, 1970년대 관광지로 지정되며 물 부족을 극복하기 위해 지하수 개발이 적극적으로 이루어졌다. 이후 1995년 국내에서 생수 시판이 허용되며 제주도는 제주도지방개발공사를 통해 지하수의 상품화를 적극적으로 추진한다. 이와 동시에 제주도개발특별법을 통해 지하수 난개발을 규제하기 위해 지하수를 보존자원으로 지정하여 도외 반출을 금지하고, 2006년부터는 지하수를 공유재로 지정하는 노력을 기울인다. 그러나 기존 생수를 생산하던 한진그룹은 형평성을 거론하며 제주 지하수의 독점적 상품화에 이견을 제시하며 도외 판매권을 법적으로 인정받고 생산량을 늘려 달라고 신청한다. 생산량 증대 신청은 지하수위의 변동에 크게 영향을 미치지 않는 수준이기에 제주도 지하수관리위원회는 제지할 과학적 근거가 없어 통과시킨 상태이다. 제주도의회 또한 정서적으로는 반대를 해야 하지만 특별법이나 형평성의 문제로 인해 반대의 뚜렷한 근거를 찾지 못해 결정을 보류하고 있다. 여기에는 중앙정부의 물 산업 육성 그리고 제주도의 특화 산업과 기술 수준의 결핍과 맞물려 공유재와 사유재의 극단적 이분 구도로는 이해하기 어려운 지역 상황을 고려한 접근이 요구된다.

제주도는 물 산업 육성의 중심지로 지정되며 지하수를 상품화하려는 전형적인 자연의 강탈에 의한 축적의 양상을 보여 준다. 자연의 상품화에 대한 비판은 자연을 공공재로 고려해야 한다는 정의적인 측면과 자연에 의존해 생활하는 많은 사람들의 생계를 유지시켜 주어야 한다는 현실적인 측면에서 이루어지는데, 제주도의 경우 지방정부가 지역 주민의 공공이익을 위한 것이라고는 하지만 주도적으로 물의 상품화를 진행하고 있어, 효율성 진작, 정부 실패에 따른 민영화로 대표되는 전형적인 제3세계에서의 물 공급 갈등과는 다른 면모를 보이고 있다.

그러나 한국의 물 이용은 일제가 위생 논리로 우물을 대치하는 상수도를 확대시키고(김영미, 2007), 개발 시기를 거치며 우물에서 수돗물로 변화하면서 물의 공동체 문화를 파괴했고(김재호, 2008), 제주에서 상수도와 봉천수를 문명과 야만으로 대비시키며 지하수 개발을 촉진했던(전경수, 1995) 경험을 통해 근대화 논리로 강제된 이원적 선택 과정을 겪었다. 제주도 지하수의 상품화는 공유재 대비 사유재 논란을 넘어, 보다 넓게는 자연의 상품화의 신자유주의화되어 가는 자연의 한 변화 과정을 겪고 있다고 볼 수 있다. 우리에게 또 다시 이전의 상수도 보급에 버금가는 신자유주의 논리로 다가오고 있는 물의 상품화는 이분적 선택이 아닌 물 이용의 공공성을 확보하고 시장 기제를 통해 효율성을 증대하는 사회적 기능과 합리적 관리를 동시에 충족시키는 방안을 고민해 볼 필요가 있다.

4) 지속가능한 발전의 지구 환경 정치

지속가능한 발전이라는 목표는 제3세계와 제1세계 모두에서 보편적으로 접하는 환경 문제를 경제 발전으로 해결한다는 논리이다. 정치생태학 연구는 이를 시장환경주의에 기초한 공유재의 사유화와 자연의 상품화를 물질적 부의 축적을 위한 자원 관리 방식을 공간적으로 확대하는 전략으로 비판한다. 자연의 상품화를 통한 효율적 환경 보전의 논리는 물 공급 서비스 민영화와 탄소 배출권 거래제에서 나타나는데, 이는 경제적 측면만을 고려한 단기적 안목으로 자원 이용의 사회적, 문화적, 정치적 측면에 대한 안목이 결여되어 있다. 이러한 정책은 자원 감소와 환경 악화의 문제를 해결하지 못했을 뿐 아니라, 지역 차별적인 북부 국가 우선의 접근이자 정책으로 제3세계 빈곤층의 생계 기반마저도 박탈해 더욱 열악한 상황으로 치닫게 하며 지구 불평등을 확대시키는 지역 간 불평등한 권력 관계를 드러낸다. 따라서 시장환경주의에 기반한 환경 정책은 사회정치적 측면에서 비판적으로 검토해 볼 필요가 있다.

환경 변화에서 세계는 단지 지구 규모가 아니라 소지역, 지역, 국가의 환경 악화에 영향을 미치고, 환경 갈등으로의 전개에 작동하는 원리를 찾아 주는 창구로 고려할 수 있다. 지속가능한 발전과 지구 공공재 또는 우리 공동의 미래 입장의 지구관리자적 논의를 비판적으로 검토해 보면 환경 자원에 대한 불평등한 권력 관계의 역동을 보여 주는 사례로 신자유주의적 환경 관리를 세계화시키려는 담론으로 평가할 수 있다(Mansfield, 2009; Goldman, 1997; Escobar, 2012).

(1) 지속가능한 발전

지속가능성과 지속가능한 발전에 대한 관심과 논의는 1960년대에 지난 세기 동안의 산업화와 도시화 이후 환경뿐 아니라 인간의 생존 자체도 위협을 받고 있다는 환경 파괴적인 발전에 대한 해결책을 찾으려는 데에서 시작되었다. 그 결과 1970년대에는 산성비, 오존홀, 국경과 대륙 경계를 넘어 이루어지는 상아 무역, 어류 관리 등에 대한 국제 환경 규제가 급격히 늘어났다. 지구 환경 문제에 초점을 맞춘 첫 국제 모임인 유엔 인간환경회의는 1972년 스톡홀름에서 개최되었는데, 원래 산업화와 오염, 자원 부족을 포함한 인구 증가의 부정적 결과에 대한 북부 국가 환경주의자들의 관심을 논의하기 위한 장이었으나 남부 국가들의 빈곤과 북부와 남부 간의 심각한 불평등이 더 중요한 논제가 되었다. 따라서 각국의 대표들은 환경 문제와 그 해결 방안에 대해 환경 문제에 무엇이 포함되는지, 환경 문제의 근원적인 원인과 이에 대한 해결 방법은 무엇인지, 누가 비용을 부담해야 하는지 등에서 논쟁을 벌이며 국제적인 정치 의제로 발전하였다(Redclift, 1987; Adams, 2009).

북부 국가는 인구 증가에 따른 위기를 제기하며 비용 분담을 통한 환경 보호를 강조했고, 남부 국가는 환경 보호라는 명분으로 자신들이 만들지 않은 문제에 비용을 지불하고 산업화를 포기해야 하는 것을 두려워하였다. 남부 국가들은 자신들이 빈곤에 머물러야 하고 토지와 자원에 대한 자주적 통제를 빼앗길 것을 염려해 환경과 발전은 반대되는 것이 아닌 환경 보호가 발전을 방해할 필요는 없고 발전은 환경에 피해를 줄 필요가 없는 방향 설정으로 입장을 표방한다. 지역 간 불일치에도 불구하고 국제적 논의는 경제 발전이 환경과 경제 문제를 해결하는 방안이라는 것에 동의함으로써 스톡홀름 회의는 세계의 환경론을 엄격한 환경 보전에서 환경과 발전의 연계로 변화시켰다. 이후 1987년 유엔 세계환경개발위원회의 『우리 공동의 미래(Our Common Future)』라는 제목의 브룬트란트 보고서는 환경과 발전 간의 연계를 현재의 수요를 충족시키기 위해 미래 세대의 능력을 손상시키지 않는 발전으로 정의한 '지속가능한 발전'을 제도화한다(Elliott, 2013).

지속가능한 발전은 경제 성장이 인간과 환경 모두에 좋다는 사고를 정착시키는 것이다. 1970년대 보존주의자들은 환경 문제의 주요 원인을 산업화에 따른 경제 성장(북부)과 인구 성장(남부)이라고 보았으나, 1987년

브룬트란트 보고서에서 정책 결정자들은 인구보다 경제 성장에 초점을 맞추며 태도를 바꾸었다. 인구는 아직 문제이지만 빈곤의 원인이 아니라 결과로 고려하였다. 따라서 문제는 빈곤이기에 경제 성장이 사회경제적 그리고 환경 문제의 해결이 된다고 보았다. 남부 국가의 산업화는 경제 성장을 이루며, 이는 빈곤을 줄이고, 인구 성장을 줄이며, 자원에 대한 압력을 줄이고, 보존을 위한 경제 자원을 제공하는 단계로 이어진다. 발전은 더 이상 환경 위협 또는 세계 불평등의 원인이 아니라 지속가능성의 경로가 된다. 지속가능한 발전의 정의는 환경 악화 없이 발전이 가능할 뿐 아니라 발전을 환경적 지속가능성의 필수적인 선구자로 고려하며 환경과 발전을 분리할 수 없는 것으로 다루고 있으나, 환경과 발전 간의 관계를 다루는 정치는 감추고 있다(맥마이클, 2013).

새로운 환경과 발전의 지속가능한 발전 패러다임은 북부 국가의 환경 문제 역할에 대한 관심을 더욱 약화시켰다. 정책 결정자들은 더 이상 산업 활동이 환경에 부정적인 영향을 미치는 측면을 고려하지 않고 오히려 경제 성장의 동력으로 보았고, 북부 국가가 남부 국가보다 평균적으로 환경 피해를 더 입혔다는 사실은 관심에서 멀어지게 되었다. 북부와 남부의 빈부 격차가 경제 성장을 위한 근거로 작동해 빈곤과 지구 불평등은 주요 문제로 인식되었고, 발전 국가들은 더 이상 환경 보호를 위해 발전을 희생하라는 요구를 받지 않았다. 지속가능한 발전은 환경 문제와 해법에 대한 책임이 정치적으로 논쟁이 되는 문제를 피하게 하는 역할을 했다. 따라서 남부 국가의 발전에 대한 관심에 동의하며 『우리 공동의 미래』는 세계 환경 문제를 남부의 문제, 즉 환경을 악화시키는 것은 부자가 아니라 빈자라고 보았다(Mansfield, 2008).

지속가능한 발전을 효과적으로 추진하기 위한 유엔 환경-발전 정상회의는 1992년 리우데자네이루에서 주요 환경 문제인 기후 변화, 생물 다양성, 삼림 파괴에 대한 법적 구속력이 있는 국제 제도를 포함한 실행 계획을 만드는 것을 목적으로 개최되었다. 이를 위해서 국가 간, 특히 북부와 남부 국가 간 상호 강요를 포함하게 되었는데, 북부는 기후 변화와 삼림 파괴의 지구적 환경 문제에 남부는 빈곤에 다시 초점을 맞추는 입장 구분이 드러났다. 남부는 자원에 대한 자주권을 인정받고, 공동의 그러나 국제적으로 차별화된 책임과 보전을 담당하는 성과를 얻었다. 지속가능한 발전을 성취하기 위한 실질적인 방법으로 의제 21을 채택하는데 일부 보전 자원, 예를 들어 보존 구역, 나무 농장 등에 대한 세계의 통제를 재확인하는 것이었다. 삼림 원칙의 경우 삼림 생산물의 무역은 국가 간 동의한 비차별적인 규칙에 의해 이루어져야 하고 국제 무역을 제한하거나 금지하는 데 일방적 기준이 사용되어서는 안 된다[4]고 규정하며 자유 무역이 중요한 목표임과 동시에 삼림 보호를 위한 해법으로 제시되었다. 그러나 이러한 무역 규제의 제거를 통한 지속가능한 발전은 상업적 이익을 위해 세계 공공재의 봉쇄를 조장했다는 비판을 받는다(Mansfield, 2008).

2002년 요하네스버그 유엔 지속가능한 발전 세계회의는 지속가능한 발전에 세계화는 기회와 도전을 제공한다고 언급하며 자유 무역과 투자를 강조하고 개발도상국에도 자유 무역 참여를 높일 것을 권장하며 환경을 자유 무역과 연계시키는 신자유주의적 환경주의로 확대시켰다. 남부 국가들은 경제 성장을 추구하기 위해 북부 국가의 환경 또는 불균등의 책임을 원망하지 않게 되었고, 그 결과 지속가능한 발전은 자유 시장 경제에

---

4. Trade in forest products should be based on non-discriminatory, rules, agreed on by nations. Unilateral measures should not be used to restrict or ban international trade in timber and other forest products.

부차적이 되었다. 이러한 환경 정치 과정이 지속가능한 발전을 신자유주의적으로 만들었다(Escobar, 2012; Elliott, 2013). 그러나 세계회의에서 빈곤이 환경 악화를 심화시키기에 경제 발전이 빈곤 감소의 해법이라는 것에 동의한 것과 마찬가지로 경제 발전이 빈곤과 환경 악화 모두를 증가시킨다는 것 또한 사실이다. 서구의 경제 기술 모델은 자원과 에너지 집약적으로 자연을 상당히 변형시키고 생태계를 파괴한다. 현재 개발도상국들에서는 경제-사회 발전을 위해 이 모델을 따라가며 성장하는 경제와 함께 빈곤과 불평등, 오염과 대규모 생태계 파괴가 가속화되고 있다. 세계 빈곤층에 생기는 일은 직접 환경에 영향을 미치는 긴밀한 관계로 환경과 발전 그리고 형평성은 서로 분리될 수 없다는 것을 이해할 필요가 있다. 이들은 본질적으로 뒤얽혀 있기에 지속가능한 발전은 세계 환경 정치의 시각으로 검토해 볼 필요가 있다.

지속가능한 발전은 무역 확대, 정부와 기업 간 협력 촉진, 지속가능성이란 용어를 사용함으로써 환경 보호와 빈곤 축소를 위해 사유화된 시장 기반 접근의 상징으로 자리매김하였다. 이제 지속가능한 발전은 신자유주의에 종속되어 이를 달성할 중요한 수단으로 강조된다. 일부 남부 국가들이 국제회의에서 발전을 도모할 수 있는 입장을 정립했다고 하더라도 이를 북부 국가들이 수용하며 자신들은 환경 악화의 비난으로부터 벗어나 환경에 대한 신자유주의적 접근을 확대시킬 수 있게 되었다. 지속가능한 발전은 신자유주의로 가장한 세계 환경 정치의 복잡한 면모를 보여 주는데, 이 개념은 북부-남부 국가 간의 정치를 반영하고 이들 간 권력 관계의 현실을 반영한다. 오늘날 환경은 자본의 정치 중심에 있기에 환경과 발전을 형평성 측면에서 검토하는 안목이 중요하다.

(2) 지구 공공재

세계 기관들은 지구 환경과 지역 자원 모두를 관리해야 한다는 필요성을 공공재 담론을 통해 효과적으로 합리화시킨다(Goldman, 2004). 지구자원관리자(Global Resource Managers, GRMs)를 표방하는 세계 기관들, 대표적으로 월드워치 연구소(Worldwatch Institute)가 매해 발간하는 『지구 환경 보고서(State of the World)』는 지식, 범위, 그 영향 면에서 세계적이며 대중적이다. 이들은 환경 보전에 대한 자신들의 관심이 약화되면 지구의 모든 생명이 곤경에 처하게 될 것이라며 일련의 오존층, 바다, 토양, 생물자원, 대기와 기후 등을 지구 공공재 위기 담론으로 제시한다. 예를 들어 세계 인구의 1/5이 독성 공기로 호흡하며, 탄소 배출로 대기 기온이 상승해 기후 변화를 초래하고 있으며, 오존층에 구멍이 생겨 피부암이 늘어나고, 바다·삼림·지하수는 개방된 접근으로 인해 오염되고 과잉 채취되었다고 보도한다. 이들 지구자원관리자들은 조직적이고 전문적으로 자료를 모으며, 지구 공공재에 대한 책무를 지는 위치에서 자연을 새로운 공공재로 만들어 측정하고 감시·규제하며 관리하고자 한다(Goldman, 1997).

지구 공공재는 세계적인 감시가 필수적이기에 지구자원관리자들은 자신들의 과학적 지식과 정의적 규칙이 현지 주민의 생태적, 문화적 가치와 지식보다 우월하다는 공공재 전문가로 자처하며 생태적 악화와 지속가능성의 설명에 최고 권위를 드러낸다. 공공재에 대한 관심이 소지역에서 지구 차원으로 옮겨짐으로써, 삼림은 더 이상 단지 지역 주민의 생계 터전이 아니라 지구 생물 자원의 일부가 되었다. 이에 따라 삼림의 잘못된 사용은 그 지역뿐 아니라 인류 모두에게 부정적 영향을 미치는 것으로 합리화한다. 다시 말해, 남부 국가의 소지역 공유재 이용 패턴은 북부 국가에도 문제가 된다는 것이다. 그러나 소지역 자원 이용의 부정적 결과, 즉 공유재의 비극을 일반화하는 과정에서 제3세계의 많은 지역들에서 복잡하고 중복되지만, 합리적이고 전문적이며 효율적인 공유 자원 관리 규범이 작동하고 있다는 것을 발견하고도 이들을 낙후된 사라지고 있는 비과학적인 전통 방식으로 저평가한다(로빈스, 2008).

지구자원관리자는 지구적 간섭을 합리화하기 위해 우선적으로 공공재 은유를 동원해 환경 악화를 이기적인 사용자에 의해 파괴되는 공공재로 설명한다. 세계 기관들은 재산권에 기반한 관점에서 제3세계 지역의 사회, 문화, 정치 관계의 다양성과 역동성을 파악하지 못하거나 무시하며, 발전 전문가의 견해를 동원해 공공재 이용과 관리에 있어 자신들의 가치와 재산권을 세계의 기준으로 설정한다. 북부 국가 기반의 연구소와 개발은행은 유명한 경제 이론을 동원해 지구 환경 관련 협정, 화학물 이용 금지, 다자간 무역협정 등 새로운 제도나 협정을 만들어 공공재의 지위를 합리화한다. 이들은 지구를 관리하기 위한 사회적 실험으로, 지구 온난화를 지구적 공공재 문제로 간주하여 기후변화협정을 통해 엄격한 규제를 가한다. 서구의 새로운 기술을 적용하고, 보다 효율적인 환경 보호를 위해 탄소 거래제를 채택하는 등 자신들의 경제는 가능한 한 유지하며 저렴한 비용으로 환경 규제를 회피하고 오히려 자신들의 산업 기반을 확충하는 기회로 이용한다(Mansfield, 2009).

지구자원관리주의에서 소지역은 지구 공공재 해석에서 완전히 배제되고, 지역 내에서 오랫동안 주민들의 생활에 배어 있는 내재적 가치나 문화적 가치는 고려되지 않아 지역 사회의 지속가능하고 형평적인 공유재 관리 전통으로 유지되는 공공재의 생명력과 지역 주민의 생계는 무시된다. 세계 기관은 잘못된 국가 기관에 의해 문제가 되는 지역을 지구 자원으로 관리할 수 있으며, 또 해야 하기에 지구의 자연 공공재에 대한 접근을 규제한다. 여기에 명분은 공공재를 향상시키기 위한 합리적인 협력과 미래 세대와의 균형적 이용을 포함한 지속가능한 세계를 지향한다는 것이다. 지역 자원에 대한 소지역의 관리 전통은 무시되고 동시에 남부 국가의 자연마저도 인류의 지구 공공재로 간주된다(The Ecologist, 1993). 제3세계 발전 기구는 남부의 빈곤한 국가 지역의 사회-자연 관계를 재구조화하려는 대규모 외국 자본 유입의 후견인으로 역할하고, 정부 또한 이러한 발전 계획을 수용하여 북부 국가의 확대되는 자본주의와 연계된다.

지구자원관리자들은 사유화와 상품화를 제3세계 내부에도 자리 잡게 하기 위해 근대화론 유의 담론을 만들어 낸다. 공공재 악화의 책임은 자원이 부족한 남부 국가에게 돌아가고, 공공재 위기의 해법은 북부 국가의 방식으로 잘 훈련된 국제적 전문가가 지역의 수요와 생태적 능력을 고려해 합리적으로 대처해야 한다고 주장한다. 이러한 지구자원관리자들의 공공재에 대한 간섭은 지역 사회의 저항과 반대에도 불구하고 확대되고 있다. 이는 세계의 공기, 물, 삼림, 생물 자원의 급속한 대규모의 악화가 자본의 재생산을 위협하기에, 자본이 이윤 추구를 지속하며 환경재를 유지하는 데 비용이 적게 드는 공간을 찾은 노력의 결과이다. 그 결과, 어업의 경우 대규모의 선박이 어류를 싹쓸이 하며 해양 환경 파괴의 모순을 지속하고 있으며, 물 상품화의 경우 민간 운영자들은 이윤을 보장받을 수 있는 선별적인 투자를 하고자 경제 규모면에서 성장하며 커지는 라틴아메리카와 아시아 지역, 인구밀도가 높고 부유한 도시 지역을 농촌보다 우선적으로 선택하여 진출하고 있다. 유사하게 삼림의 경우도 청정개발체제의 대상으로 중국, 인도 등을 집중 투자 지역으로 선택하는 모습을 볼 수 있다(Newell and Bumpus, 2012).

지구 공공재 은유는 실제 환경 개선을 도모하기보다는 지역 간, 사회집단 간 불평등을 심화시키는 시장 기반 환경 관리의 모순을 드러낸다. 대표적으로 지구 공공재 담론은 제1세계 전문가가 제3세계의 공유재를 효율적 관리라는 이름으로 대출과 관련한 구조 조정의 수단을 통해 지구 공공재로 포섭하는 전략의 표출이다. 세계 기관들은 지역 자원과 지구 환경 모두를 이용하고 관리할 필요를 합리화하는데, 실제로는 자본이 환경을 최대한 적은 비용으로 오래 탈취하는 효과를 거두고 있다(Goldman, 2005).

5) 지역 정치생태학의 역동성

정치생태학은 환경 악화와 변화를 성장의 한계 그리고 근대화 확산에 기초한 접근을 넘어 국가와 세계를 포함한 광범위한 정치경제 상황을 고려하는 비판적 관점에서 대안적 이해를 도모한다. 환경 변화는 자연과 사회의 상호작용에 권력 관계를 내포한 정치적 과정을 통해 이루어지며 다양한 결과로 나타난다. 대략적으로 제3세계와 제1세계의 환경과 발전 그리고 이들 간의 정치적 과정은 제3세계의 경우 정부의 개발 지향 성향과 관리 능력의 부재로 인한 갈등이 빈번하고 독립 이후 근대화 모델 적용과 효율적인 관리를 주장하는 시장 기반 원리가 국제기구의 정책 등으로부터 강제되는 모습이다. 제1세계는 재산권에 기초한 시장 원리 적용의 환경 관리가 환경 악화 상황을 그다지 감소시키지 못하면서 사회계층 간 갈등을 초래하는 한계를 드러낸다. 이러한 세계 지역별 환경 문제는 요약하면 정부 실패와 시장 실패의 개별성을 보인다.

세계 지역별 환경 관리의 개별적인 특성을 비교해 보면 역동적 측면의 모순을 드러낸다. 제3세계는 전통적인 자연의 이용과 관리가 인구 증가로 인한 공유재의 비극으로 치닫고 있어 시장 원리에 기반한 효율적 관리가 국가 발전을 위해 그리고 국제사회로부터 요구된다. 반면 제1세계는 사유 재산권과 상품화에 기반한 관리 방식이 환경 개선을 이루지 못하고 사회적 불평등을 심화시키고 있어 지역 공동체 기반의 공유재 관리 방식에 대한 관심을 표방하고 있다. 즉 제1세계가 자신들이 경험한 한계를 지닌 시장 기반의 자원 관리 방식을 제3세계에 강제하고 있는 모습은 효율성을 명분으로 이윤 추구를 지속하기 위한 자본의 지리적 확장 전략이 표출된 것으로 볼 수 있다. 이러한 시장환경주의의 사례로 물 공급 서비스의 민영화와 탄소 거래제를 통한 자연의 상품화 과정을 구체적으로 검토하며 비판적으로 이해할 수 있었다.

더욱 정치화된 환경 과정을 보여 주는 사례는 국제회의에서 환경과 개발 간의 모순된 관계를 발전을 통해 극복할 수 있다는 지속가능한 발전의 추구이다. 북부는 환경을 보호하고 남부는 빈곤층을 보호해야 한다는 대립 구도는 양자 모두의 필요로 빈곤 감소를 위해 발전이 필요하다는 논리로 발전을 지속하는 정당성을 확보한다. 제3세계를 지구 환경 담론으로 포섭시키는 환경 정치 과정은 국제회의와 과학적 자료의 배포 등을 통해 지구 위기를 공표하며 진행된다. 선진국 주도의 국제기구들은 지구자원 관리자 입장을 정당화, 합리화하는 과정을 통해 제3세계의 자연에까지 관리와 규제를 가하는 당위성을 확보하며 자연의 신자유주의화를 지구적으로 확대시킨다. 과거 세계 모든 지역에서 자유롭게 이용되던 자연이 근대화 과정에서 국가 관리와 규제에 놓이게 된 후 자본주의 체제가 확대되며 제1세계와 제3세계에서 시간 차를 두고 점진적으로 재산권 부여의 사유화를 통한 관리로 변화하고 있다. 자연의 신자유주의화의 본질은 자본의 이윤 추구를 지속하기 위해 자연을 대상으로 불평등한 권력을 사용하고 전 지구적으로 확대하고 있는 전략으로 이해할 수 있다.

지역 정치생태학 관점에서 보면 제3세계와 제1세계의 환경 문제는 결국 발전 지향의 제3세계와 시장 원리의 제1세계에서 자본의 이윤 추구라는 공통적인 면모를 찾을 수 있다. 그리고 이를 더욱 확신시켜 주는 것은 지구 차원의 환경 위기, 예를 들어 물 부족과 지구 온난화 등을 새로운 지구 환경 담론으로 다루며 아직 자연이 상대적으로 보전되어 있고 공유재로 관리되고 있는 제3세계로 다양한 합리화와 강제를 통해 확대시키며 자연을 대상으로 신자유주의를 전 지구적으로 확대하고 있는 모습이다. 지구는 단지 거대한 규모의 공동체가 아니라 지역 또는 국가의 환경 갈등과 환경 정치 과정에 깊숙이 자리 잡고 있는 자연을 이용하고 확대시키기 위해 만들어진 규모이다.

현재까지의 환경 이용과 관리에서 시장환경주의는 이윤 추구를 위한 사고를 지속가능한 발전으로 포장하고 있어, 진정으로 지속가능한 환경과 사회를 위한 접근은 형평성까지 고려하는 사고의 확대와 실천 방향 모색이 필요하다. 현지 소지역의 환경 변화를 광범위한 정치경제 상황과 더불어 검토하고 사례 연구의 지역 간 비교를 통해 환경 정치의 모순을 포착하는 지역 정치생태학의 비판적 안목은 신자유주의의 다양한 변형이 자연의 이용과 관리마저도 포섭하고 있는 것으로 이해하는 데 도움을 준다. 이러한 비판적 안목은 지속가능한 환경과 사회의 대안 모색을 위해 확장될 필요가 있다. 현실적으로 지속적인 이윤 확보 영역으로 공공재, 자연이 편입되며 환경 악화는 물론 사회 불평등마저도 심화되는 극단적 상황은 사회 반대 운동으로 이어지고 있다. 공공재의 상품화에 대한 비판적 인식과 더불어 공유재와 공동체 자원 관리가 생태적 악화와 시장 기반 환경 관리의 모순을 경험하며 대안으로 논의되고 있다.

공유재와 공동체 관리를 환경과 발전 그리고 형평성까지 담지한 미래의 지속가능한 환경과 사회의 대안으로 발전시키기 위해서는 이에 대한 인식과 보편적 논리를 찾는 노력이 필요하다. 실제 정치생태학은 기존의 주류적인 근대화와 시장 원리 환경 관리에 대한 비판에 초점을 맞추어 환경 갈등과 문제의 근원적인 배경을 드러내는 데에는 성공적이었으나, 암묵적 대안 외에 다양한 대안 논의를 진행시키지는 못했다. 다음 장에서는 공동체 기반의 자원 관리와 공유재의 성공적 관리 사례를 검토하며 지역 정치생태학 입장에서 가능한 대안의 출발점으로 제시해 보고자 한다.

제4장

공유재와 공동체 관리

1. 공유재, 공동채
2. 지속가능한 공유 자원 관리 사례
3. 공유재와 지역 공동채

인간이 자연을 이용하는 것은 생존을 유지하는 데 불가결한 것이다. 그러나 자연을 이용해 부를 생산하는 기본적인 경제 활동을 지속적으로 유지하기 위해서는 환경 이용과 관리 방책에 따른 문제에 대해서도 관심을 기울일 필요가 있다. 근래 들어 선진국들에서 공공재를 다시 부활시키고 확장하려는 움직임이 있으며, 개발도상국에서도 아직 완전히 사라지지 않은 공유재를 보호하자는 주장이 제기되고 있는 것에 주목할 필요가 있다.

자원의 이용과 관리는 수십 년간 강제적인 자원 관리 전략과 계획 개발 이후 그 보전 결과에 별다른 성과가 없자 공유재와 공동체의 역할에 대한 논의가 활발해지고 있다. 환경 이용과 관리에서 시장환경주의, 자연의 상품화에 대한 대안적 개념과 실천적 사고를 탐구한다는 것 자체는 이제 많은 사람들이 개인, 집단적으로 발전의 의미를 시장이 아닌 진정한 가치를 재발견하고 재규정하기 위해 노력하고 있는 것으로 평가받는다(맥마이클, 2013; Escobar, 2012). 공공재는 자본주의가 출현하면서 사유 재산 제도에 따라 구획이 나뉘었고, 현재 남반구는 전 지구적 수탈의 위협을 받고 있다. 그러나 공공재는 단지 주인이 없는 재산이 아니라 주민들의 공통적인 생계 자원이자 문화적 의미를 지닌 공유재의 개념으로 그 가치는 공동체와 함께 재발견된다. 공동체 또한 발전 지향의 시대에는 사회 변화의 장애로 간주되었지만, 최근의 후기발전 논의에서는 환경 이용과 관리에서 보전과 참여의 자율적 주체로 재평가되고 있다(Mies and Benholdt-Thomsen, 2001; Gibson-Graham, 2006).

지속가능한 자원의 이용과 관리에서 공유재와 공동체가 점차 대중적 관심을 얻고 있음에도 불구하고 정치생태학 연구에서는 기존 주류 사고에 대한 비판에 치중하여 많은 관심을 기울이지 못했다. 다음에서는 성공적인 공유재 이용과 관리의 사례를 소개하며, 공유재와 공동체를 지속가능한 자원 이용과 관리에 필요한 중요한 개념이자 주체로 제시해 보고자 한다.

1. 공유재, 공동체

1) 자연은 누구의 것인가?

환경 악화와 더불어 공공재에 대한 논의가 주목받고 있는데, 그 배경에는 공유재의 비극론을 극복하고자 하는 연구(오스트롬, 2010)가 노벨상을 수상한 것과 더불어 토착 지식 또는 지역 (환경) 지식을 다루는 서적이 다수 출판된 것을 대표적으로 들 수 있다(Berkes, 2008; Ellen et al., 2000). 자연의 이용은 지역, 국가, 인류 발전을 위해 이루어져 왔다는 측면에서 하천 유역 주민이 강을 거슬러 올라오는 연어를 자급용 식량으로 포획하거나, 기업과 국가 기관이 외화 수입이나 새로운 기술 연구에 이용하는 등의 경우를 생각해 볼 수 있다. 반대로 자연의 이용과 개발을 부정하는 입장도 있다. 이용할 것인가, 보호할 것인가 하는 양자택일이 아니더라도 누가 무엇을 위하여 자연을 이용하거나 보호할 권리를 주장할 수 있는가를 밝히고 그 타당성과 오해를 지적하는 것은 중요한 작업이다(토모야, 2007).

자연을 이용하는 것, 보호하는 것, 소유하는 것 그리고 누가 이해관계자인가를 판별하는 작업은 역사, 문화, 정치 등 다양한 측면에서의 논의를 요구한다. 이렇게 자연은 누구의 것인가라는 질문은 인간과 자연과의 다양한 관계 속에서 종합적으로 다루어져야 한다. 또한 이러한 검토는 개별 지역 문제와 상황에서 산과 강, 바다와 들이 도대체 누구의 것이고 그 보호와 이용의 책임을 누가 지는가 하는 의문도 제기한다. 이는 개별 지역에서 보다 넓은 지역, 지구 전체의 틀에서 접근할 수 있으며 갈등 상황을 만들게 된다(Goldman, 1997; Mansfield, 2009; 토모야, 2007).

공공재는 기본적으로 한 사람이 그 재화를 소비해도 다른 사람들이 소비할 수 있는 그 재화의 양이 줄어들지 않는 것을 일컫는다. 공유 자원은 순수한 공공재에서는 나타나지 않는 남용의 문제가 존재하는 경우이다. 공유 자원은 그 양이 감소할 가능성이 있기 때문에 많이 사용하면 그 사용 총량이 자원 체계가 생산해 낼 수 있는 자원 양의 한계에 가까워질 수 있다. 만일 어류나 산림 등과 같은 공유재가 생물학적 자원인 경우 자원 유량의 한계에 근접하는 것은 단기적으로 혼잡 효과를 불러일으킬 뿐만 아니라 자원 체계가 자원 유량을 생산하는 능력 그 자체를 파괴하는 것으로 이어질 수 있다. 이러한 경우 자연 자원과 관련한 공유 재산 제도의 운영은 현대 사회에서 다양한 자원 이용과 관리 제도로 나타나고 있어 이에 대한 이해가 필요하다(오스트롬, 2010; Ostrom and Hess, 2007).

자원을 접근권과 자원 영역의 이용권 측면에서 고려해 보면, 배타성(exclusiveness), 경합성(rivalry)의 개념으로 구분해 볼 수 있다(토모야, 2007). 재산권의 네 가지 범주를 접근할 권리에서 보면 기본적으로, a) 누구나 접근할 수 있는 개방된 접근, b) 개인·단체 등의 사유재, c) 마을 재산, 공공 서비스 등의 공유재, d) 국가(정부)가 소유한 재산으로 나뉘고 그 자원의 이용과 접근할 권리는 배타성과 경합성의 정도로 구분된다. 국가(정부) 소유는 정부가 소유하고 있는 자원을 이용하여 접근을 규제하는데 일반 대중에게 접근권을 부여하기도 금지하기도 한다. 개인 소유, 즉 사유는 소유권을 가진 개인이 타인의 이용을 배제하고 자원을 판매하거나 대여할 수 있다. 개방된 접근은 잘 정의된 재산권이 없어 누구에게나 자유롭게 완전히 개방되어 있는 경우이다. 공동체 집단 소유는 지역민이 소유하는 경우로 지역민들이 공유지를 이용할 기회를 배분하고 규제하는 형태로 지역 주민이 아닌 경우 배제되는 경우로 볼 수 있다(윤순진·차준희,

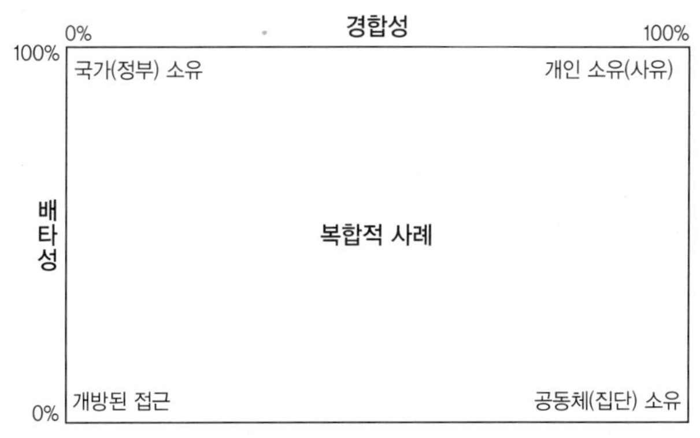

출처: 토모야(2007)와 윤순진·차준희(2009)의 기술을 연계하여 구성

그림 19. 자원의 배타성과 경합성에 따른 구분

2009).

이러한 자원 구분의 각각의 특성은 현실 세계에서 복합적으로 나타나지만, 환경 문제의 인식과 모델을 제시하는 이상적인 상황이 토대가 되어 그 자체가 문제가 되기도 하고, 실제 현실에서 복합적으로 구성된 이해관계에 기반한 갈등의 원인이 되기도 하며, 역으로 협력의 필요를 요구하는 상황의 근간을 이루기도 한다. 여기에 추가로 고려해야 할 것은 규모적 측면에서 배타성과 경합성은 중층적인 성격을 보인다는 것이다. 특히 공유는 소지역에서 지구 전체를 포괄하며 현지에 적합한 논의가 중요하다. 공유의 논의는 지역 단위에서 기본적으로 소지역 공유재(local commons), 공공 공유재(public commons), 인류 공유재(global commons)로 구분해 검토할 수 있다(토모야, 2007; 오스트롬, 2010).

소지역 공유는 지역의 공유지 또는 공유 자원을 가리키는데, 농림어업 등의 생산 활동을 기반으로 하는 마을과 공동체에서의 공동 용지, 공유림, 연안 공동어장 등의 공동적인 소유 형태와 제도가 공유의 핵심을 이룬다. 이 경우 공유지와 그곳에 포함되어 있는 자원에 대하여 주민 스스로가 이용 관행과 권리를 마을 구성원 간에 공유하여 외부인을 배제한다. 마을과 공동체에서의 공유지와 그 이용 관행은 개인도 국가도 아닌 마을 구성원 사이에서 공유된다. 그러나 공유지가 여러 마을에 걸쳐 있을 경우 한쪽 마을 사람들은 이웃 마을 사람들의 동향에 관심을 가지지 않을 수 없다. 왜냐하면 공유지 이용을 둘러싸고 이해관계가 발생할 가능성이 있기 때문이다. 그럴 경우 충돌과 분쟁이 뚜렷이 나타나거나 마을 간에 조정과 합의가 이루어지기도 한다. 쌍방이 합의를 하더라도 그 운용은 다양하여 표면화되지 않은 암묵적인 이해에서부터 문서화된 규정과 불문율로서 엄수되는 경우까지 있다.

그러나 공동이라고 하더라도 누구나 접근하여 이용할 수 있는 것은 아니다. 실제로는 먼저 가진 사람에게 우선권이 있다든가, 조합에 가입한 자에게만 이용권을 부여하고, 가입하지 않은 지역 주민의 이용권은 무시 내지 박탈하는 경우도 있다. 따라서 지역의 공유를 논의할 경우에는 지역 범위와 더불어 제도와 실제 운용 측면에도 주목하여 공유의 분할과 경쟁 원리, 암묵적 이해, 행사할 권리의 유무 등 사회적·문화적 측면에 유의할 필요가 있다. 이러한 소지역의 공유는 공유와 관련된 다양한 양상을 역사적·문화적 혹은 지구적 규모에서의 검토에 핵심 대상이 된다(토모야, 2007).

공공의 공유는 소지역 공유의 틀을 넘어 사회 일반과 국가가 공유하는 영역 내지는 자원에 대한 공익성과 공공성을 특징으로 구분된다. 예를 들어 근대 국가는 자국의 연안 수역을 자국민의 공유 재산으로서 관리한다고 선언하고 있다. 국가의 하부 조직과 행정 단위인 지방자치단체가 특정 수면과 삼림을 관리하기도 한다. 이러한 경우 대상이 되는 영해는 지역 공동체를 넘어 정부와 지방 공공 조직이 관리한다. 공원은 국립공원, 시립공원, 지구공원 등이 해당되며 관리 책임자는 지방자치단체 혹은 정부이다. 어떤 경우에도 공원은 개인이 점유하거나 소유할 수 없고 누구든지 이용할 수 있는 장소이다. 공공의 공유적 이용은 불 사용, 수렵과 채집, 쓰레기 폐기, 외래 생물 반입 등을 금지하는 조례와 규칙을 통해 관리되는데, 여기에는 공공성을 우선하는 논리가 강조된다. 공공의 공유는 대다수 국가의 틀 내에 존재한다(마코토, 2014; 토모야, 2007).

인류의 공유는 지구 상의 대기와 해수 같은 경우로 국가와 특정 지역에서 사적으로 소유하거나 그 이용권을 주장할 수 없는 경우이다. 대기는 지구 전체에 편재되어 있는 것이고, 분할하거나 일부를 독점적으로 소유할 수 없다. 해수는 지구 표면의 70퍼센트를 차지하며 해류를 통해서 순환된다. 이들은 지구 전체에서 보면 주인이 없는 자원의 특징을 가지고 외견상 무한한 것으로 보일 수 있어 인류 공유 자원이라고 할 수 있다. 인류 공유 자원의 특징은 대기와 물과 같이 어디에나 존재하고 순환된다는 점이다. 그러나 이용 측면에서는 지역 차가 발생하는데, 대기와 해수 오염의 경우 오염 발생지와 피해지, 즉 이익과 불이익이 지역적으로 편재되어 나타나는 경우 환경 갈등으로 전개된다. 또한 대륙 간 철새 이동, 대양을 회유하는 어류의 경우 한 나라 혹은 지역 공동체가 이들에 대해 배타적으로 이용할 권리를 주장하는 것은 사실상 불가능하다. 그렇다고 해서 이들 생물을 대기와 해수와 같이 인류의 공유로 다루기 위해 넓은 지역에 걸친 회유성, 이동성을 가진 생물을 인류의 공유 자원으로 인정하여 이들을 포획할 권리를 누구에게나 인정하고, 반대로 보호하기 위하여 전면적인 금지 조치를 취하면 이용을 둘러싼 입장 대립이 생겨 합의를 구하기 쉽지 않은 문제가 있다.

이러한 상황에서 예상되는 시나리오는 누구의 것도 아닌 비소유로 인해 발생하는 자원의 남획과 고갈이 생길 것이라는 가정은 하딘의 '공유재의 비극' 주장의 배경이 되고, 지역에서 해당 자원에 생계를 의지하는 개인과 집단으로부터 반발을 사는 상황은 관습적 공동체 관리 주장의 토대가 된다. 국가 간에 해당 자원의 이용과 관리를 둘러싸고 발생하는 입장 대립은 환경 관련 국제 협약이 다수 체결되는 상황으로 이어진다. 인류의 공유 자원은 지구 상의 어디에나 존재하여 누구의 것도 아닌 것으로 생각하기 쉬운데, 경제 논리, 문화 논리를 동원하며 정치적인 자연과 환경으로 나타나고 있다. 이러한 지리적 규모에 따른 소지역, 국가, 지구의 공유는 중층적으로 존재하여 공유의 중층성을 고찰해 수평적·수직적 갈등과 협력의 근거를 찾아 볼 수 있다.

자연의 이용과 관리 측면에서 지역 공동체와 인류의 가장 대표적인 공유 자원의 사례는 삼림과 해양으로 상당한 연구가 누적되어 있다(White and Martin, 2002; Langston, 2012; Castree, 2003; Mansfield, 2011). 일반적으로 소지역의 공유재는 지리적-정치적으로 근접한 지역 공동체 또는 공공기관이 자원의 이용과 관리의 주체이지만, 인류의 공유지를 주장하는 주체는 국제기구와 이해관계를 가진 복수의 국가가 이용권과 소유권을 정하는 경우가 있고, 물과 대기와 같이 본질적으로 인류의 공유 자원으로 인정되는 경우도 있다. 이러한 공유재는 역사적으로 변화의 과정을 거치는데, 시대에 따라 공유재에서 사유재 또는 상품으로 변화하는 상황을 주시할 필요가 있다. 지역, 국가, 인류의 공공재는 처음부터 정해진 것이 아니라 지역과 문화에 따라 달라진다. 또한 공유는 중층적·동적인 특징을 가지고 있어 이에 따른 갈등이 빈번히 발생하며, 종종 여기에 공유 또는 사유의 정당화 또는 사회화에 대한 논거로 공유의 비극이 보존을 위한 상품화 또는 사유화로 제시되는 것이 보편적이다.

2) 공동체, 지속가능한 공유재 관리

(1) 공동체

공동체는 제3세계 전통 사회의 상징으로 발전 시기 서구의 인식이 지배적이 됨에 따라 오랫동안 이를 비효율적이고 낙후된 사회상으로 인식하여 근대화와 발전의 방해물로 간주하였다. 근대화론자들은 이러한 관점으로 세계를 저발전국, 개발도상국, 선진국으로 구분하였고, 사회 변화의 진화적 관점에서 공동체의 전통, 지위, 권위 등은 근대, 평등, 합리성 등으로 바뀌어 갈 것으로 공동체의 약화를 통한 선진국으로의 변화를 바람직한 것으로 가정하였다. 그러나 근래 들어 제1세계에서도 공공재 회복의 필요성을 강조하고 후기발전 논의에서는 공유지와 공동체는 불가분의 관계가 있고 상호부조 없는 공동체란 생각하기 어렵다는 사고를 강조하고 있어 공유재와 공동체는 대안적 경제와 사회에 대한 모색에서 중요한 공헌을 할 것으로 기대된다(오스트롬, 2010; Mies and Benholdt-Thomsen, 2001).

공동체는 자원의 이용 및 관리와 관련하여 세 가지 측면에서 긍정적으로 평가받는데, 소규모의 공간적 단위, 동질적인 사회 구조 그리고 공유된 규범을 가지고 있다는 것이 그것이다. 이들은 자원 이용에 대한 이해 집단으로서의 공감대가 형성된 공동체로 자원 이용과 보전이 바람직하게 이루어지는 기초로 역할한다고 본다(Agrawal and Gibson, 1999).

그러나 공동체를 모든 문제의 해결사로 보는 것에 대한 신중론은 공동체가 효율적이고 합리적 조직의 자원 이용에 장애가 될 수 있음을 지적한다. 이 사고는 보전의 목표와 지역 공동체의 이해는 서로 상반된 논리에 기초하여 다를 수 있다는 것이다. 보전을 위해서는 야생 동물, 삼림, 목초지, 어류, 관개수, 음용수 등 위협받는 자원을 보호할 필요가 있는데, 지역 공동체 구성원들은 이러한 자원을 생계와 경제를 위해 절제 없이 이용할 것이라는 입장이다. 공동체 신중론은 공유재의 비극론과 유사하게 인

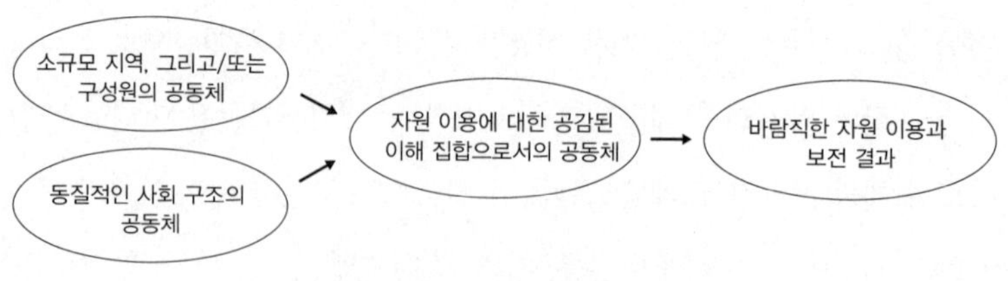

출처: Agrawal and Gibson, 1999
그림 20. 공동체와 보전의 관계에 대한 전통적 관점

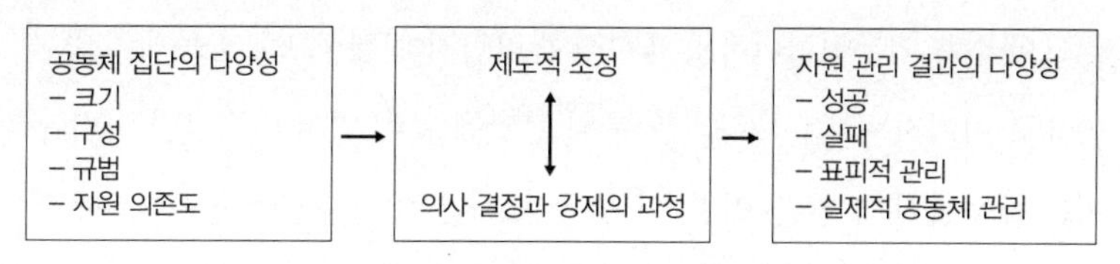

출처: Agrawal and Gibson, 1999의 확장

그림 21. 공동체와 보전의 대안적 관점

구 증가를 가장 큰 자원 고갈의 원인으로 보며, 더불어 재산권이 확실하게 설정되어 있지 않아 자원을 보호해야 할 동기를 유발하지 않는다는 입장이다. 따라서 효과적인 보전은 정부 규제와 관리 또는 보이지 않는 시장과 사유 재산권을 통해서 가능하다는 결론에 도달한다.

그러나 이러한 사고는 지역 주민을 배제하게 되며, 특히 제3세계 전통사회에 대한 다각적인 이해의 노력으로 이어지게 된다. 생태계와 지역 주민의 관점에서 환경 보전을 위해 정부와 시장이 공동체에 간섭하고 침투하는 것은 공동체 파괴로 이어지고, 이는 자연과의 균형 또한 깨지는 것을 의미한다. 다행히 최근 들어 공동체가 환경 보전을 위해 중요하다는 입장이 관심을 얻고 있다. 현실적으로 공동체를 부활시키려는 시도는 우선 공동체 내부의 다양한 이해와 행위자들 그리고 이들의 의사 결정에 영향을 미치는 내부와 외부의 제도에 초점을 맞출 필요가 있다. 즉 공동체 보전은 내부의 차이와 조정 과정, 이들의 외부 행위자와의 관계 그리고 이들 모두에 영향을 미치는 제도를 인식하는 것이 중요하다(Agrawal and Gibson, 1999).

공동체의 다양성에는 규모, 구성, 규범, 자원.의존도 등이 개별적으로 그리고 연계되어 내부 결속에 영향을 미치고, 이는 자원 관리의 경우 다양한 수요와 관점의 제도적 조정과 집단적 의사 결정 과정이 서로 상호작용하며 특정 결과로 이어진다. 기본적으로 성공적인 경우와 실패의 경우 그리고 관리가 이루어지더라도 표피적 관리인지 실제적으로 공동체의 공동 목표로 이어지는지는 내부와 외부의 상황에 달려 있어 단정하기 어렵다. 이는 공동체 내의 성별, 연령, 민족 구성, 계급 간 불공평한 권력과 권위의 분배 그리고 외부의 지방, 중앙정부 기구, 국제기구와 비정부 기구들과의 조율 문제 등을 해결하지 않고서는 지역 공동체를 부활시키고 지속적으로 유지하기 쉽지 않을 것이다.

(2) 지속가능한 공유재 관리

전근대적으로 취급받던 공유 자원 제도의 관리와 활용에 대한 수많은 사례 연구의 결과는 이 분야의 선도적인 역할을 담당한 미국 인디애나대학교 오스트롬(Elinor Ostrom) 교수의 2009년 노벨 경제학상 수상으로 많은 관심을 얻게 된다. 여러 나라의 다양한 사례 연구들은 공유재의 비극 입장과 달리 많은 지역에서 주민들이 자발적으로 공유 자원을 성공적으로 관리해 왔다는 사실을 보여 준다. 이들 사례는 과학적 지식에 기초한 자원 관리의 기본적 입장이 가정하는 '모두의 것은 누구의 것도 아니고, 사람들은 늘 공유 자원을 남용하기에 이를 막기 위해 정부나 시장의 개입이 반드시 필요하다'는 주장에 의문을 제기하였다.

성공적 공유 자원 관리의 가장 유명한 사례는 미국 메인 주 연안의 바닷가재잡이 어업이다. 1920년대 이 지역 바닷가재 어장은 남획으로 인해 바닷가재의 씨가 말랐다. 문제의 심각성을 깨달은 어부들은 한데 모여 머리를 짜낸 끝에 바닷가재 통발을 놓는 규칙, 순서 등에 대한 자치 규율을 만들었다. 그 결과 메인 주 어부들은 미국 북동부의 다른 해안과 캐나다의 바닷가재 어장이 완전히 붕괴되는 와중에도 살아남을 수 있었다. 이 외 수많은 공유재의 성공적인 관리 사례가 현재에도 운영 중인데, 오스트롬은

표 8. 오랫동안 지속된 공유 자원 제도에서 확인된 디자인 원리

1. 명확하게 정의된 경계: 공유 자원 체계로부터 자원 유량을 인출해 갈 수 있는 개인과 가계가 명확히 정의되어야 하며, 공유 자원 자체의 경계 또한 명확하게 정의되어야 한다.
2. 사용 및 제공 규칙의 현지 조건과의 부합성: 자원 유량의 시간, 공간, 기술, 수량 등을 제한하는 사용 규칙은 현지 조건과 연계되어야 하며, 노동력과 물자, 금전 등을 요구하는 제공 규칙과도 맞아야 한다.
3. 집합적 선택 장치: 실행 규칙에 의해 영향을 받는 대부분의 사람들은 그 실행 규칙을 수정하는 과정에 참여할 수 있어야 한다.
4. 감시 활동: 공유 자원 체제의 현황 및 사용 활동을 적극적으로 감시하는 단속 요원은 그 사용자들 중에서 선발되거나 사용자들에 대해 책임을 지고 있어야 한다.
5. 점증적 제재 조치: 실행 규칙을 위반하는 사용자는 다른 사용자들이나 이들을 책임지는 관리 또는 양자 모두에 의해서 위반 행위의 경중과 맥락에 따른 점증적 제재 조치를 받게 된다.
6. 갈등 해결 장치: 사용자들 간의 혹은 사용자와 관리자들 사이의 분쟁을 해결하기 위해 지방 수준의 갈등 해결 장치가 있어야 하며, 분쟁 당사자들은 저렴한 비용으로 이를 이용할 수 있어야 한다.
7. 최소한의 자치 조직권 보장: 스스로 제도를 디자인 할 수 있는 사용자들의 권리가 외부 권위체에 의해 도전받지 않아야 한다.
   * 공유 자원 체계가 대규모 체계의 부분으로 있는 경우
8. 중층의 정합적 사업 단위(nested enterprises): 사용, 제공, 감시 활동, 집행, 분쟁 해결, 운영 활동은 중층의 정합적 사업 단위로 조직화된다.

출처: 오스트롬, 2010

오랫동안 지속적으로 관리된 공유재 사례에서 공통적인 요소들을 찾아 실천 가능성을 높이는 디자인 원리로 제시하였다(오스트롬, 2010; 표 8).

공유 자원 제도의 원리는 기본적으로 공유 자원과 그 이용자의 범위가 명확해야 한다는 것을 첫째로 제시하는데, 이는 자치적인 감시 활동이 가능하고 신뢰가 생겨나는 토대로 역할하게 된다. 명확한 경계가 없다면 비용은 아주 조금만 내고 많이 가져가려는 무임승차자들을 막을 수 없고 결국 제도도 지속할 수 없게 될 것이다. 그 외 경제적 합리성, 민주적 참여, 적절한 처벌 방식, 자율성 등을 공통적인 요인으로 정리하고 있으며, 공유 자원이 상위 규모의 체계 안에 부분으로 있는 경우 여러 층위의 제도들이 서로 합치되어 작동할 수 있도록 조직화되어야 한다.

세계 여러 나라들은 서로 문화가 다르고, 사회적 신뢰 수준도 다르기에

국가와 지역마다 차이가 있지만, 기본적으로 위의 요소들이 충족되어야 공유재 관리의 자치 노력이 성공으로 이어질 가능성이 높다. 정부 개입 또한 그 자체를 부정하는 것이 아니라, 정부가 규제를 도입하더라도 그 지역에 예전부터 있었던 자율적인 규칙을 살피고 지역민의 목소리에 귀를 기울이면, 사람들은 정부 정책의 정당성을 느끼게 되고 실제 제도 역시 더 잘 운용될 수 있다는 점을 강조한다. 공유지의 비극 논리를 넘어서는 이러한 연구 결과는 많은 현장 사례 연구를 통해 찾아낸 것으로 거대 이론과의 중간 차원에서 다중심적 지역 상황을 반영하는 접근으로 현실적이며 실천 가능성을 높인다는 측면에서 더욱 중요하다(오스트롬, 2010).

공동재 관리에 대한 관심은 최근 각광을 받고 있지만, 이전부터 지속적인 관심의 대상이었으며 유사하지만 보다 구체화된 다른 요소들이 정리되어 제시된 바 있다. 지역 지식에 기반한 자원 관리 전통을 중시하는 버키스(Berkes, 2008; Berkes et al., 2000)의 연구는 경계와 배제, 규칙, 협치 구조 등의 기본적 요건을 오스트롬과 유사하게 제시한다. 그는 공동체 기반의 보전 강화와 관련하여 다양한 관점의 허용, 지역-토착 지식 수용, 상호 학습을 통한 능률성 배양을 추가적으로 강조하며 단순한 이용과 관리 수준을 넘어 효율성 측면도 고려하고 있다(표 9).

애그러월(Agrawal, 2001)은 지역 지식에 기반한 발전을 염두에 둔 접근으로 기존 공유재에 대한 연구 성과를 집대성하며 자신의 의견을 더하고 있는데, 낮은 이동성, 빈곤 수준, 외부로부터의 영향이 점진적이어야 한다는 현실적 상황을 더함으로써 보다 실천 가능성이 높은 공동재 관리 체계를 제시하고 있다 (표 10).

다양한 공유재 관리의 전통과 지역 지식에 기반한 자원 관리 체계는 제3세계에서 종종 찾을 수 있는데, 정부 규제나 서구의 사유화 논리와는 달

표 9. 공동체 기반의 보전을 위한 기본적 검토 질문들

계획 지역과 관련한 질문: 공동재 기본
- 계획된 지역에서 배제(또는 잠재적 사용자의 접근 통제)가 어려운가?
- 사용자들이 계획된 지역에서 감소의 문제를 다룰 제도(사용되는 규칙)를 가지고 있는가?

지속가능한 공동재 원리와 관련한 질문들
- 외부의 접근을 제거할 자원을 한정 짓는 분명한 경계가 있는가?
- 분명한 상황에 적절한 규칙이 있는가? 그리고 어떤 규칙들이 모든 지역에 적절할 수 없다는 것을 인식하고 있는가?
- 참가자들이 규칙의 설정과 협치 구조에 이해를 가지고 참여할 수 있는 집합적 선택의 장치가 마련되어 있는가?
- 자원 전용자가 자원의 현황과 감소의 문제를 다루기 위한 자원 이용의 감시가 있는가?
- 협의된 규칙을 어긴 사용자에 대한 단계적 제재가 있는가?
- 사용자 간 또는 사용자와 관리자 간의 갈등을 다루는 저비용의 효율적인 갈등 해소 방법을 위한 토대가 마련되어 있는가?
- 사용자들이 자신들 스스로의 제도를 고안할 정치적 공간이 있는가?

기구들의 연계와 관련한 질문들
- 협치 구조의 계층을 제공하는 포섭된 제도들이 있는가?
- 연구 지역에 (조직의 같은 수준에 걸쳐) 어떤 수평적 연계, (조직의 상하에 걸쳐) 수직적 연계가 있는가?
- 계획에 조직의 수준을 넘나들며 역할을 연계할 수 있는 경계 조직이 있는가?

공동체 기반의 보전 강화와 관련한 질문들
- 다양한 관점을 인정하는 다원론을 허용하는가?
- 관련 집단 간의 상호 신뢰 쌓기를 조장하는가?
- 지역, 전통 또는 토착 지식을 수용하는가?
- 광범위한 이해관계자의 참여, 협의를 허용하는 방법론적 접근과 수단의 혼재를 인정하는가?
- 협의를 위한 토대가 있는가?
- 협의를 위한 다양한 소통의 방법을 사용하는가?
- 이해관계자들, 특히 배제되거나 주변화된 이해관계자를 위해 다른 기술의 발전을 조장하는가?
- 수평적·수직적 연계를 강화시키기 위한 능력 배양과 기술 개발을 수행하고 있는가?
- 새로운 발견을 공동체와 다른 집단들에게 보고하는가?
- 충분한 시간과 자원을 능력 배양, 신뢰 구축, 상호 학습을 위해 투자하는가?

출처: Berkes, 2007

리 공동재의 관리 전통은 지역 사회의 자율적인 규범과 규칙을 통해 구성원들이 자원을 함께 보유하면서 공유 자원에 대한 접근권과 이용권을 허용하고 공유하는 사회적 제도로 존재해 오면서 생태적 사회적 건강성을 유지해 온 경우가 일반적이다. 이러한 경험에 비추어 공유재의 비극은 오히려 국가 권력의 개입이나 사유 재산권 설정으로 갈등이 심화될 수 있으

표 10. 공유재의 지속가능성을 위한 중요한 요소와 상황

1. 자원 체계 특성
 i) 작은 규모
 ii) 잘 정의된 경계
 iii) 낮은 수준의 이동성
 iv) 자원으로부터의 혜택 저장 가능성
 v) 예측 가능성

2. 집단 특성
 i) 소규모
 ii) 분명하게 정의된 경계
 iii) 공유된 규범
 iv) 과거의 성공적인 경험: 사회자본
 v) 적절한 지도력: 지역의 전통 지배자와 연결된 젊고, 변화하는 외부 환경과 친숙함
 vi) 집단 회원 간의 상호 의존성
 vii) 능력의 차별성, 정체성과 이해의 동질성
 viii) 낮은 빈곤 수준

1과 2. 자원 체계 특성과 집단 특성 간의 관계
 i) 사용자 집단의 주거지와 자원 입지 간의 중첩
 ii) 자원 체계에 대한 집단 구성원의 높은 의존 수준
 iii) 공동 자원으로부터의 혜택 할당의 공정성
 iv) 낮은 수준의 사용자 수요
 v) 수요 수준의 점진적 변화

3. 제도적 계획/준비
 i) 규칙은 단순하고 이해하기 쉬워야함
 ii) 지역에서 고안된 접근과 관리 규칙
 iii) 규칙의 강제가 쉬워야함
 iv) 단계적인 제재
 v) 저비용 판결(adjudication)의 이용 가능성
 vi) 사용자에 대한 모니터와 다른 관료에 대한 신뢰성

1과 3. 자원 체계와 제도적 준비 간의 관계
 i) 수확에 대한 제한이 자원의 재생산과 일치

4. 외부 환경
 i) 기술
  a) 저비용의 배타적 기술
  b) 공동재와 관련된 새로운 기술의 적용을 위한 시간
 ii) 외부 시장과의 낮은 수준의 연계
 iii) 외부 시장과의 연계의 점진적인 변화
 iv) 정부
  a) 중앙정부는 지방정부의 권한을 훼손하지 말아야 함
  b) 지원적인 외부 제재 제도
  c) 보전 활동을 위한 지역 사용자를 보상하는 적절한 외부 지원의 수준
  d) 포섭적인 수준의 사용, 공급, 강제, 협치

주: 기존 공동체, 공동재 관리, 악화 방지 연구에서 제시한 항목들을 정리한 후 애그러월 자신의 항목 (밑줄 친 내용)을 추가

출처: Agrawal, 2001

므로 전통의 내재적 규율과 방법을 현실적 경제, 사회 체제를 반영하여 재구성하고 변용시키는 작업을 시도하는 노력이 필요할 것이다.

지역 상황은 국가와 세계 규모와 중첩되어 영향을 받고 있기에 내부와 외부 상황이 바뀌면 제도와 방법 또한 바뀌어야 할 것이다. 그러나 이러한 변용은 환경, 생태에 대한 지역별 특성을 반영하는 지역 상황과 지역 지식에 기초하여 모색되어야 할 것이다. 지역별로 자연, 환경이 갖는 의미나 기능이 다를 것이기에 이를 보전하고 관리하는 방법도 달라야 할 것이다. 이러한 자연과 사회의 상호적 관계, 지역에 기초한 다원적 이해의 접근과 노력은 이전의 이원적 자연과 사회의 분리에 기초한 개발과 통제의 개념을 넘어 형평성과 지속가능성을 추구하는 바람직한 방향이라 하겠다.

3) 과학 지식 대비 지역 지식

환경 관리에 대한 서구의 과학적 지식은 종종 제3세계의 농촌, 어촌에서 행해 오던 전통적인 자원 관리와 지속적 이용 관행을 무지한 것으로 배척하였다. 지역 공동체가 임야와 해변을 공동으로 이용하여 이익을 얻는 관행과 공유 제도는 근대화와 과학적 관리라는 기준에서 대부분 사라졌다. 근대화와 과학적 관리는 시장 기반의 효율성 증대를 목표로 하지만 환경 파괴가 가속화되고 집단 간 갈등은 심화되었다. 지역 상황에 대한 고려를 중시하는 지역 정치생태학은 지역 지식과 공동체 기반의 토지와 자원 관리에 대해 관심을 기울인다. 환경 이용과 관리에서의 지역 환경 지식은 지역별로 다양해 제3세계의 관점과 입장에서 재고되어야 할 필요가 있다. 최근 토착 주민들이 행하던 환경 관리는 전근대적이 아닌 형평성과 지속가능성이라는 측면에서 주류 환경 관리 접근의 과도하게 일반화된 환경 악화 주장에 대한 대응으로, 근대화 이론에 내재한 비효율적이고 부적절한 기술을 대치할 발전 모델의 대안으로 새로운 평가를 받고 있다(Neumann, 2005).

대표적 사례로 개발도상국에서 토지 관리를 위한 불의 사용과 삼림의 이용에 대한 입장 차이를 들 수 있다(로빈스, 2008). 토지 관리를 위한 불의 사용은 선진국에서는 재산에 위협을 가하는 자연재해로 간주하기에 제3세계에서 이를 사용하는 것을 불합리한 전통적 환경 관습으로 간주하였다. 하지만 개발도상국 상황에서 불을 사용하는 것은 쟁기, 계단, 비료의 사용처럼 환경을 통제하고 감독하는 기본적인 농업 도구의 하나이다. 사람들은 불을 사용해 초지를 관리하는데, 잘린 풀을 영양분 있는 짚으로 만들고, 침입하는 종을 통제하고, 작물 찌꺼기를 제거하고, 관개 관리에 도움을 주고, 재배하는 종의 성장을 촉진시킨다.

마다가스카르는 불의 생태적 영향에 대한 양자의 입장이 분열된 전형적인 경우를 보여 준다. 남동 아프리카의 아라비아 해안에서 떨어져 있는 이 섬은 매우 복잡하고 다양한 경관을 가지고 있다. 열대 습윤 삼림이 지배적인 동부는 가파른 산악 지형으로 반건조 열대 사바나의 서부와 구분된다. 동부의 가파른 경사는 독특한 토종과 공동체의 고유한 삼림으로 덮여 있으며, 서부의 완만한 경사는 비옥한 계곡을 형성하고 있다. 마다가스카르의 약 2퍼센트는 공식적으로 보호되고 있으며, 특히 대규모의 베마라하 칭기 자연보호구역(Tsingy de Bemaraha Strict Nature Reserve)은 이 섬의 희귀 고유종인 여우원숭이(lemurs) 보호를 위해 1990년에 유네스코 세계유산으로 지정되었다. 그러나 이 삼림과 이들의 생물종 다양성은 심각한 쇠락 위기에 처해 있다고 간주되는데, 그 책임을 원주민인 말라가시 사람들, 특히 그들의 불 사용으로 돌린다. 세계야생동물기금(World Wildlife

Fund)은 마다가스카르의 생물종 다양성에 가장 중대한 위협으로 벌채 화전 농업과 관련된 광범위한 지역에서 일어난 소규모 삼림 제거를 꼽는다. 더군다나 삼림이 많지 않은 섬의 서부 경사지에서 목초와 식량 관리를 위한 불의 사용은 생태적 폭력으로 불린다. 늘어나는 인구에 의한 무모한 활동으로 비추어지는 불 사용은 정부 보존 관리와 삼림과 희귀 동물 및 식물상 보호를 주장하는 선진국 세계보존집단의 일반적 통념에 따르면 심각한 문제이다(로빈스, 2008).

삼림 제거가 최근의 위기이고 거주민에 의해 발생한다는, 즉 인구와 불이 생태계를 쇠락시키는 역할을 한다는 단순한 설명은 말라가시 주민들이 세계적으로 유명한 여우원숭이와 다른 동물과 식물상 보호의 책임을 져야 함을 의미한다. 동시에 그들이 전통적으로 생존을 위해 사용하던 중요한 도구인 불의 사용이 불가능해지고 전통적인 농업 활동도 규제를 받고 범죄시된다. 그러나 이러한 설명은 심각한 문제를 안고 있다. 첫째는 불의 사용으로 삼림이 감소했다는 결론은 인간 거주 이전 시기의 삼림의 양에 대한 잘못된 가정에 기초한다는 것이다. 마다가스카르 섬 전체가 주민 거주 이전에 삼림으로 덮여 있었다는 가정은 화석 연대 추정 결과에 따른 것이다. 즉 마다가스카르는 최종 빙하기 이후 삼림, 초지 그리고 복잡한 2차 전이의 모자이크였다. 둘째는 이 위기가 인구 증가와 관련하여 내부에서 원인을 찾는 방식은 잘못된 역사 모델에 의존하고 있다는 것이다. 마다가스카르의 초기 약 70퍼센트의 삼림은 1895년과 1925년 사이 프랑스 제국이 추구했던 벌목, 목초, 환금 작물, 특히 커피 재배가 화전과 더불어 식민 정부의 감독하에 30년간 이루어진 결과이다(로빈스, 2008).

최근 이곳의 농업 경제나 인구 변화에서 나타나는 복잡한 상황은 단순히 전통과 근대의 문제로 접근하기 어렵다. 토지 관리를 위한 불의 사용은 정부와 환경주의자들에게는 통제와 제거의 목표로 지속되고 있고, 세계 여러 곳 수억의 자급자족 농업 생산자들에게는 토지 관리를 위한 기본적인 요소로 간주되고 있다. 보다 현실적으로는 이 지역의 농부들이 선택할 기술은 분명 환금 작물에 대한 시장, 경제 자유화, 국제적 개발 압력과 같은 광범위한 정치경제적 요소들에 의해 결정될 것이다. 그럼에도 마다가스카르의 자연 보존의 실패를 불 사용에 대한 결과로 농촌 지역의 빈곤층에게 전가하는 접근은 문제가 있다.

이집트 남부 지역의 개발 사례는 또 다른 환경 담론의 차이를 보여 준다(Briggs and Sharp, 2004). 아스완하이댐으로 연결되는 와디 알라퀴(Wadi Allaqui) 강 계곡은 1989년 보호 지역으로 선포되었고, 1994년에는 유네스코 생물권보존지역으로 지정되었다. 그러나 이러한 결정은 와디 알라퀴 베두인(Bedouin) 사람들이 가지고 있는 환경에 대한 이해와는 매우 다른 서양의 환경 담론 내에서 이루어졌다. 서양의 환경 관리 방법은 이 지역 토지의 여러 곳에 환경 보호의 정도에 따라 중심과 완충 지역의 경계를 만들고, 이들 경계 내에는 특정 보존 수단이 법규에 따라 행해지도록 하는 것이다. 그러나 베두인 지역 공동체 거주자들에게는 토지에 경계를 만드는 것이 이질적이었다. 이들은 자원을 유동적인 방식으로 정의한다. 보존의 정도는 공동체의 필요와 더불어 연간 그리고 보다 긴 시간 동안 특정 시점에 다양한 식물 자원에 가해지는 가뭄의 정도에 따라 유연하게 정해진다. 즉 그들에게 보존은 특정 계절 또는 일년 중 필요한 시점에 행해지는 일시적인 수단이다. 이러한 순환적이고 일시적인 보존과 자원에 대한 지식은 서양의 규정된 공간 내에서 특정 행위를 금지 또는 제재하는 정의와는 다르다.

환경 관리에 대한 지식의 차이는 아카시아 나무 보존에 대한 베두인과 서양 보존주의자 간의 상충되는 입장에서 구체적으로 드러난다. 베두인들에게 아카시아 나무는 가장 중요한 경제 자원으로 지속가능한 방식으로 이용된다. 아카시아 나무에서 자연적으로 그리고 흔들어 떨어지는 낙엽과 열매는 가축 사료로, 나무는 목탄을 만드는 데 이용되는데 아카시아 나무 목탄은 좋은 품질로 평가된다. 아카시아 나무와 덤불에 대한 경제적 권리는 복잡하다. 같은 나무에 대해 특정 가족은 저절로 떨어지는 낙엽에 대해서만 권리를 가지고, 다른 가족은 나무를 흔들었을 때 떨어지는 낙엽에 권리를 가지고, 또 다른 가족은 목탄을 만들기 위해 죽은 나무에 대한 권리를 가진다. 다른 나무의 경우 한 가족이 모든 권리를 가지는 경우도 있다. 이런 상황에 더하여 일년 중 어느 기간 동안에는 자원을 채취하는 것에 대해 특정의 제재가 가해지기도 하고, 또 어떤 때는 채취가 가능해지는 경우도 있어 더욱 복잡하다. 새로이 설정된 환경 보호구역에서 아카시아 나무 제거가 금지된 것은 더욱 뚜렷한 입장 차이를 보여 준다. 1998년 아스완하이댐 호수의 물이 전례 없이 수위가 높아져 많은 성숙한 아카시아 나무들이 범람으로 죽었다. 전통적으로 베두인들은 목탄을 만드는 데 죽은 나무를 사용한다. 그러나 현재는 이 나무들이 서양의 보호 방식으로 설정된 보호구역에 있기 때문에 사용이 금지된다. 당연히 베두인들은 이러한 형식적인 서양의 방식에서 어떤 설득 논리도 찾을 수 없었다.

지역 지식에 기초한 방식은 장기간에 걸쳐 부족한 자원을 이용하며 보전하는 전통적인 체계로, 그 지역에 경제적·문화적으로 배태된 것이며 그들의 공동체적 이해를 충족시키는 방식으로 이어져 오고 있다. 서구식 개발 프로그램이 성공을 거두기 위해서는 그 지역 사람들의 관점과 행동에 대한 이해가 선행되어야 한다. 실제, 주민들의 지역 지식에 기반한 유연한 보전 체계는 중요한 대안 전략을 제공해 줄 수도 있다(Briggs and

Sharp, 2004).

환경 관리에 대한 과학 지식과 전통 지식의 갈등은 최근 흥미롭게도 공유지의 비극에 대한 두 가지 해법, 즉 정부가 나서서 목초지에 풀어놓을 수 있는 양의 수를 제한하거나(정부 개입), 목초지의 소유권을 나눠 목자들에게 배분하는 방식(사유화)에서 모순이 드러나자 지역 토착 지식이 새로이 재평가되며 관심을 얻고 있다. 특히 근대화 발전을 확대하며 통제와 사유화를 통한 자원 관리 방식이 환경 악화로 치닫고, 빈곤한 농부들의 생활 기반과 공동체를 파괴하는 양상으로 전개된다는 사례 연구들이 진행되며, 지속가능한 발전을 위해서는 지역 환경 지식의 보고인 공동체의 유지가 필수적이라는 주장이 제기되고 있다. 그러나 근대화 발전의 반대 대안으로 농촌 공동체를 조화와 안정, 인간 복지와 생태 상황의 균형을 유지하는 이상적인 사회 상황을 대변하는 모습으로 고착화하는 사고도 경계해야 한다.

실제 지역 지식은 종종 공동체 내 구성원 간에서도 불균등하게 자리 잡고 있으며, 서구의 근대적 기술과 독립적으로 형성되었고 대립되는 속성을 가지고 있다는 단절된 사고는 제한적이다. 또한 공동체는 고립된 집합체가 아니라 통합된 사회 분화의 한 종류로 변화하는 상황에 적응하며 구성된 제도의 집합체로 이해하는 사고가 필요하다. 지역 지식과 공동체를 실효성 있는 발전 경로를 만드는 방안의 하나로 고려한다면 지역 지식은 지역 환경 상황에 대한 상세한 지식에 과도하게 초점을 맞추는 관심을 넘고, 공동체 구성원들은 지역 상황과 더불어 내부적으로 분화된 사회 집단들이 공존하는 지혜를 만들 필요가 있다. 지역 지식은 외부 상황으로부터의 경쟁과 충격, 외부 효과를 수용하며 구성원들이 공동체 호혜적으로 만들어 가는 과정으로 고려하고, 공동체 또한 시장 상황, 정부, 국제기구의 지식과 접근도 포괄하며 지역 지식과 내부 결속을 강화시키는 노력을 기울일 때 지속가능한 제도로 자리매김할 수 있을 것이다.

2. 지속가능한 공유 자원 관리 사례

자연의 이용과 관리에 대한 시장환경주의적 사고는 규제와 재산권을 보편적 방식으로 적용하며 확대시키고 있지만, 환경 상황은 크게 개선되지 않았다. 과학 지식은 지역 생태에 무지해 역사적으로 생산성이 있고 지속되었던 지역의 생산 관습을 붕괴시키는 경우가 빈번하다. 자원에 대한 정부의 통제는 지속가능성 또는 보존을 명분으로 지역의 생활과 사회 체계를 붕괴시키고, 지구 차원의 공공재 보존 담론은 다른 의도를 가진 정치적 전략으로 드러나고 있다. 그러나 다른 한편에서는 공동체 중심의 자연환경에 대한 공공재 가치를 부각시키며 공유재의 비극이 아닌 공유재의 희망을 추구하는 노력 또한 기울이고 있다.

공유재는 아무런 제한 없이 누구나 출입하여 자신의 이익을 위해 사용할 수 있는 대상이 아니라 특정 지역을 배경으로 집단 외부의 사람들을 배제한 채 공동체 구성원들에게만 접근과 이용을 허락한다. 또한 공유지는 공동체의 규범과 규칙에 의해 공공의 용지로 남아 있도록 관리되어 왔다. 공유지에 대한 이해는 선진국 주도의 근대화 관점에서 생각하는 것과는 달리 사회에 따라 다양한데, 특히 전통 사회에서의 공유지는 무주공산이 아니라 사회적 규범과 가치를 담은 사회 제도로 존재해 왔다는 사실을 이해할 필요가 있다. 공유지의 공공성은 비용 대 효과 논리로 설명할 수 있는 것이 아니라 지속가능한 발전이 환경과 사회를 모두 포괄하는 역할을 하고 있다는 점에 초점을 두어야 한다. 공유재와 공동체는 제3세계에서는 생계와 직결된 문제이며, 시장 원리 기반의 자원의 이용과 관리 방식의 한계를 넘는 대안으로 고려해 볼 수 있다. 다음에서는 공동체 기반의 공유재 관리 경험을 삼림과 어업의 사례를 통해 세부적으로 소개해 보고자 한다.

1) 삼림 이용과 관리 사례

근대 역사에서 삼림의 대부분은 법적으로 정부가 소유한다. 이는 중세 유럽에서 시작된 전통으로 영주의 이익, 국왕을 위한 삼림 생산물과 야생동물의 공급을 지속적으로 유지하기 위해 관리되었다. 이러한 정부 소유권과 관리 전통은 16~17세기 다른 식민지로 확대되었다. 아프리카, 아메리카, 남부와 동부 아시아에서 신생 정부는 모든 자연림에 대한 권한을 원주민으로부터 박탈해 공공 삼림기구로 넘겼다(White and Martin, 2002).

역사적으로, 식민 시대나 현재 모든 정부의 삼림기구는 목재의 채취, 특히 인도네시아의 티크, 필리핀의 마호가니와 같은 값비싼 나무들을 수확하기 위해 조직되었다. 이러한 단단한 나무들은 1950년대 필리핀의 경우 1000만 헥타르를 덮고 있었으나, 지역 농부나 삼림 거주자들이 아닌 정부 주도로 이루어진 상업용 목재 채취 계약에 의해 1980년대에는 220만 헥타르로 감소하였다. 지속되는 상업용 채취는 지역 주민에게 임금이나 취업 기회 면에서 그다지 혜택을 주지 못하며, 부채 위기 때마다 도시의 빈민들이 농촌으로 이주하며 삼림 지역은 농지를 만들기 위해 나무가 제거되고 개간되어 문제를 더욱 악화시킨다. 정부의 벌목과 지역 주민에 대한 삼림 봉쇄는 주민들의 강렬한 저항으로 방해받고 있으나, 삼림 감소의 위기에 대한 정부 관료들의 보존 노력은 통제로 일관하고 있다(Springate-

Baginski and Blaikie, 2007).

보존의 역사는 단순히 나무 보호와 플랜테이션이 아니라 정치권력의 표출로도 드러나는데, 인도네시아 자바 섬에서 약 150년에 걸쳐 이루어진 티크 삼림 벌목은 배타적으로 관리되어 지역 주민들은 불법 거주자 또는 잠식자로 간주되었다. 국제적인 삼림 보존에 대한 관심과 조직은 보호라는 이름으로 생겨났지만 지역 주민의 이익은 대다수 무시된 비인간적 의제였다. 식민 시대 이전의 자바 삼림은 왕에 의해 지역의 사용권과 서로 얽혀 만들어진 복잡한 계약에 의해 통제되었다. 비록 평등하고 민주적인 방식으로 관리된 것은 아니지만, 식민 정부의 법률과 시장의 합의 아래 정부 통제하의 삼림 통합이 늘어났다. 일찍이 1800년대 후반 경작되지 않은 모든 지역들은 정부가 점유하였고, 네덜란드 삼림 전문가들은 삼림보존 구역을 설정하며 직접 통제하는 삼림지를 엄청나게 확장했다. 그로 인해 1940년 일본이 자바를 식민화했을 때 정부 통제에 있는 삼림 지역은 삼림법이 시작되었던 1865년의 190만에서 300만 헥타르로 증가해 있었다. 더욱이 점진적으로 새로운 세금 규정에 따라 임금 노동자들에 의해 삼림 활동이 이루어지던 19세기 후반의 경제 상황에서는 농부들이 점차 삼림 벌채 노동자로 바뀌어 있었다.

유사하게 네덜란드 동인도회사의 식민 삼림 관리는 생산자에게 제한된 이용 권한을 사회적 상품으로 연장시키는 일에 몰두하였다. 특히 삼림 관료는 온정주의적인 상호 혜택의 신념을 가지고 있었는데, 이는 모순되게 전통적으로 생산자에게 속하던 토지를 취득하는 한편 제한된 토지 보조를 종종 답례로 제공하였다. 1930년대를 지나며 삼림국은 농부들에게 1년 또는 2년 동안 농산물을 재배하도록 토지를 임대하며 이전에는 지역 부장과 귀족만이 행하던 토지 소유주와 토지 행정가의 역할을 정부가 담당하였다. 토지와 생물종의 독점적 혜택이 정부에 귀속됨에 따라 삼림 거주자들은 점차 삼림지와 생물종에 대한 법적인 이용 권리를 잃어버리게 되었다. 그럼에도 불구하고 정부의 삼림 통제는 네덜란드가 떠난 이후에도 오랫동안 보다 큰 국가의 목적을 위해 필요하다는 명분으로 지속되었다.

이러한 정부 통제에 자바 삼림 생산자들은 처음에는 무관심했으나 나중에는 맹렬하고 조직적인 운동으로 대항하였다. 삼림에 대한 정부 통제가 독립 이후에도 지속되고 삼림 관리가 점차 대규모 토지 소유 엘리트와 협력하는 반군사화된 경찰력의 형태를 보이자, 빈곤한 생산자들은 점차 대규모 상업 갱단 또는 집단으로 나무를 벌채하고 티크 삼림을 약탈하였다. 이러한 삼림 보존의 세계에 포함된 정치적 과정은 모순된 현실로 나타나 '풍부한 삼림, 가난한 사람'으로 표현되었다(Peluso, 1992, 로빈스, 2008에서 재인용).

1980년대부터 주요 국가들은 삼림 소유권 제도를 바꾸기 시작했는데 세 가지가 그 배경을 이룬다. 첫째, 많은 나라에서 공식적인 삼림 체계가 원주민과 지역 공동체의 권리와 주장에 대해 차별적이라는 것을 인식하였다. 대략적으로 라틴아메리카, 서부 아프리카, 동남아시아의 열대우림에는 삼림에 의존하는 원주민이 약 6000만 명 정도 있는데, 이 중 400~500만 명이 삼림 자원에 의존한다고 추정된다. 이들 원주민은 정부가 인정하는 것보다 더 넓은 면적의 삼림에 대한 합법적인 소유권을 주장하고 있다. 국제회의와 국가 단위 정치적 운동에서는 원주민의 전통적 소유권 주장을 인정해야 한다는 움직임이 거세다. 둘째, 정부와 삼림 관리 기구가 종종 공공 삼림에 적합한 책임자이지 못했다는 인식이 늘고 있다. 많은 나라에서 공공 소유는 삼림 보호와 관리에 효과적일 수 있으나, 다른 나라들은 효과를 높이기 위한 관리 구조와 능력을 발전시키지 않았다. 개발은 공공 삼림의 합법적 이용이지만 많은 곳에서 정치적 선호나 조직의 자금을 위해 남용되었다. 불법 벌목과 부패는 줄고 있지만 아직도 상당한 액수이다. 셋째, 소유권 정의의 문제를 넘어 경제 발전과 환경 보호가 수렴하고 있다. 원주민과 지역 공동체 집단은 안정된 권리가 없어 장기적인 재정적 자극이 부족해 삼림 자원을 자신들의 발전을 위해 경제성 있는 생산적인 자산으로 이용하려 한다. 점차 삼림 관리에 지역 공동체가 연방, 국가, 지방 정부보다 적합하다는 증거가 드러나고 있다. 생물학자와 보호구역 전문가들 또한 인간과 자연의 상호작용에 대한 관점을 바꾸기 시작해 원주민의 전통적인 관리 방법이 생물종 다양성 보전과 생태계 유지에 긍정적일 수 있다고 인정하고 있다. 이러한 긍정적인 결과는 삼림을 공동체가 통제하도록 양도하면서 얻을 수 있으며, 공동체 소유권은 삼림 파괴 의욕을 저지하는 결과로 나타났다(Springate-Baginski and Blaikie, 2007).

공동체 삼림 관리 개혁은 1980년대 이후 동남아시아 여러 지역에서 지역 주민의 요구와 보존 관리 기구의 요구를 조화시키려는 시도로 시작되었다. 모든 농업 삼림, 농장 삼림, 사회 삼림, 공동체 삼림은 지역 경제와 생태 환경을 향상시키고, 동시에 주민들이 삼림 변화를 조절하며 그들의 적응을 도와주는 형태로 고안되었다. 그러나 뿌리 깊게 새겨진 삼림 지역 생산자와 주민의 사회 관계와 중앙정부 정책의 정치적 지향은 지속되었다. 자바의 경우 지역 주민을 위해 고안된 삼림지 이용 권리를 증가시키는 사회 삼림 개혁은 실패로 끝났으며, 불법 티크 밀렵은 지속되고 있다. 오늘날의 삼림 관리도 독립 이전 식민 정부의 방식을 거의 답습하고 있다. 자바는 다른 동남아시아 국가들과 마찬가지로 자원에 의존하는 주민들을 철거시키는 방식의 삼림 보존 신념을 오랜 역사 전통으로 유지하고 있는 대표적 지역이다. 이 신념은 최근 이 지역의 산림을 민주적인 사회적 삼림 관리로의 변화 노력을 저지시키고 있다. 삼림 정책이 식민 시대와 후기식민 시대에 같은 모습을 보이는 것은 상대적으로 안정된 오랜 관료적 삼림 관리의 산물임과 동시에 정부 통제의 신념으로 보존이 깊이 자리 잡고 있기 때문이다(Peluso and Vandergeest, 2011).

제3세계 지역을 대상으로 이루어진 연구에서는 삼림 감소의 원인을 일반적으로 인구 증가와 개인의 상품을 사회 비용으로 얻으려는 공유재의 비극에서 찾는다. 인도네시아, 말레이시아, 필리핀 등의 동남아시아 국가들은 영국의 5배에 이르는 약 1억 2000만 헥타르의 열대 삼림을 가지고 있다. 이들 국가는 또한 일 년에 1~3.5퍼센트에 이르는 공식적인 삼림 감소를 겪고 있어, 삼림 축소를 늦추거나 중단시키기 위한 사회적, 법적 기구를 만드는 등 오랫동안 보존 계획과 투자를 시행하고 있다. 동남아시아의 삼림 위기를 설명하는 데에는 빈곤, 인구 증가, 공동 재산의 경쟁 등이 언급된다. 연평균 인구 증가율(말레이시아 2퍼센트, 필리핀 1.9퍼센트, 인도네시아 1.4퍼센트)과 함께 농업용 토지와 난방용 목재의 수요가 이 지역의 삼림 식생을 감소시켰을 것이라고 주장한다. 그러나 최근의 삼림 보존 방안들은 농부, 삼림 거주자 그리고 다른 공동체로부터 격렬한 반대에 부딪치고 있다. 자치와 저항에 뿌리를 둔 지역 주민의 생활 신념은 삼림 전문가들이 그들을 삼림 자원에 대한 배타적인 관리자로 간주함에 따라 심각한 갈등 양상을 보이고 있다. 또한 현재의 통치 규범은 공식적인 정책 문서에는 없더라도 자원이 삼림 주변 지역에서 정부의 중심 지역으로 흘러 들어가도록 관례화되어 있어 이를 뒤바꾸려는 노력에도 불구하고 지속되고 있다. 공동 관리와 사회 삼림을 위한 집합적 수단들이 삼림 보전 실패에 대처하기 위해 생겨났지만 정부 부패 때문이 아니라 국가 이념 그리고 발전 모델과 맞지 않기 때문에 채택되지 못하고 있다(로빈스, 2008).

삼림 개혁이 실패한 또 다른 이유는 이 프로그램의 혜택이 지역 삼림 전문가와 좋은 관계를 유지하고 있는 사람들에게만 국한되었기 때문이다. 삼림 관리자와 귀족 간에는 오래된 깊은 충성 관계가 형성되어 있는데, 이것이 사회 삼림 지원과 자원의 배분을 제한하고 결정한다. 토지에 접근할 권한을 얻을 수 있는 가장 빈곤한 가구들은 이러한 프로그램에 효과적으로 참가할 충분한 자본을 가지지 못했다. 장기적이고 진보적인 개혁을 망치게 한 가장 분명한 원인은 이런 구조적인 장애였는데, 사회 삼림의 실패는 삼림과 토지 악화의 원인에 대해 서로 다른 이해와 의도를 가지고 있어 분열로 이어져 개혁은 불가능했다. 아마 가장 뜨겁게 논의되었던 문제는 무엇이 삼림 자원의 감소를 불러왔는가를 설명하는 것인데, 삼림 전문가는 장기적인 인구 증가에 의한 것으로 본 반면 지역 주민은 관리들이나 외부로부터 시작된 갑작스런 사건이나 영향을 강조한다. 삼림 전문가와 지역 주민은 이 악화의 정도와 원인에 대해 서로 상반된 입장을 보였으며, 양측은 각각 자신들의 뿌리 깊은 신념에 도취되어 있었다(White and Martin, 2002).

정부는 자연의 지속적인 이용을 추구하며 불법 이용에 대응하고자 하며, 민간 기업은 믿을 만한 목재와 섬유를 필요로 하고, 원주민과 지역 공동체 그리고 이들의 지지자는 공동체 권리의 인정과 광범위한 정치적 참여를 요구하며, 환경 보호기구들은 지역 소유권을 훼손하지 않는 보전을 추구한다. 이러한 입장 대립에서 지난 수십 년간 정부의 공공 삼림 관리의 한계가 드러나고 원주민과 지역 공동체의 합리적 주장이 지속적으로 이어지며 많은 국가에서 지역 공동체로 접근권과 소유권을 이전하기 시작하였다. 이러한 변화는 1970년대 라틴아메리카에서 시작되었고, 1990년대 후반 아프리카에서 탄력이 붙었으며, 가장 최근에는 아시아로 확산되고 있다(표 11).

보편적으로 공공 삼림 소유는 공동체 소유권을 인정하고, 공공 삼림 관리와 공공 벌목을 지역 공동체에 양도하는 지원의 세 가지 방향으로 나타나고 있다. 공동체 소유권을 인정하는 개혁은 삼림에 의존하는 민간 공동체의 재산권을 인정하는 것으로, 이는 문화적 차이와 자율 결정권에 대한 필요와 연계하여 이루어졌다. 원주민과 공동체에 한정된 권리의 양도는 인도와 네팔에서 나타나는데, 공식적으로는 공공 토지이지만 관리와 혜택을 누릴 수 있는 제한된 권리를 양도하는 것이다. 아프리카에서는 탄자

표 11. 최근의 공동체 삼림 보유를 강화하는 법적 개혁

국가	입법	법적 개혁의 주요 특징
브라질	1988	헌법이 원주민 집단과 이전 노예 공동체가 전통적으로 거주하던 토지에 대한 조상 전래 권리를 인정. 연방정부는 공공용지 중 원주민 보호구역을 설정하고 이들 원주민 집단의 토지 권리 보호를 보장해야 하는 책임 담당.
콜롬비아	1991	1991년 헌법이 원주민과 아프리카-콜롬비아 전통 공동체의 집합적 영토 권리의 틀을 설정하고 인정.
잠비아	1995	관습적 보유권을 인정하지만, 강력히 임차로의 전환을 권유하며 관습권은 이용 불가능.
오스트레일리아	1996	연방정부가 소유권을 전통 원주민 집단에 돌려주고, 일부는 국립공원을 위해 국립공원야생동물국에 재임대.
볼리비아	1996	공동체 집단의 조상 전래 권리가 삼림 양도권 보유와 중복될 경우 앞선 것으로 인정. 후속법은 공동체 권리를 강화.
필리핀	1997	1987년 헌법이 조상 전래의 지배권을 보호. 1997년 원주민 권리법은 원주민의 소유권 개념에 준하는 법적 조상 전래의 지배권을 인정.
모잠비크	1997	관습적 권리가 이용 가능.
탄자니아	1999	관습적 보유권이 등록이 되었든 되지 않았든 법적으로 보호. 관습적 권리 이용 가능.
인도네시아	2000	관습적 소유권이 인정될 수 있는 새로운 규제법을 최근 설정.
우간다	2000	정부는 2000년 구역과 지역 위원회로 이전하는 의욕적인 프로그램을 시행 수정안 제시.

출처: White and Martin, 2002

니아, 감비아, 카메룬이 이를 시도하고 있다. 이는 협동 관리 또는 공동 관리로 알려졌는데, 정부가 효과적으로 공공 삼림을 관리하는 데 한계가 있는 경우 그리고 이미 상당한 벌목이 이루어져 민간 기업이 관심을 표방하지 않는 경우에 나타난다. 인도네시아의 경우 협동조합을 만들 경우 공공 삼림에서 벌목을 할 수 있도록 했는데, 기업들을 중심으로 협동조합이 결성되자 정부는 이러한 경우에는 일방적으로 권리를 무효화시켰다.

이러한 삼림에 대한 정부 권한을 공동체로 이양하는 것은 지역 사회에 혜택을 주어 소득 향상으로 이어지며 이에 상응하는 자원 관리의 책임이 지역 사용자에게 부과되었다. 정부의 관리권을 지역 공동체에 양도하는 캐나다, 라오스, 과테말라와 같은 나라에서는 전통적인 산업적 벌목 또한 원주민과 지역 공동체에 양도한다. 캐나다 브리티시콜롬비아 주정부는 벌목 기업에 양도한 권리를 원주민과 연합한 새로운 기업에 넘기는 것을 허락하였다. 과테말라는 민간 기업이 아니라 지역 공동체에 벌목 권한을 양도했고, 라오스는 마을과 50년간 관리 계약을 체결하였다. 전반적으로 삼림 관리의 질은 향상되었고, 불법 벌목은 줄었으며, 정부에 지불하는 채굴권 액수는 늘었다(White and Martin, 2002).

인도와 네팔의 경우는 지역 삼림 이용자, 공동체 기반 조직, 활동가, 지식인, 비정부 기구 등 다양한 집단들이 제안하고 있는 공공 삼림 관리(Public Forest Management)의 사례를 대표적으로 보여 준다. 공공 삼림 관리는 관습, 윤리 경제, 효율성, 형평성, 인권, 사회 경제의 주장을 담고 있는데, 이러한 관리 방안은 외부 침입, 제약, 탈취에 대응하여 등장한 것으로 지난 300년간 유럽과 북미에서는 보편적이었다. 이는 지역 가치, 전통과 관습을 강조하는 대중적인 주장으로 반정부적이며 반기업적인 성격을 보인다(Springate-Baginski and Blaikie, 2007).

공공 삼림 관리의 논리를 보면, 삼림은 지역 공동체의 공동 재산인 공유재로 주민들은 자신들의 생계를 위해 삼림의 이용과 통제권을 유지해야 한다. 물질문화는 관습적 생계 관행으로 삼림과 거주민, 농업-목축의 이동 방목, 삼림 보호, 노동 공유 등이 서로 밀접히 연계된 것이다. 정부는 삼림 이용자, 특히 빈곤층의 생계에 대한 책임을 포기한 상태여서 윤리경제가 적절한 요소로 작동한다. 자연적 정의와 윤리 경제는 정부가 주민의 삼림 이용 권한을 폐지한 것에 대한 저항에서 등장해 지역의 집합적 자원과 관습적 보유권으로 자신들 권리의 합법성을 방어하는 입장이다. 여기에 개인의 탐욕과 경쟁은 공유재에 대한 윤리적 의무로 조절된다는 윤리 경제를 강조한다. 공동체 기반 자원 관리와 이용 주장은 1980년대부터 학문적으로 구체화되고 국제 원조국들이 채택하였다(Springate-Baginski and Blaikie, 2007).

공동체 기반의 자원 관리는 우선적으로 정부의 환경 관리 참여에 대한 비판에 기초한 것으로 비용이 많이 들고 종종 신뢰할 수 없는 부패하고 경직된 관료 제도를 극복하기 위한 방안으로 등장했다. 이 관리 방식은 또한 정부 또는 민간의 전유로 파편화된 공동체의 결속과 형평성, 자연적 정의, 생계 유지 수단에 대한 권리 측면에서도 지지를 받는다. 이는 빈곤층에게 안전망을 제공해 줄 수 있고, 지역의 생태적 특성과 복잡성에 잘 대응하는 효율적인 관리 결정을 가능하게 하며, 삼림 토지에 대한 임차권을 안정화시키고, 정부가 관습적 임차권을 폐지하면서 생긴 개방된 접근의 문제를 완화시키며, 민주적인 지역 통치를 가능하게 한다는 것이 강점으로 부각된다(White and Martin, 2002). 이러한 지역 공동체 기반 관리는 농촌 발전, 공동체 발전, 농촌의 지속가능한 생계를 위한 혜택을 주는 시발점이 될 수 있다고 평가받는다.

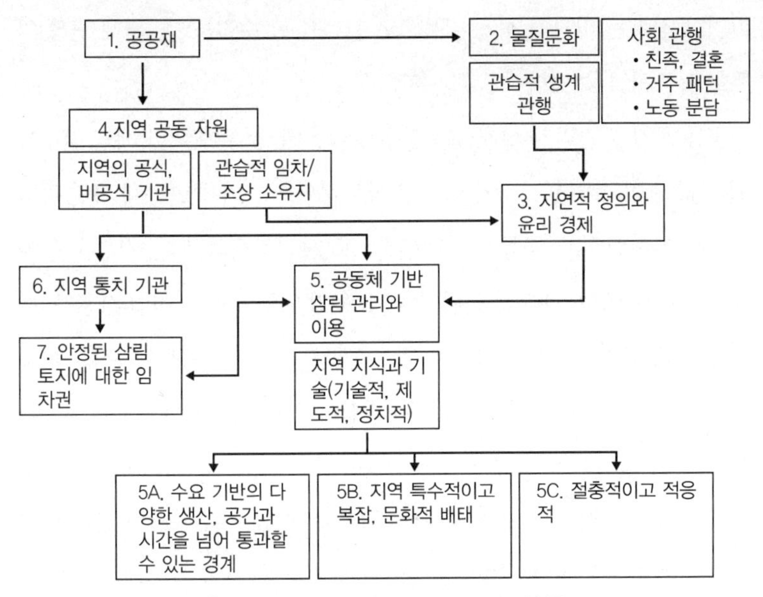

출처: Springate-Baginski and Blaikie, 2007

그림 22. 공공 삼림 관리 논리: 1980년대 이후의 대안 모델

세계 대부분의 나라에서 상당히 오랫동안 적용되어 왔던 방식인 공동체 기반 자원 관리는 식민 시기와 근대 국가의 성립 이후 사라졌지만, 아직도 상당한 정도 운영되고 있어 정책 결정자, 비정부 기구, 원조국들에 의해 재발견되고 있다. 공동체 기반 자원 관리 사고는 지역 공동체가 지역 주민에 의해 이미 발전된 관리 체제 아래에서 지역 자원을 관리해야 한다는 것으로 사유 재산과 국유 재산 사이 제3의 주요 재산 체제를 형성한다. 이는 자연 자원의 지속가능성과 이를 관리하는 지역 주민의 복지를 추구할 수 있는 장점을 가진다. 그러나 공동체 관리 제도 또한 현실적으로 상업화, 불평등의 심화, 인구 증가, 공동체 결속의 붕괴 등의 원인으로 국가와 시민사회로부터 정치적·경제적인 도전을 받는다. 정부 또한 공동체에 의한 자원 관리를 인식하지 못하는 경우도 있어 시행착오를 겪기도 한다.

그러나 정부는 비교적 적은 비용으로 관리를 할 수 있으며, 국제 협상 의무를 충족시킬 수 있다.

공동체 자원 관리가 실패하는 경우도 많은데, 정부에 의한 책임 전가가 권리 없이 이루어졌고, 실제 국가는 암묵적으로 초기에 공동체 자원 관리를 국유화시켰으며, 공동체는 내부적으로 사회경제적 차별, 자원 이용에 대한 모순된 이해, 관습적 권위의 붕괴, 유입 인구와 자원 침입 사용자, 공유재 혜택을 권력가가 독점하는 등의 상황으로 인해 동질적인 집단의 공동체는 존재하기 어렵다. 또한 초기 대상 자원은 잠식당하고 사유화되거나 상당히 악화되어 생계 유지에 불충분할 수도 있다. 이러한 비판에도 대중적 삼림 주장은 상당한 지식인과 학자들의 호응을 받으며 국제 비정부 기구의 지지도 얻게 된다. 삼림의 이용에 관한 지역 지식과 기술은 모든 사용자와 모든 이용을 항상 금지하는 단순화된 경계의 운용을 권장하는 중앙 집중의 삼림 통제에 비해 다양한 생산물의 지속가능한 이용을 위해 유연하게 운영되는 시간과 공간의 경계를 허용하는 제도를 가지고 있다. 작물별 특정 활동과 시간은 매우 계절적으로 변동하기에 이에 유연하게 대처하는 복잡한 규정을 지니고 있다(토모야, 2007).

현실적으로 지역 공동체의 협력과 참여 기회가 늘고 있지만, 이해 당사자 간 자연 자원에 대한 이익은 상식적인 방식으로 정의되지 않아 보전 조직 간 그리고 대기업과 자원 배분과 보전을 두고 싸움을 벌인다. 국제 환경 조직은 보전을 사람으로부터 자연을 보호하는 것으로 정의하기에 지역 주민이 인근 자원을 이용하는 것을 제한하고 대신 자원을 보호할 것을 요구한다. 대기업 또한 정부와의 협상과 원조 프로그램을 통해 간섭하게 된다. 이러한 외부의 이해가 이들 삼림에 걸쳐 있어 공동체 기반 자원 관리가 늘고 있다 하더라도 핵심 의사 결정은 상부에서 유지하고 지역 단위로 이양된 것은 다른 곳에서 결정된 사항을 실행하는 경우가 빈번하다(Springate-Baginski and Blaikie, 2007). 공동체 자원 관리에서 지역 주민은 혜택을 받는 것으로 인식되지만 관리 책임만 지고 인근 자원을 사용하는 권리를 가지지 못하는 경우도 많아 효과적인 공동체 기반의 책무를 실행할 능력을 활용하지 못하게 되어 삼림에 의존하는 빈곤층의 생계 개선은 크게 이루어지지 못하는 게 현실이다(Thoms, 2008).

삼림 자원의 보전과 공동체의 의미는 자원 배분의 정치를 내포하고 있어 공간적으로 논쟁이 되기도 하다. 국가와 국제기구에 의해 공식화되고 실행되는 모든 자원 관리 방안의 경우 '이해의 공동체(communities of interest)'의 자원 주장은 종종 자원에 인접한 지리적 '장소의 공동체(communities of place)'와 반대되는 입장을 보인다. 세계 시민들은 브라질과 필리핀의 열대 삼림 공공재에 대한 이해를 주장하고, 국가 삼림의 경우도 모든 시민이 자원 결정에 동등한 목소리를 내고 있는 모습이다. 이러한 이해의 공동체와 장소의 공동체 간 갈등은 일반 국민의 이해와 지역 공동체 간 이해의 모순으로 국가의 보존과 지역 공동체의 보전 간 갈등 양상이 전개된다. 보편적으로 실제적인 자원 관리 업무는 장소의 공동체의 지역 지식과 책무로 완성이 되는데, 그럼에도 불구하고 삼림 자원에 대한 의사 결정권은 브라질이나 필리핀의 경우 연방 기구에 있어 공간 규모의 조율이 필요한 상황이 전개되기도 한다(Selfa and Endter-Wada, 2008).

삼림 관리에 대한 과학 지식과 이의 정치적 이용 그리고 지역 지식과 지역 주민의 권리에 기초한 갈등을 넘어 양자의 입장을 동시에 고려하는 합리적 방안 또한 제안된다(Klooster, 2002). 멕시코의 라구나산타페(Santa Fé de la Laguna) 지역의 삼림 관리 사례는 기본적인 생태계에 대한 관점에서부터 관리를 위한 조사 방법, 형평성과 권력에 이르기까지 다양한 과학 지

표 12. 과학적 그리고 지역 실천의 삼림 관리 목표와 특징, 멕시코 라구나산타페

	과학적 삼림	지역 지식과 실천
생태계 관점	계승	농업 순환 주기
관심 나무종	소나무 줄기	소나무, 오크 등; 가지, 죽은 나무
식생 내 선택	-지배적인 개체의 제거 -병걸린, 훼손된, 불완전한 또는 죽어가는 개체의 제거 -종자를 위해 대다수의 건강한 개체 보존	-지배적인 개체의 제거 -불에 탄, 병 걸린, 죽은 그리고 죽어가는 나무 개체의 제거 -젊은 나무의 성장을 위해 성숙한 개체 수확
식종 갱신	-분명한 관리 목적 -부분적 제거가 소나무 재생에 적합한 환경 조성	-소홀한 관리 -화재, 곤충 피해, 농업 포기가 소나무 재생에 적합한 환경 조성
자원 지식	항공사진, 식생표본, 지도, 관리 계획	도보와 관찰
기록과 전달	기록, 지도, 항공사진	기억, 구술
감시	관리 계획과의 비교	개인적 경험
현장 실험	소홀하고 부주의	소홀하고 부주의
제도적 감시	없음	공동체가 벌목자 간 행동을 관찰·수집
공간	엄격한 통제, 구역화, 위에서의 관찰	이동의 자유, 통로에서의 관찰
형평성	문제가 아님	중심적인 관심
권력	임업자와 정부에 집중	벌목자들에게 분산

출처: Klooster, 2002

식과 지역 지식의 차이를 드러낸다. 이는 앞서 언급한 환경과 자원의 고갈을 막기 위해 취하는 보존과 통제의 과학적 접근이 정치 권력의 호혜로 나타나 지역 주민과 공동체의 반발에 부딪치게 되는 경우와 유사한 대립적 입장을 보여 준다.

그러나 양자의 입장이 서로 협조해야 할 필요성은 과학적 그리고 지역 지식 기반의 관리 방안이 각각 한계를 노정시키는 것에서 찾을 수 있으며, 또한 환경 관리는 담론의 차원을 넘어 현실적인 문제로 우리에게 다가와 있기 때문에 현실적으로 양자를 포괄하는 입장은 중요한 의미를 갖는다. 과학 지식과 지역 지식은 실재하는 자연의 상황과 반응하며 상호적 학습

을 지속하며 유연하게 적응하는 관리 방식을 모색하는 것이 현실적 최선으로 제안된다. 특히 근대화 과정에서 폄하되어 인정받지 못하던 주민의 경험과 지역 공동체의 의견을 반영하는 지역 지식의 중요성을 반영한 접근은 지속가능한 자원 관리를 위해 중요한 진전이라 하겠다.

2) 한국의 공유재 관리 전통

한국에서 자연을 이용한 전통적 사례는 환경 이용과 관리에 중요한 교훈을 주는데, 하나는 조선 시대 삼림 관리에 적용되었으나 일제강점기 동안 거의 사라진 송계 제도로 완벽하지는 않지만 전통적인 공유지 이용 원칙이나 관행을 파악할 수 있다. 다른 하나는 현재에도 일부 어촌 지역에서 적용되고 있는 해안 마을어장의 관리와 관련한 전통과 규율들이다. 이와 같은 사라진 삼림 관리 전통과 현재 존속하는 해안 마을어장 관리 사례를 통해 전통적인 공유지 이용 관행과 지혜가 지속가능한 발전을 지향하는 미래의 환경 관리에 주는 교훈을 찾아보고자 한다.

(1) 송계 – 사라진 전통

송계는 조선 후기 산이 사적으로 점유되던 상황에서 산과 산림을 지역사회의 공유지로 유지시켰던 제도로 전통적인 공유지 이용 관행의 대표적 사례라고 할 수 있다(Chun and Tak, 2009; 강성복, 2009; 윤순진, 2002). 조선 시대의 산림은 온 나라의 백성들이 다 함께 이익을 나누는 땅이라는 공유지 개념은 표방하였다. 이는 백성 모두가 능력과 필요에 따라 일정한 제약 아래에서 자유롭게 토지를 이용할 수 있는 상황을 의미한다. 과거 땔감과 비료는 생존권과 직결된 문제였던 만큼 다수의 민중들이 관공서로부터 점유권을 인정받거나 매입하는 방식으로 산림을 확보한 것이 송계였다. 당시 지역 주민들은 계 형식으로 송계 혹은 금송계를 조직하여 마을 공유지를 공동으로 소유 또는 이용하며 관리하였다. 송계는 산림의 보호와 소나무 숲이라는 산림 자원을 지속적으로 활용하기 위해 결성된 조직체로서, 특히 조선 후기 권세가들이 산림을 사유화시키며 공용지의 면적이 크게 축소되는 과정에서 백성들이 이용할 수 있는 산림이 제한되어 연료의 수급이 부족해지는 상황에서 생겨났다.

산림은 백성들의 공유재라 할 수 있지만 이것을 이용할 수 있는 권리는 상속되거나 양도될 수 있는 것은 아니었다. 산림의 사적 소유는 엄격한 경계의 대상이었으나, 조선 후기에 들어와 왕실과 권세가들에 의한 공용지의 분할과 사적 소유가 늘어나면서 이제까지 견지되어 온 산림 정책의 기조가 크게 흔들렸다. 전반적인 사회 제도의 약화, 특히 임진왜란과 병자호란을 겪은 이후에는 공유지 축소와 불법 벌채가 전례가 없을 정도로 크게 성행하였다.

조선 후기 산림 이용의 급격한 변화 상황에서 백성들이 이용할 수 있는 공공 산림의 면적은 크게 줄어들 수밖에 없었고, 힘없는 백성들이 나름의 자구책으로 마을 공동체 내에서 이 문제를 슬기롭게 극복하기 위해 결성한 민간 자치 조직이 바로 송계였다. 즉 송계는 관으로부터 산림의 사용권을 확보하여 땔감과 비료의 안정적인 수급을 도모하는 유력한 대응이었다. 국가에서도 산림의 황폐화를 막을 수 있는 효율적인 관리 방안으로 송계를 적극 권장하였으며, 이러한 변화 상황에서 송계는 지역 사회에 깊숙이 뿌리를 내리기 시작했다.

조선 후기 송계가 성립되는 일차적인 목적은 당시 유일한 연료인 땔감의 원활한 공급이었으며, 동시에 산지에서 생산되는 논농사에 없어서는

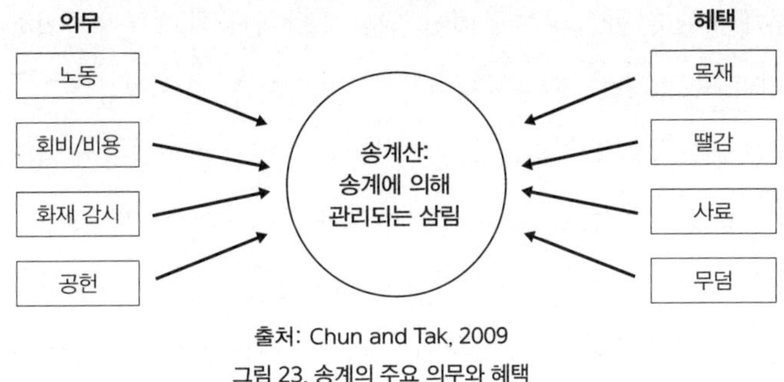

출처: Chun and Tak, 2009

그림 23. 송계의 주요 의무와 혜택

안 될 퇴비와 소를 먹이는 데 필요한 꼴을 확보하는 것도 중요했다. 마을 소유의 송계산은 땔감, 퇴비와 꼴 생산을 확보하는 것뿐 아니라 산속에 밭을 개간하고 무덤을 쓰는 데에도 도움이 되었다(Chun and Tak, 2009). 충청남도 계룡산 일대의 송계 연구에 따르면(강성복, 2009), 이 일대의 산림은 조선 시대 이래 여러 대에 걸쳐 산 아래 마을의 공유림으로 기능하고 있었다. 오랜 세월 이 산에 의지해 살아온 주민들에게 산림은 절대적으로 중요한 자산으로 인식되었으며, 이를 지키기 위해 일찍이 마을 자치 계를 조직하여 산림을 생활 터전으로 관리해 왔다. 19세기 중·후반 이러한 산림 연고권 및 입회 관행은 관으로부터 송계로 승인받아 안정적으로 땔감과 비료가 될 만한 원료를 공급받고 동시에 밭 개간 및 분묘지 확보 등에서 배타적인 점유권을 행사할 수 있었다. 조선 후기 인구가 증가하면서 주거지와 땔감 그리고 식량을 생산할 경작지가 부족해졌으나 이러한 문제들을 산지와 산림을 통하여 상당 부분 해결할 수 있었다.

송계의 회원이 되는 것은 주민들의 자유의사였으며, 사유림을 소유한 가정이나 기타의 이유로 송계에 불참하는 가구도 있었다. 따라서 마을에 거주한다는 조건만으로 송계원이 되는 것은 아니었으며, 가입하지 않은 사람도 송계산의 산림을 이용할 수는 있지만 매년 정해진 산세를 송계에

납부해야 했다. 반면 다른 동네에 거주하는 주민들이 송계에 가입하는 것은 허락되지 않았다. 만일 부득이하게 가입해야 할 경우 일정액의 송계 가입금을 내도록 규정을 만들었는데, 이는 다른 마을 주민의 송계 가입을 원천적으로 봉쇄하려는 의도였다. 마을 내에서 분가한 세대나 이사를 온 주민들은 절차를 거쳐 송계에 가입하게 되는데, 계원의 자격은 별도의 입회금을 내어야 얻을 수 있으며, 분가한 세대와 다른 마을에서 이사 온 신입자에게는 차등을 두었다. 송계의 규정은 지역마다 약간의 차이를 보이는데, 송계가 동계의 하부조직으로 편제된 경우에는 송계를 운영하기 위해 별도의 운영기구를 두지 않고 동계에서 송계산의 관리를 관장했다. 따라서 가구를 분리한 사람과 신입자는 동계에만 가입하면 마을의 구성원으로 인정되어 송계산을 이용할 수 있는 권리가 부여되었으며, 거주 세대는 의무적 가입이 전제되는 경우도 있었다(강성복, 2009). 한편 송계원이 유고 시에 그 자격을 승계하는 경우는 추가 입회금 없이 바로 장자에게 자격이 부여되었다. 송계원이 이사 등으로 마을을 떠나거나 거주지를 옮기면 계원의 자격은 자동으로 상실되었다.

송계의 재정은 개간된 전답의 소작인으로부터 받는 연 임대료와 목재 판매액, 송계에 가입하지 않은 주민들에게 매년 산림 이용 대가로 받는 산세가 있다. 이 밖에 분가한 사람이나 새로운 구성원이 송계에 가입할 때 납부하는 입회금 등이 있다. 지출은 마을 공동의 논이나 밭을 구입하거나, 저수지를 관리하는 기구에 보조금을 주거나, 기타 도로 공사나 야유회 비용을 지원하는 등 마을 공공 사업을 위해 쓰였다.

송계가 추구하고자 했던 중요한 목적은 전라남도 영암군의 구림리 서호송계의 약조에서 찾을 수 있다(김경옥, 2012). 구림리 송계는 우선적으로 소나무 벌목의 금지와 주기적으로 소나무 종자를 파종하는 일 등 산림의

표 13. 전라남도 영암군 구림리 서호송계 약조

- 대송과 치송은 작벌할 수 없고, 종송은 뽑지 않는다. 이를 범한 자는 벌미 5승을 부과할 것.
- 우마를 방목하지 말고, 청지나 청초, 갈기를 채취하지 않는다. 이를 범한 자는 태 15대를 부과할 것.
- 유사는 하유사와 함께 매월 초하루와 보름에 순산할 것.
- 촌인은 물론 상하를 막론하고 이를 범한 자는 발견 즉시 유사나 하유사에게 고발하여 기록하도록 하여 매월 삭망에 계원들이 모두 모였을 때 논죄하고, 혹 대송과 치송을 작벌하거나 종송을 뽑았을 경우, 이를 발견하고도 신고하지 않는 즉 해당 자연촌 주민을 모두 벌하되, 벌미로 5승을 부과하고 하유사를 죄로 다스릴 것.
- 풍락송을 비록 한 가지라도 사사로이 가져간 자가 있을 경우 해당 자연촌 주민들의 죄를 논하고, 하유사를 죄로 다스릴 것.
- 비록 죄목이 가볍다 할지라도 범금자를 발견하면 서로 고발하여야 하고, 혹시 신고하지 않고 발각될 경우 죄로써 다스릴 것.
- 각 리 각 인이 종송처를 표시하고 혹은 고사한 즉 계원들을 동원하여 다시 파종할 것.
- 송가는 각 촌에 분급하여 성실한 자로 하여금 이를 취하게 하여 촌중에 필요한 용도로 사용하도록 하고, 3년에 한하여 이자를 모은 후에 동중에 사용할 것.
- 약조를 지키지 않는 자는 상하를 막론하고 물과 불처럼 서로 통하지 않도록 하고, 상을 당한다 할지라도 조문하지 않으며, 화란을 당하여도 서로 구제하지 않으며, 농사에 있어서도 서로 종자를 제공하지 않으며, 평상시에도 서로 왕래하지 말 것.
- 인촌 사람들이 죄를 범하여도 죄를 벌하고, 이를 수용하지 않을 시 한마음으로 관에 고하여 중죄로 다스리도록 할 것.
- 촌인이 혹은 타 처에서 소나무를 작벌해 왔다 할지라도 촌중에 알릴 것.

출처: 김경옥, 2012, 294-295에서 인용, 수정

보호와 육성을 강조하고 있는데, 법을 어기는 자의 감시를 담당하고 송계에서 생기는 이익금은 마을의 공동 기금으로 사용하였다. 특히 서호송계는 이 기금을 교육 지원 사업에 사용하였다.

송계는 공동 규범과 규칙을 통해 소나무를 보호, 육성하면서 적당한 양의 벌목과 벌채를 위해 시기와 기간을 정했으며 남벌과 도벌을 엄격히 금지했다. 또한 산림보호 규약을 두어 한 번에 대량으로 벌채하여 산림의 지속성을 훼손하지 않도록 하였다. 금송계가 시행되는 마을은 자율적으로 금송의 규율을 지키면서 송계산을 보호하는 대신 관으로부터 형벌에 관한 사법적 권리를 위임받았기 때문에 마을 주민들이 마을 실정에 맞게 지킬 수 있는 범위 내에서 송계의 규약이나 규정을 정하여 위반한 자를 처벌

하였다. 백성들 스스로 송계라는 자치 조직을 만들고 내부 규약을 통해 자칫 관의 횡포로 변질될 수 있는 강제적 금송 정책 집행의 국가 시책을 실천할 뿐 아니라 자신들의 생존을 위해 소나무를 배양하는 효과를 지닐 수 있었다. 벌채에 대한 처벌이 일정량 이상으로 정해진 것은 산림을 이용하면서 남벌을 방지하는 지속가능한 이용에 대한 인식이 있었다고 볼 수 있다. 풀은 별도의 기간을 정하지 않고 각 농가에서 원하는 시기에 채취할 수 있었다. 그러나 땔감을 마련하기 위해 나무를 한꺼번에 자르고, 퇴비 마련을 위해 마을 전체가 일제히 풀베기를 하는 작업은 관의 승인을 얻은 다음 공동으로 작업하였다. 산림의 지속가능한 이용을 위해 필요한 목재는 나무의 종류와 굵기 그리고 땔감을 위한 나무 베기는 간벌이나 잡목 제거, 가지치기 등에 한정되어 기간을 정해 송계원들이 직접 참여하여 이루어졌으며, 벌채한 몫의 분배는 참여한 주민에게 같은 몫을 분배해 형평성의 원칙을 따라 이루어졌다. 송계에서 매년 수행해야 하는 가장 중요한 의무는 송계산으로 올라가는 길을 닦는 공동 작업으로 집집마다 한 사람씩 노동력을 참여시켜야 했다.

송계원들은 집단적으로 참여하여 공동으로 작업하고 공동으로 분배하였다. 가구 수에 맞게 구역을 나누고 제비뽑기로 분배하는 방식은 송계산 내의 위치에 따라 땔감의 상태가 다르기 때문에 형평성을 고려한 것이다. 추첨 방식은 자신의 몫에 대해 불만이 없게 공평한 분배를 위한 장치로 작용했다. 논농사를 위한 풀 마련, 특히 모내기 전 지력을 돋우기 위한 바닥풀에 대한 수요가 많아 만일 공동체의 규제가 없다면 산림 황폐화로 이어져 공동체 구성원 모두에게 손실을 가져다 줄 수 있다. 송계의 공동 규제 장치의 하나로 풀이 완연하게 피어나서 자라기까지 기다렸다가 마을 전체가 일제히 풀베기를 시작하는 규정은 개개인의 이기적 자원 이용으로 발생하는 공동체 전체의 피해와 공동 행위에 따른 공동체 구성원 전체의 이익에 대한 인식을 바탕에 두고 있다 하겠다. 풀베기의 시작은 해마다 그 해의 기후와 날씨, 풀잎이 피는 시기를 헤아려 마을회의나 촌로들이 상의하여 날을 잡았다. 풀베기와 관련한 규정인 풀령을 제대로 내리기 위해서는 시간의 흐름에 따른 지역의 생태 변화에 민감한 지식이 필요하였다. 풀을 베어 분배하는 방식도 송계마다 다소 차이가 있었으나 형평성을 중시하여 풀베기에 동원되는 인원을 제한한다거나 풀 베는 구역을 제비뽑기로 나누어 호구마다 배분하거나 혹은 공동으로 풀을 베어 돌아가며 한 집씩 배분하는 등의 방식으로 송계원들 사이에 균등한 분배가 이루어지도록 하였다.

송계는 단지 소나무의 보호와 이용에만 국한된 것이 아니라 백성들의 생활과 매우 긴밀하게 맞물려 있었다. 송계는 땔감과 비료의 공급원이었던 동시에 가난한 백성들에게 분묘 공간을 제공하였고, 임목의 생산과 유실수의 공동 재배, 산밭과 화전의 개간 등 송계가 조직된 대부분의 마을에서는 일정한 금지 규제 아래 산림의 이용을 극대화함으로써 마을의 재원을 확보하고 각종 긴급한 일에 대응했던 것으로 밝혀지고 있다.[1]

송계의 유래는 규제 위주의 권위적 금송 정책의 아니라 공유지의 사유화야말로 일반 백성의 생존을 위협하는 비극적인 상황으로 이어질 수 있음을 역설적으로 보여 주는 사례라고 할 수 있다. 금송계는 지역별 사례들

---

1. 지역 현지조사 연구에 의하면 지역별로 의무나 혜택 그리고 조직 운영을 위한 규율이 달라 서로 차이를 보이는데, 이는 지역별 지리적 특성과 경제 기반(예를 들어 산간, 구릉 지역, 논농사, 밭농사 등), 사회 집단 특성(예를 들어 소작농의 비중, 유교 전통 등) 등에 따라 개별 특성을 가지지만, 보편적으로 한국의 전통적인 산림 관리 조직체의 면모를 보인다. 두레의 보편성과 지역별 특수성 파악도 다양한 지역별, 지역 간 사례 연구에서 유사하게 다루어지는 주제이다(윤순진, 2002; 한미라, 2011; 김경옥, 2012; 주강현, 2006).

이 어느 정도 차이를 보이지만 모두 마을 공동체 중심으로 자율적 운영이 위임되어 있었다는 공통점을 지니고 있었다. 마을 내의 경쟁과 갈등을 최소화하며 주민 전체가 공평하게 혜택을 받을 수 있도록 하기 위해 자치적으로 마련한 제도적 장치였던 것이다. 송계는 주민들의 생존 기반인 한정된 공유지를 보다 많은 사람들이 합리적이고 생태적으로 이용하기 위한 적응 전략으로 형평성의 원칙에 따라 구성원 모두의 최저 생계를 보장하면서 마을 내 사회 분화를 어느 정도 저지하는 기제로 작용했다(윤순진·차준희, 2009).

송계가 발달했던 지역 대부분이 울창한 숲을 이루었다는 역사적 사실은 지역 주민이 자신들의 삶의 기반인 자연의 중요성을 인식하여 나름의 공동 규범과 규약을 마련하고 이를 실천하여 얻어진 결과일 것이다. 송계의 관행은 마을 공유 자원의 이용이 지역 주민의 자발적 참여와 자치적 상호 규제, 제한된 자원의 지속가능한 이용, 형평성 있는 분배, 지역 생태에 대한 지식을 바탕으로 효과적으로 이루어진 것이었다. 송계는 사유화로 인한 폐해를 극복하기 위해 지역 주민들이 자치 조직을 결성, 공유지를 새로이 확보하면서 공동 규칙을 만들어 구성원들을 규제하여 산림 기반을 훼손하지 않으면서 지속적으로 운영하기 위한 제도였다.

송계는 자연과 사회의 조화로운 관계를 보여 주는 사례로 송계산의 지속가능한 이용을 위해 송계가 마련했던 규범과 규칙을 보면, 모든 계가 동일한 규약을 가졌던 것은 아니지만 공통적으로 송계원의 배타적인 접근권과 이용권을 확보하기 위해 입호 제도와 도벌이나 남벌에 대한 처벌 규정, 산림 보호를 위한 공동 노력 등에 대해 규정하고 있다. 환경 악화와 자연의 상품화를 겪고 있는 현대 사회에 송계가 주는 시사점은 공유지가 개인적으로 거래될 수 없는 마을 주민의 공동 소유임을 분명히 하고 공유지의 부양 능력을 넘지 않도록 이용 인구의 증가를 억제하는 역할을 하며, 주민 자치의 원리와 지속가능성과 형평성의 원칙을 유지한다는 것이다(윤순진, 2002).

송계산의 산림은 송계에서 자치적으로 벌목을 엄하게 금지하여 소나무를 비롯한 임상이 매우 좋았다고 한다.[2] 그러나 해방 이후에 곳곳에서 가정과 공장 용도로 남벌이 이루어져 임상이 크게 악화되기 시작해 산림의 황폐화를 가중시켰다. 마을 송계는 이를 막기 위해 기구를 두고 관할 구역을 돌며 벌목과 암매장을 감시했으나 대세를 거스르지는 못했다. 1970년대 산업 사회로 이행하며 송계는 해체 위기를 맞이하는데, 가장 직접적인 원인은 19세기 이래 송계가 수행해 왔던 전통적 기능인 주민들에게 연료 및 퇴비를 공급하던 역할이 상실되었기 때문이다. 송계는 더 이상 땔감 및 비료 공급원으로 기능하기 어렵게 되었고 송계산을 활용한 경제적 이익이 감소하며 송계의 재정은 고갈되어 사실상 유명무실한 조직으로 전락하게 되었다.

송계산은 공유재의 비극론과는 달리 산이 사유화된 지역들에 비해 산림이 잘 보존되었다. 이는 지역 주민들이야말로 지역 공동체가 속해 있는 생태계의 역동과 그 안에 존재하는 자원의 본질에 대한 지식을 갖추고 있어, 이러한 잠재력이 충분히 발휘될 수 있도록 제도적 장치를 마련하는 것이 중요함을 보여 주는 사례이다. 그러한 전통적 생태 지식은 공동체 구성원으로서 소속감과 긴밀히 연결되어 있기에 과학자나 관료 등의 전문가 집단 중심으로 자원 이용에 대한 논의와 정책 결정이 이루어지는 방식에 대한 재고의 필요성을 보여 준다 하겠다.

---

2. 일제강점기 식민 용도의 수요를 충족시키기 위해 산림법을 매우 엄하게 적용한 것도 산림 보전에 큰 역할을 했을 것이다(강성복, 2009).

삼림 관리의 대중 참여는 아시아와 서구 사회 모두에서 언급되고 있는 것처럼 산림 관리의 효율성, 즉 정부 참여와 비용을 줄이며 지역 산림 상황에 대해 잘 아는 지역 주민의 지식을 이용하는 방식이다(Klooster, 2002; McCarthy, 2005a; Pagdee et al., 2006). 한국의 송계 전통은 사라졌지만 마을 공동체 단위의 경제가 강조되는 21세기 지속가능한 사회 경제 발전을 추구하는 상황에서 송계의 산림 관리는 경제적 효율성과 더불어 현실적인 어려움을 슬기롭게 극복하고 마을 공동체 문화의 핵심으로 기능해 온 다기능의 역동적인 모델로 승화시킬 가치가 있다.

(2) 마을어장 – 지속되는 전통

세계 여러 나라 정부의 어업 규제는 공유재의 비극론에 기초하는데, 규제는 비극의 방지를 목표로 하지만 또 다른 비극을 내포하며 시행착오와 부작용 혹은 의도했던 것과 반대되는 결과가 나타나기도 하였다. 우선적으로 시행되는 규제 정책은 자원과 어획 능력 사이의 적절한 관계를 위한 어선 감척인데, 어획 능력 감소는 그 자체로 어업 공동체에 심각한 영향을 미친다. 어부들은 서로 경쟁자이면서 동시에 상호 의존자이기 때문에 어선 감척으로 인해 어업 공동체의 기반이 허물어지는 경우가 많고, 규제는 어업을 지속시키고 어업 공동체가 적절하게 유지될 수 있는 역동성에도 악영향을 끼칠 수 있다. 규제를 통해 자원을 관리하는 두 번째 방식은 어업 허가제로 어구, 참여자 수 제한, 어선의 톤수와 마력 제한, 조업 제한 구역 등 다양한 방식으로 관리된다. 그럼에도 불구하고 어류 자원의 남획이 가속화되며 대안으로 시장 관리와 참여 관리가 등장하는데, 시장 관리 체제를 옹호하는 사람들은 정부가 어업 관리를 시장 원리에 따라야 한다고 주장하며 총허용어획량 규제와 더불어 이를 다시 개별양도할당으로 규제하는 방식을 선호하고 있다(Mansfield, 2011; St. Martin, 2001; 김용수·박정석, 2010).

이와 같은 시장 기반 제도에서 총어획량만 설정할 경우 여기에 도달하기 전까지는 경쟁적으로 먼저 잡으려 하고, 개별할당의 경우 작은 고기는 버리고 가장 큰 고기를 잡으려 하기에 목 좋은 어장을 차지하고 자본을 많이 투자한 어부에게 유리하게 작동하는 문제를 드러내고 있다. 정부 주도의 하향식 어업 관리는 자원 관리의 효율성을 떨어뜨린다는 지적에 따라 이용자 참여를 자원 관리에 확대하는 자율 관리 어업[3]이 시도되고 있다. 자율 관리 어업은 어업 관리에 어업인과 정부 그리고 이해관계자들이 참여하는데, 특히 어업인들의 적극적인 참여를 유도하는 방안이라고 할 수 있다. 이 방식은 주목을 받은 지 그렇게 오래되지 않았지만, 실제로는 오랫동안 어업 현장에서 다양한 차원으로 이루어지던 관행이었다.

한국은 삼면이 바다로 둘러싸여 있어 주 식량인 농작물과 더불어 해산물을 보충 식량으로 사용하기 위해 마을 어민들이 자연 조건에 따라 어업 행위를 해 왔다. 어업 자원은 공유 재산적 성격을 가지고 있어 이용은 자유롭지만 어업 관리 측면에서는 공적 규제 관리가 주를 이루고 있다. 수산자원의 이용이나 개발에서 발생할 수 있는 외부적인 혹은 부정적인 효과를 최소화하고 지속적으로 어업 자원을 이용하고 개발하기 위해서는 공유적 성격을 지닌 어장에 대한 관리가 필요하고, 우리나라도 그에 따른 규제가 이루어져 왔다(김용수·박정석, 2010). 한국의 공동체 자율 관리 어업은 2001년 시범적으로 실시되다가 2007년부터 전국적으로 확대 시행되고 있다. 자율 관리 어업이 성공적으로 이루어지고 있는 분야는 마을 어업

---

3. 서구에서는 협동 관리(co-management), 일본에서는 자원 관리, 한국에서는 자율 관리 어업으로 일컬어지는데, 어민의 참여를 강조하는 핵심 내용은 같다고 볼 수 있다.

으로 어촌에 대한 생존권 배려와 어촌 활성화 그리고 자율적인 어장과 어획 관리를 어촌 공동체에 위임하는 정책이다.

어촌계는 농촌에서와 마찬가지로 이미 오래전에 어촌에서 공동 노동과 상호 부조 및 친목 도모를 목적으로 어부, 어망, 어선 등 다양하게 존재했던 계 중 수산업법에서 제도적으로 공식화된 조직으로 법적으로 공동어장의 이용 및 관리의 주체로 인정된다. 어촌계는 오랜 협업 방식으로 마을 공유 자산을 관리하며 등장한 자연 발생적인 조직의 현대적 장치이기에 어촌계 조직의 운영 원리는 대부분 전통적 방식을 따르고 있다(한규설, 2009). 어촌계는 과거 어업 공동체의 규범과 규칙을 이행하고 관리·감독하는 어업권을 행사하며, 지역 주민의 공동 이익을 위해 공동 경영 방식을 취한다. 공유 어장은 평등 출자, 평등 노동, 평등 분배를 지키고 있다. 대부분의 어촌계는 어촌의 공동어장을 경계 구역으로 삼거나 자연촌 또는 어촌 행정 마을 1개나 그 이상을 구성 단위로 한다. 어촌계가 공동어장의 법적 관리 주체가 된 후 마을 전체 주민의 공유지였던 공동어장은 형식적으로는 어촌계원만의 공유 어장으로 바뀌게 되었다.

• 육지부의 지속가능한 공동어장 관리

연안 공동어장은 어촌계의 규범과 규칙을 통해 지속가능한 이용을 도모하는데, 특히 미역, 다시마, 해삼, 전복 등을 주요 산물로 하는 채취 어업은 공동 채취와 공동 분배의 경영 방식으로 운영하고 있다. 지역 주민들은 외부인의 접근과 이용을 제한하여 마을 주민의 배타적인 권리를 보장하면서 마을 주민 내부의 갈등과 마찰을 줄이기 위해 공유지의 이용에 동등한 권리를 갖도록 하고 공유지 남용을 규제하는 등 마을 공유 자원을 지속가능하고 형평성 있게 이용하는 규범과 방식을 가지고 있다. 어촌계는 해양수산부령이 정하는 바에 따라 어업권을 행사할 수 있는 자의 자격, 입어 방법과 어업권의 행사, 어업의 시기, 어업의 방법, 입어료 및 기타 어장의 관리에 필요한 어장 관리 규약을 정하여 시장, 군수 또는 자치구의 구청장에게 신고하도록 되어 있다. 이러한 규정 외에도 어촌 공동체에는 성문화되지 않았지만 여전히 마을 구성원들에게 강제력을 발휘하는 관습들이 존재한다.

해안 마을에서 보편적으로 나타나는 자원 이용과 관리 규율을 보면, 먼저 지역 공동체 구성원의 배타적인 권리를 보장하기 위해 마을에 주택을 가지고 거주해 온 사람만이 공동 어장 내에서의 생산에 참여할 수 있도록 하고 있다(박정석, 2008). 외부인은 물론 다른 어촌계원에게도 배정받은 어장을 양도할 수 없도록 되어 있으며, 만약 양도할 경우에는 차기 협업 사업에 일체 참여시키기 않는다는 조항을 두고 있다. 또한 공동 작업과 공동 배분을 통해 경제적 이익을 균등하게 하는 것, 경제적 차이에 따라 어장의 크기나 숫자를 달리 할 수 없도록 하여 어장의 사유화 내지 독점화를 배제하고 있다.

어촌계의 운영 방식은 전라남도 장흥 노력도의 사례를 통해 구체적으로 살필 수 있다(김경옥, 2012). 이곳은 여러 대에 걸쳐 해산물, 특히 미역을 채취하여 생계를 유지해 왔는데, 노력 어촌계의 마을-땅, 일명 미역장은 3개의 구역(E, F, G)으로 지정되어 있다. 지정된 구역 중 1등급은 E-1·2로 이곳은 수심이 얕고 조류가 없는 곳으로 미역 생산에 적합하다. F-1·2·3 구역은 섬의 외해에 입지하여 조류가 빨라 2등급으로 분류된다. 그리고 G 구역은 노력도 공동체의 몫이다. 어촌계원들은 매년 7월에 총회를 개최하는데 안건 가운데 가장 중요한 것은 '제비뽑기'로, 미역장의 각 구역마다 계원을 편성하는 일이다. 이때 가장 중요한 규칙은 어촌계원은 반드시

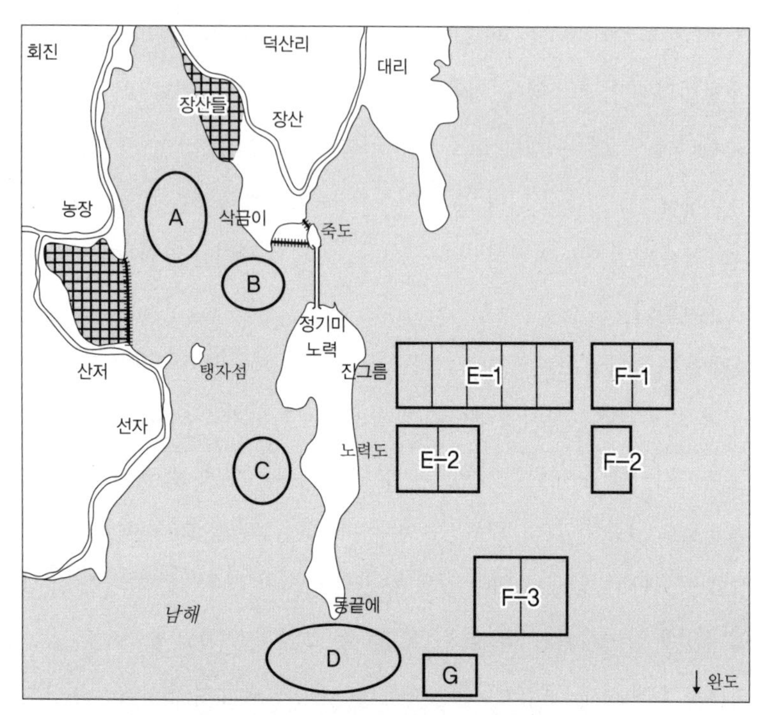

E-G는 노력도 미역장 (A-D는 서쪽의 다른 지역 해태, 고막, 미역 구역)
출처: 김경옥, 2011
그림 24. 전라남도 장흥 노력도의 어촌계 미역장 분구도

E 구역에서 1곳, F 구역에서 1곳씩 균등하게 배정하는 것이다. 권역별 수익금은 먼저 해당 어촌계원에게 분배하고 반드시 일부 금액은 대동계 기금으로 제공해야 했다. 이 과정에서 조성된 기금은 주민 교육을 위한 학교 기부금, 식수 마련을 위한 우물 정비 사업, 마을 공동 소유 채취 선박의 장비 구입, 마을 토지 구입비 등으로 지출되었다. 노력 어촌계는 바다 미역장을 재정 기반으로 주민들이 생활을 영위할 수 있었기 때문에 누구나 어촌계에 가입해야만 했고, 미역장을 공유재로 이용하고 관리하며 어촌 사회 공동체를 유지시켜 나가고 있다(김경옥, 2011).

• 제주도의 지속가능한 공동어장 관리

제주는 주변 해역에 어장이 잘 발달해 있음에도 어선 어업은 태풍의 영향, 단조로운 해안선의 지형적 조건으로 어항이 발달하지 못하고, 경제 개발 시기 공공 투자의 부족으로 인해 다른 시·도에 비해 발전이 느렸으나 해안 자원 이용과 관리가 잘 되고 있는 곳으로 평가된다. 제주도 어업은 전국에서 유일하게 성장 추세를 유지하고 있는데, 이는 감척 사업으로 인한 조업 여건 개선, 무허가 어업에 대한 강력한 단속과 국내 최초로 총허용어획량 제도를 도입하면서 자원 관리의 필요성을 일찍부터 체득하였기 때문이다. 해안 마을의 연안 어장 관리는 어장 임대 행위를 하지 않고 어촌계원이 직접 어로 작업에 종사함으로써 지방자치단체의 정책에 선순환의 협력 관계를 유지하는 자율 관리 어업을 일찍부터 발전시켜 지속가능한 자원 관리를 가능하게 한 대표적 사례 지역으로 고려된다(황기형, 2003; 제주도, 1996). 특히 1970년대까지 해녀를 중심으로 한 공동체 어업은 어업 생산의 주류를 차지하였으며, 아직도 어업 생산액에서 중요한 비중을 차지하고 있다.

제주의 해녀 어업 활동에 대한 관심은 여성의 경제 활동 참여라는 문화적 측면에서의 접근이 주류를 이루는데(제주도, 1996; 안미정, 2008), 근래의 환경 악화 상황에 비추어 자원 관리 측면, 특히 전통 지역 지식에 기초한 자원 이용과 관리 그리고 지속가능한 발전과 사회 추구 측면에서 해녀의 어업 활동을 사회 조직과 호혜적 교환과 분배 그리고 이들의 기저에 깔려 있는 지속가능한 사회 경제 체계로 접근해 볼 필요가 있다.

제주도 공동어장의 입어 관행과 의무를 보면, 바다를 끼고 있는 연안 지역 어촌의 어업인들은 선조 때부터 연안어장을 어촌이 총유(總有)[4]하고 공동으로 이용·관리해 왔다. 연안어장의 경계선은 이해관계가 있는 어촌

간 합의하여 확정하는데, 이 경계선은 선대 때부터 이어져 온 관행으로 이미 관행 선으로 굳어져 있다. 연안어장의 관할 수역은 어촌의 자생적인 자치 조직이 어촌의 자치 규정에 의해 마을의 총유로 이용하고 관리하며 현재까지 이어오고 있다.

어장이 넓고 해산물이 풍부한 경우 어장은 마을 단위로 합리적으로 나뉘었는데, 해녀 어장 또한 마을 단위로 나뉘어 있는 것이 일반적이며 가끔 동별로 획정되기도 한다. 예를 들어 우도의 경우 바닷가를 둘러 11개 마을이 있는데 각 마을별로 어장을 나누고 있다. 구좌읍 하도리의 어장은 넓은 편이어서 마을에서 다시 동별로 나뉘어 있다. 어장 구획선은 토지와 달라 뚜렷하지 않은데, 곰(곪)이라고 불리는 구획선은 해안에 있는 곶(岬)과 바다에 있는 여를 잇는 경우도 있고, 눈에 띄기 쉬운 바위를 기준하여 직선으로 그어 획정하기도 한다. 그 경계 기점에 곶이나 바위가 없을 경우에는 바위 위에 페인트칠을 함으로써 그 구획의 기점으로 삼는다. 어장의 경계 설정은 관행에 기초하는데, 그 경계가 불명확하고 경계 설정의 이유가 타당하지 않으면 분쟁이 일어난다. 어장은 생활에 큰 비중을 차지하는 해녀들의 생명원이었기 때문에 어장 분규는 심각한 국면으로까지 전개되기도 한다.

제주도 연안 공동어장에서의 해녀 입어는 예로부터 내려오는 입어 관행에 따라 행해져 왔다. 곧 어장의 경계선 책정, 어장의 관리 및 처분, 입어 자격의 득실 결정, 입어의 시기와 방법, 입어료의 결정과 징수 방법 등 어장 질서 유지에 대한 규제는 국가법이나 행정관청의 관여 없이 마을 자체의 규약 등과 같은 불문율에 따라 정해졌다. 이러한 오랜 역사를 지닌

4. 개인주의적 공동 소유 형태의 하나로 준사유화라고도 불리는데, 재산의 관리와 처분의 권능은 공동체에 속하지만, 그 재산의 사용과 수익의 권능은 공동체의 각 구성원에 속한다(강경민, 2011).

입어 관행은 1952년에 제정된 수산업법에 반영되어, '어업권은 물권으로 하고 토지에 관한 규정을 준용한다'고 규정하고 있어 입어 관행을 법으로 보호하고 있다. 입어권은 종래의 관행에 따라 이룩된 관습법상의 권리로서 어업을 행하는 것으로 해석하며, 현재까지 이어져 온다(제주도, 1996).

1962년 4월 1일 제정된 수산업협동조합법과 시행령은 어촌 단위로 어촌계를 조직하도록 하고, 어촌계에 공동어업권을 주어 공동어장에서의 입어나 어장 질서를 종전의 향약과 같은 관행이나 관습과 같은 입어 규범을 법으로 제정하여 법령과 어촌계의 정관에 따라 행하도록 하였다. 종래의 관행에 의해 입어했던 해녀도 거의 99퍼센트가 어촌계의 계원 또는 준계원이 되었다. 제주도 연안 어촌의 입어 관행은 마을마다 어촌계가 조직되고 공동어장에 입어할 수 있는 자를 어촌계의 계원과 준계원으로 한다는 규범에 따르는데, 마을의 사회적·경제적 상황에 따라 다양하다(제주도, 1996).

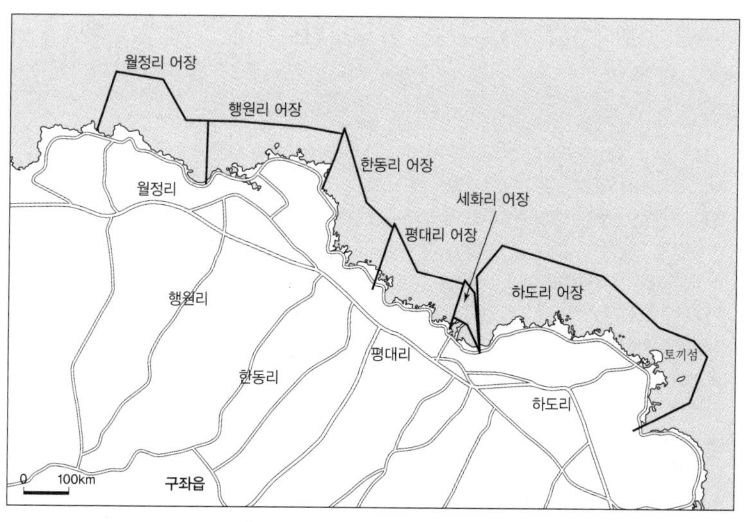

그림 25. 제주 북동부 해안의 마을어장도

제주 해안 어장은 이용과 공동체 의무 측면에서 육지와 달리 기본적으로 마을의 공동 재산으로 마을 사람들이 모두 함께 유지시켜 나간다. 바다를 함께 유지 시키는 의무는 공동으로 입어해서 해산물을 채취하는 권리로 이어진다. 이러한 관행은 법률 이상으로 엄수되어 해산물을 채취하는 가운데 해안 마을의 질서를 유지시키고 있다. 해녀들의 의무는 다양하지만, 전통적으로 지켜오던 해안으로 밀려오는 시체의 처리와 공동어장 유지를 위해 바다에서 자라나는 잡초를 제거하는 일 등은 자원 관리 측면에서 중요하다. 어장에 떠밀려 오르는 시체를 처리하는 일은 전래되는 의무로 이 의무를 외면하는 경우 시체를 처리한 마을에 어장을 빼앗기는 경우도 있었다.[5]

해안 마을 사람들의 당연한 의무 중 해초 제거 작업, 일명 '바당풀캐기'는 바닷속 잡초를 베어 냄으로써 우뭇가사리나 톳 등 가치 있는 해조류가 잘 자라도록 하는 작업으로 모든 마을에서 공통적으로 중요하다. 어촌계에 가입된 해녀 중 15~60세 사이의 나이면 해초 제거 작업 참여는 필수 의무이다. 만약 불참했을 때에는 벌칙이 따르는데, 그 벌칙은 해녀가 밀

---

5. 자신들의 어장에 떠밀려 오는 시체를 처리하는 의무를 외면하여 다른 마을에서 그 시체를 처리하게 되면 그 어장의 소유권은 다른 마을로 넘어간다. 사례로, 애월리의 H 동네는 원래 납읍리 소속이었는데, 예전 납읍리가 양반촌이라는 체모 때문에 시체 처리를 외면해 이를 처리한 애월리에서 H 동네 어장을 자신들의 것으로 편입하였다. 행원리 어장은 원래 현재처럼 넓지 않았는데 해산물이 풍부한 '더뱅이물'이라 불리는 이웃 마을 한동리의 어장을 더뱅이물 앞바다에 떠오른 시체를 행원리에서 처리함으로써 자신들의 바다로 편입하였다. 행원 바다의 일부인 '개머리'라 불리는 어장 역시 원래는 이웃 월정의 바다였는데, 행원리 주민들이 그곳 시체 처리에 앞장서 '개머리'를 확보하게 되었다. 행원 사람들은 별로 달가워하지 않는 시체 처리를 이웃 마을의 몫까지 함으로써 앞바다를 넓히게 되었다. 행원리는 원래 자신들의 책임이 아님에도 불구하고 '더뱅이물'이나 '개머리'라는 바다에 대한 시체 처리의 관리 의무를 수행함으로써 의무를 포기한 이웃 마을 어장들의 소유권을 획득하여 동서로 넓은 오늘의 어장을 가지게 되었다. 여기에는 민속신앙도 포함되는데, 시체를 정중하게 처리하면 그 마을에 풍어를 기약해 주고 외면할 때에는 흉어일 수 있다는 바닷가 마을 사람들의 믿음이 마을의 어장을 넓히기 위한 동기와 더불어 작동했을 것이다(제주도, 1996).

집되고 물질이 중요한 마을일수록 엄해 그 해의 입어권을 박탈하는 경우도 있다. 해초 제거 작업은 마을 주민들의 민주적인 합의에 따라서 치러진다. 일 년에 몇 차례, 언제 치르며, 만약 결석했을 때에는 어떻게 조치하는가 등은 자율적인 합의에 따라 결정하는데 대체로 잠수 또는 해녀회가 주관한다. 바다의 특성에 따라 해초 제거 작업을 행하지 않는 마을, 한 해에 한 번 치르는 마을, 두 번 치르는 마을이 있다. 이에 따른 관행이나 규율, 결석자에 대한 벌칙은 마을별로 다르다. 예를 들어 해초 제거 작업을 하는 날 해녀가 병중일 때에도 중병일 경우 벌금 반액을 내야 되고, 경병일 경우 결석으로 간주해 벌금 전액을 내야 하는 마을도 있다. 만약 마을에 새로 이주해 온 해녀라면, 우선 어촌계에 가입하여 수수료를 내야 하는데, 해초 제거 작업에 불참했을 때에는 벌금을 더 내야 입어할 수 있다. 해녀들이 어장을 가꾸어 나가는 관행은 성문화되었든 불문율이든 법률 이상으로 철저히 지켜지고 있다. 오랜 세월 동안 어장은 어장 관행을 불문율로 지키고 민주적으로 합의된 여러 가지의 관습을 자생적으로 유지하며 합리적이고 실질적으로 이용되며 지켜지고 있다.

해녀의 공동어장 입어 규범은 기본적으로 해양 생물의 이동적이며 정착적인 특성이 이들 자원에 대한 사회적 권리와 연관되어 만들어졌다(안미정, 2008). 제주도 해녀들에게 '바다의 것은 공것'이라는 말이 있는데, 공것이란 공짜라는 뜻과 함께 주인이 없다는 의미를 담고 있다. 어로는 작물을 기르거나 재배하는 농사와 달리 생태학적으로 인간이 자원에 대해 기생적 관계에 있으며, 약탈적이라고 할 수 있다. 또 모두의 소유인 것은 누구의 소유도 아니므로 먼저 가지는 자가 주인이 된다는 의미에서도 공것이 되기도 한다. 엄밀히 말하자면, 공것에는 움직이는 수중 생물만 해당한다. 이것들은 모두 물질을 해야만 잡을 수 있는 것이고 먼저 발견한 사람이 소유권을 가진다. 움직이는 것과는 달리 뿌리가 박힌 해초들은 어촌계원 모두가 권리를 가지고 있다.

이러한 공동어장 규범에 기초해 해녀의 입어 형태는 공동 입어와 자유 입어로 구별된다. 공동 입어는 공동어장에서 해녀들이 공동으로 입어하여 패류나 해초류를 공동 채취하는 형태이다. 공동 입어에도 두 가지 형태가 있는데, 하나는 구역을 정하지 않고 공동어장의 전 수면에 공동 입어하는 형태이고, 다른 하나는 공동어장을 몇 개 구역으로 나누어 입어자의 어장을 정하고 그 구역 안에서만 입어하는 형태이다. 마을에 따라서 약간의 차이는 있지만 톳이나 우뭇가사리의 채취, 공동어장 내의 양식 어장의 패류를 채취할 때에는 공동 입어한다. 톳을 캐기 위하여 입어할 때에는 1가구당 1인만 입어가 허용되고 그 수익금도 균등 배분해야 하지만, 우뭇가사리를 캘 때에는 공동 입어는 하지만 그 수익금은 채취자의 개별 수익이 된다. 양식 어장에서의 입어는 1가구당 1인만이 공동 입어하여 공동 채취하고 공동 판매하여 그 수익금을 균등 배분하는 것이 일반적 원칙이다. 그러나 마을에 따라서는 많이 채취한 해녀에게 그 채취량의 2분의 1을 공동 분배하고 2분의 1을 개인 수익으로 돌리는 경우도 있다. 양식 어장의 패류와 공동어장의 톳, 우뭇가사리를 제외한 공동어장에서의 패류 또는 해조류는 자유롭게 입어하여 자유 경쟁에 따라 채취하며 그 수익 역시 채취한 자의 개인 소득이 된다.

해녀들의 공동어장 입어는 입어 시기, 입어 방법 등에 각각 공동체적 규제가 따르며, 해녀들은 이들 규제를 준수하지 않으면 안 된다. 입어에 대한 규제는 법령, 예를 들어 전복은 10월 1일부터 12월 31일까지 10cm 미만은 채취 금지, 소라는 6cm 미만 채취 금지 등을 따라야 하지만, 어촌계의 입어 내규와 마을의 관행과 같은 불문율에 의해 따로 규제된다. 입어권자는 공동어업의 어업권을 가진 자로 법인 어촌계의 경우는 어촌계에 속하며, 법인이 아닌 어촌계의 경우는 어촌계의 총유로 한다고 규정하고 있다. 따라서 어촌계원인 해녀는 공동어업권자인 동시에 입어권자다. 그러나 공동어업권의 어장 안에서 입어 관행이 있는 자는 어촌계 총회의 의결에 따라 준계원이 되면 입어권을 얻는다. 따라서 입어 관행이 있는 자라도 어촌계의 계원 또는 준계원이 아닐 경우는 공동어장에 입어할 수 없다. 여기서 계원이 아닌 입어 관행자의 입어권이 문제가 될 수 있다. 어촌에서의 입어 실태를 보면 입어 관행이 있는 자의 거의 99퍼센트가 계원이나 준계원으로 되어 있으므로 입어 관행을 둘러싼 시비는 별로 없다. 다만 관행에 따라 준계원으로서 입어권을 취득한 자가 다른 마을로 출가하거나 전출하게 되면 당연히 그 입어권은 상실되고 그 지위를 상속하거나 양도할 수 없다. 다른 마을로 전출하였다가 다시 복귀한 자이거나, 60일 이상의 입어 실적이 있는 자는 전입하여 올 경우 총회의 결의에 따라 입어권이 다시 주어진다. 그리고 준계원인 입어권자는 공동어장의 관리나 처분에는 참여할 수 없으나, 어촌계에서 입어 행사료의 지불, 어장 관리에 필요한 부역 등의 의무를 부여한다(안미정, 2008).

입어권은 개개인에게 주어지는 것이지만 가구를 단위로 하여 부여하는 경우도 있다. 톳 채취를 위해 입어하는 경우에는 한 가구에 몇 사람의 입어권자가 있을지라도 한 사람의 입어권만 인정된다. 물론 분가했을 경우에는 독립 가구로 보아 새로이 한 사람의 입어권이 인정된다. 어장의 관리나 질서 유지를 위해 입어권자에게 의무를 부담시키는 경우는 가구 단위로 배당한다. 이와 같이 가구를 단위로 권리와 의무가 부여되는 현상은 예전부터 내려오는 관습에 따른 가족적 공동 질서의 규범의식에 기초한 것으로 본다.

제주도 어촌에는 마을마다 해녀들로 조직된 자생 단체인 잠수회가 있다. 잠수회는 마을에 따라서는 해녀회라고도 하는데 임의 단체이기는 하나 어촌계의 산하 단체이며 어촌계가 공동어장을 운영, 관리함에 있어서 강력한 영향력을 행사하고 있다. 어촌계는 독자적 의사 결정 기관인 총회와 집행 기관인 이사회가 있어서 공동어장의 관리 운영에 대한 의결권과 집행권을 갖고 있다. 그러나 잠수회가 실질적으로 어장의 관리나 질서의 유지를 맡고 있는 것이 현실이다. 잠수회의 기능은 잠수회가 독자적으로 결정한다. 그 기능을 보면 공동어장의 입어 시기 및 일시의 결정, 외래 전입자의 입어 자격 심사와 결정, 잠수기선의 공동어장 침입 방지, 어장 감시, 종패 뿌리는 작업, 잡초 제거 등이다. 마을에 따라서는 잠수회가 우뭇가사리를 독점 채취하여 그 수익금을 분배하는 기능을 담당하는 경우도 있다.

마을어장의 어로 형태는 공유 자원에 대한 주민들의 공동 권리가 어떻게 실현되는지 그리고 다양한 이해관계는 어떻게 조정되는지를 보여 준다. 대표적으로 작업은 채취물의 종류에 따라 개별과 공동으로 구분하여 수행함으로써 어장의 질서 그리고 성별 간의 역할 분담에 기초한 사회 경제 체계를 유지하고 있다(표 14). 개별 작업은 잠수들의 물질이 대표적인 예인데 비계통 출하가 없고 마을어장에서 가장 길게 이어지는 작업 형태이다. 공동팀이란 몇몇 개인이 모여 팀을 구성하여 함께 일하는 협력 작업을 가리키는데 우뭇가사리 채취 작업에서 볼 수 있다. 조합 공동은 해초 채취에서 볼 수 있는 노동 형태로 동네별 조합들이 작업과 출하에 이르기까지 자율적으로 운영한다.

마을어장의 해산물은 이동하는 것인가 정착된 것인가의 생태적 특성에 따라 채취 방법이 달라지며, 어장을 이용하는 방법과 출하에서 분배에 이르기까지 그 연관성이 있다. 첫째, 마을어장에서 채취된 것은 대개 수중에서 물질을 통해 획득한 것들이 주를 이루는데, 크게 패류와 해초류로 분류할 수 있다. 패류는 잠수들만이 채취하고 톳과 우뭇가사리 등의 해초는 어촌계에 소속된 해녀를 포함한 모든 계원들이 공동으로 채취하는데, 두 경우 모두 어장을 순환적으로 이용한다는 공통점이 있다. 둘째, 출하는 모두 지구별로 조직된 수협을 거치지만, 해초는 시장 가격을 고려하여 다른 방식으로 이루어지기도 한다. 해초는 가구별로 공동 분배되고 패류와 그 외의 것은 개인별로 정산된다. 이와 같이 어촌계원의 자원 권리는 해양 자원의 생태적 서식 특성을 반영하고 있으며, 채취 작업에 참여하는 것을 전제로 하여 노동의 질에 따라 분배가 달라진다(안미정, 2008).

잠수회에서는 또한 마을어장 내의 일정 구역을 설정하여 연중 몇 차례만 이 구역에서 물질하며, 전복의 작은 종패를 이곳에 뿌리는 등 자원 재생을 목적으로 하는 자연 양식장을 운영하고 있다. 잠수회에서는 누구나 보이는 곳에 양식장을 설치하여 항상 감시원을 두어 지키고 있으며, 양식장에 몰래 입어하는 것을 엄격하게 금지하고, 물질 중 조류에 따라 양식장으로 들어가서 잡아 오는 것에 대해서도 벌금을 물린다. 이와 같은 자연

표 14. 제주도 연안 바다의 어로 형태

구분	개별	공동팀	조합 공동
채취자	잠수	동네 잠수들	동네 어촌계원
분배	개별 분배	참여자 공동 분배	가구별 분배
종류	패류와 그 외	우뭇가사리(감태, 풍초)	해초
방식	연중 8개월간	한시적, 팀의 자율	한시적, 각 동별 자율
시기	여름 외 연중	늦봄과 여름	봄, 늦봄 2기
판매	계통 출하	비계통 · 계통 출하	비계통 · 계통 출하
성별 분업	여성	여성 중심	혼합

출처: 안미정, 2008, 148

양식장은 그들에게 공동 재산의 의미가 있다. 새 잠수 회원에게 가입비를 징수하고, 벌과금을 부과하는 형태의 내적 규율이 있다. 더불어 해양 자원의 고갈을 방지할 목적으로 소라의 경우 1991년부터 시행된 전국적 규제의 총허용어획 제도에 의해 관리되는 첫 해산물로 지정되어 산란 시기를 금채기로 지정하였다. 여기에 더하여 지역 내 잠수회에서 자체적으로 자신들이 바쁜 시기를 금체기에 추가하여 출하 물량 조절에 따른 시장 가격 형성을 유리하게 하는 체계로 자리매김하여 자원 보존과 지속가능성이라는 목적을 달성하고 있다.

잠수회의 어장 감시는 소라 지키기의 조직적 감시 활동과 더불어 소라 옮기기 작업을 통해 깊은 바다로 소라를 옮겨 얕은 바다에서 도난을 방지함과 동시에 산란을 도와주고, 잠수를 통해 자신들이 채취하려는 목적을 가진다. 잠수들이 개별적으로는 경쟁적인 소라 채취를 벌이고 있음에도 어장이 황폐화되는 비극적 상황에 직면하지 않는 것은 이러한 규율은 통해 자원에 대한 배타적 권리를 행함으로써 무제한적인 자원 접근에 의한 자원 고갈의 가능성을 차단하는 독점과 공생이 작동하고 있기 때문이라 하겠다(안미정, 2008). 어장 관행은 해녀 사회의 자율적 질서이며 해녀 바다를 가꾸어 나가는 불문율로, 이들 관행은 마을에 따라 상황별로 나름의 합리적 방안을 찾아 내며 차이가 생겨났고 현재까지도 지속되고 있다. 이러한 모습은 지역 지식에 기초한 지속가능한 자원의 이용과 관리의 대표적 성공 사례로 평가할 수 있다.

제주도 해녀들에게 공동어장에서의 입어는 예로부터 내려오는 마을의 향약이나 규약과 같은 관행 또는 관습 규범에 따라 이루어져 왔기 때문에 각 마을의 입어나 어장 질서 유지를 위한 규범은 각각 달랐다. 물론 1962년 4월 1일부터 수산업협동조합법과 동 시행령이 제정, 시행됨에 따라 마을 단위로 어촌계가 조직, 설립되며 공동어업권은 어촌계가 지니게 되었고, 공동어장에서의 입어나 어장의 질서는 법령과 어촌계의 정관에 따라 행해지게 되었다. 그러나 공동어장은 마을 자체적으로 오랫동안 국가법이나 행정 관청의 간섭 없이 강하게 뿌리내린 지역 공동체의 관행에 기초하여 다양한 형태로 이용하며 유지되고 있다.

제주도 공동어장 규범의 대표적 사례로 하모리, 가파도, 마라도의 마을 어장 규정을 발췌하여 표 15-1~3에 제시하였다. 이들 규정의 기본적인 공통점으로 어촌계와 잠수회의 중첩 조직이 협력적 관계에 있으며, 어장 관리를 위한 공동 작업에의 의무적 참여, 공동 비용 지출과 공동 감시 역할 담당, 권리권 양도 제한, 신입 회원의 자격 부여, 모든 일은 회의에서 결정한다는 등의 규정이 구체적으로 제시되어 있다. 이는 세계 여러 지역에서 오랫동안 지속되어 온 공유 자원 제도에서 도출한 규정인 명확하게 정의된 참여자의 자격 경계, 집합적 선택 장치 등과 매우 유사하다(오스트롬, 2010).

특이점으로 하모리의 경우 채취물을 어촌계를 통한 계통 출하를 강조하고 있으며, 잠수회와 어촌계의 위계적 권한을 명시하고 있다. 가파도의 경우는 '할망바당,' 또는 '할머니바다'라고 하는 65세 이상의 해녀들을 위한 수심 4~5m 깊이의 가파도 전역 바다를 지정해 늙은 해녀들의 수익을 위해 상군 해녀들이 들어오지 못하도록 하여 공동체 유지를 위한 체계를 가지고 있다. 또한 자망어업으로 잡힌 규격 미달의 8cm 미만의 잔소라를 바다에 투입해 10~12cm 정도 크기가 되었을 때 잡도록 하여 지속가능한 사회-자원 체계를 유지하고 있다. 최근 2006년 정기 총회에서 외부에서 유입된 사람의 해산물 채취에 대해 제재를 가하기 위해 거주 연한과 회비를 증액한 것이 특이 사항인데, 이는 외지인에 대한 배타성을 강화한 것으

표 15-1. 마을어장 규정: 하모리

마을어장 행사 계약서

하모리 어촌계 마을어장 어업권을 공동 행사함에 있어 어업권자인 하모리 어촌계장을 '갑'이라 칭하고, 동 마을어업 행사자를 '을'로 하여 아래와 같이 계약을 체결한다는 내용의 마을어장 행사 계약서이다.

아래

제1조 '갑'이 취득하고 있는 마을어업권(어업면허 제31호)을 '을'이 행사하고 관리한다.
제2조 '을'의 행사 계약 기간은 2005년 1월 1일부터 2007년 12월 31일까지 3년으로 한다.
제3조 '을'은 마을어장을 행사 관리함에 있어 수산 관계 법규를 비롯한 어장 관리 규약 등 어장 관리 관련 제 규정을 준수하여야 한다.
제4조 마을어장에서 생산되는 수산물 판매액의 3%을 행사료(또는 부과금)로 공제하고 정산은 매월 말일에 하는 것을 원칙으로 한다.
제5조 '을'은 '갑'이 어장관리 등에 필요한 불가사리 구제, 어장정화사업 등 마을어장 관리 규약이 정하는 어장 관리 사업을 위하여 소집하였을 때에는 특별한 사유를 제외하고는 소집에 응하여야 한다.
제6조 수산자원보호와 어업권 질서 유지를 위하여 '갑'이 필요하다고 인정할 때에는 '을'에게 어업권의 행사를 제한할 수 있다.
제7조 마을어장에서 채포한 생산물은 '갑'을 통하여 계통 출하 및 공동 판매를 원칙으로 한다.
제8조 '을'은 어업권의 행사 권리권을 타인에게 양도 또는 매매 할 수 없다.
제9조 '을'이 아래 사항을 위반하였을 때에는 '갑'은 일방적으로 본 계약을 해지할 수 있다.
1. '을'이 주소를 소속 어촌계 업무 구역 밖으로 이전한 경우
2. 어업권 행사를 어장 관리 규약이 정하는 자 이외의 자로 하여금 행사하도록 하는 경우
3. '갑'의 정관 및 어장 관리 규약을 포함한 수산 관계 제 규정의 지시 명령을 위반하였을 때
제10조 위 계약서에 명시되지 않은 사항 및 본 계약 이행에 있어서 계약조문의 해석에 의의가 있을 때는 '갑'이 정하는 바에 의한다. 상기 계약을 이행하기 위하여 본 계약서 2통을 작성하여 방방이 각 1통씩을 보관하는데 '을'은 대표자로 잠수회장이 이를 보관한다.

2005년 1월 1일

갑: 하모리 어촌계장 이○○
을(대표자): 하모리 어촌계 잠수회장 문○○
입회자 하모리 어촌계 총대 이○○
하모리 어촌계 총대 홍○○

출처: 제주특별자치도 해녀박물관, 2009

로 비난을 받기도 하지만 아마도 자원의 이용가능성, 고갈에 대한 나름의 대책으로도 고려해 볼 수 있을 것이다.

마라도의 경우 1965년의 향약이 전해지고 있는데, 현재에도 이 규정이 큰 변화 없이 마을어장 이용과 관리에 적용되고 있다. 이는 사용 규칙의

표 15-2. 마을어장 규정: 가파도

가파도 어촌계 규약
1. 입어권의 문제로 가파도의 해조류와 패류 채취권은 가파도 거주 해녀이면 누구나 가진다. 모슬포 해녀의 가파도 물질 작업은 결혼으로 시집와서 거주할 때부터 바로 가능하고, 가파도로 주소를 옮겨서 정착한 경우는 50만 원을 내고 6개월 후부터 입어권이 인정된다. 2. 6개월 이상이 지나면 조합원 입회가 가능하고 투표권도 가질 수 있다. 또 부부가 조합원 투표권을 가질 수 있으나 대신 권한 행사는 할 수가 없다. 3. 2006년도 2월 18일 정기총회에서 외래자의 물질 작업에 대한 경계를 더욱 강화하여, 3년 실제 거주와 500만 원을 내어야 한다.

출처: 제주특별자치도 해녀박물관, 2009

현지 조건과의 부합성 측면에서 마을 단위에서의 규정이 보다 자원 이용과 관리에 적합한 것임을 보여 주는 사례라 하겠다. 더불어 마라도에도 가파도와 유사하게 할망바당을 지정하여 60세 이상의 물질 능력이 떨어진 해녀들을 위해 그들이 톳이나 미역을 채취할 수 있도록 배려하고 있으며, '반장통'이라 하여 썰물 때 바다 해산물을 지키고 마을의 일을 돌보는 반장의 역할을 위해 바다 일부를 지정해 이곳에서 나는 미역 판매로 인건비를 충당하고 있다.

제주도 마을어장 규정에서 나타나는 자원 이용과 관리는 마을 주민들이 해양 자원의 생태적 특성에 대한 지식에 기초하고 있다. 접근-채취권은 잠수회원, 마을의 기혼 여성, 마을 주택 소유 거주자로 구성된 어촌계원에게만 한정하여 인정하고, 해산물 분배에는 모든 계원들이 공동으로 권리를 가지는 형태를 취하고 있다. 이는 마을 주민들의 공유 자원에 대한 권리는 한 가구의 대표자로서 어장 자원에 참여할 수 있는 동등한 권리를 가지지만, 개별적 노동으로서 성취하는 권리와 주민들 상호 간의 질적 평등을 지향하는 권리를 동시에 유지하고 있어 경쟁과 단합의 모순적 양상을 통합한 독특한 형태로 중요하다. 이는 자신들의 기회를 공동으로 감

표 15-3. 마을어장 규정: 마라도

마라도의 향약

제1장 총론

제1절 총칙

제1조 본 향약은 마라도의 향약이라 칭한다.

제2조 본 향약은 지방의 건설과 그 조직체 질서를 유지하고 도민의 복리 증진에 기여함을 목적으로 한다.

… (중략) …

제2장 해산물

제1절 해산물의 금, 해금

제15조 화포(미역)는 매년 동지(양력 12월~1월)로 금채한다.

제16조 김, 톳은 매년 양력 11월 30일 허채한다.

제17조 화포(미역)는 음력 3월 15일에 허채키로 하되 형편에 따라서 역원회에서 그 정도를 변경할 수 있다.

… (중략) …

제21조 모든 해산물의 감시는 반장의 지시에 의하여 역원이 감시한다.

제22조 감시 성적 불량 시 향회의 결정에 의하여 보수를 삭감할 수 있다.

제3절 입어 자격

제23조 본도의 거주민은 누구나 입어권을 가진다.

제24조 본도에 1년 이상 거주한 자라야 화포 채취권을 가지며 부역 동원 및 공공 시설에 지방부담을 이행치 않는 자는 입어권이 없다.

제25조 본도에 거주하는 공무원은 자연히 입어권이 허용된다.

제26조 본도의 초 입어권을 가지기를 원하는 자는 현물(화포) 100근을 내기로 한다.

제26조 본도 주민으로서 타 지방으로 전출된 자는 여하한 일이 있어도 입어권이 없다.

제27조 본도 주민으로서 화포 채취 후 출타하여 본도에 거주하지 않는 자는 입어권이 없다. 단 특별한 사인(잠수 직업, 어업 작업 대기소)으로 인할 시는 역원회에서 가부를 결정한다.

제29조 본도의 입어권자의 명부는 역원 회의에서 결정하되, 연말 향회에서 이를 발표한다.

제30조 본도의 입어권에서 대리권은 불용납된다.

제31조 화포, 무채취 능력자는 속칭 '골채어음'으로부터 '장시덕'까지 해안을 채취할 수 있다.

제32조 화포 채취, 무채취 능력자끼리 공평히 분배한다. '설멍' 은 연례적으로 한다.

… (중략) …

제7장 재정

제56조 반 재정의 경영비는 '선멀(지명)' 채취권자의 입어료, 일반 입어료 기타의 수입으로 한다.

제57조 본도의 제 수입 지출은 역원의 동의를 얻어 서명 날인 한 후 반장이 집행한다.

제58조 본도의 공공물 및 현금은 반장이 보관해야 하며 현금 수입은 예금해야 한다.

제59조 화포, 입어 밀채취자는 수경, 테왁 및 현물 압수는 물론 500원을 적발 이후 10월 내에 보상한다.

제60조 연안지에서 화포를 밀채한 자는 도구 및 현물 압수는 물론 벌금 500원을 적발 후 10월 내에 배상한다. 단 2회 이상의 밀채자는 벌금 2배를 배상한다.

제61조 입어 자격이 없는 자가 입어하였을 때는 현품 및 도구를 압수한다.

제62조 김, 톳 채취자는 60조에 준한다.

제63조 59조, 60조의 규정에 위배된 소년 범죄자는 세대주를 범죄자로 한다.

제64조 부역 동원의 반원이 인정하는 대사 및 병고 이외의 결역자는 100원으로 벌금을 배상하고 배상금은 반 운영비에 충당한다.

서기 1965년 2월

〈향약 편집위원〉

나○○(촌장), 김○○ … 고○○(등대장) … 김○○(반장) … 김○○(해녀 대표)

출처: 제주특별자치도 해녀박물관, 2009

시하며 확보하고, 노동의 질적 차이에 대한 보상 규칙을 유지하며, 상호의 차등을 메우려는 도덕성에 기초한 규정이나 규칙 등이 마을 주민들에게 질적으로 같은 가치를 가지는 공동 권리로 구성된다. 이는 자원 접근의 공평성과 개별 노동의 질적 형평성을 조율하는 과정임과 동시에 어장 보호, 즉 자원의 이용과 관리의 지혜로 제주의 지역 환경에서 배태된 지속가능한 생태-사회-경제 체제로 평가받아야 할 것이다(안미정, 2008).

어촌 사회의 제도와 조직들이 농촌 사회보다 더 복잡한 것은 생산의 토대를 공유하면서 개인 간의 경쟁과 자원 고갈 등 비극적 상황을 피하기 위해 보다 많은 규제와 전략들을 모색하고 있기 때문이다. 특히 제주도 잠수들의 물질은 전통적 방식의 답습이나 문화적 계승 의지에 의해 이루어지고 있는 것이 아니라, 수중의 자원을 채집하는 여성들이 마을 공유어장에서 자신들의 자원에 대한 권리를 자율적 조직 운영과 노동 연대, 상징 의례 등을 통해 지켜 가고 있는 어로 기술이자 생활 전략으로 강조되어야 한다(안미정, 2008). 효율성을 높이며 고소득을 얻기 위해 기계 기술을 도입한다면 자원이 고갈되고 소수자들만의 어로 행위로 바뀔 것이다. 인간과 자연 간의 상호 의존 관계가 파괴되는 공유지의 비극이 일어나지 않는 것은 자연과의 공생 그리고 인간과의 공생과 같은 상호 의존적인 경제-사회 체제이기 때문에 더욱 그 가치가 높다.

해안 마을의 이러한 어장 이용과 관리의 오랜 역사적 전통은 자원의 고갈을 방지하고 인간이 자원과 어떻게 지속가능한 삶을 영위할 수 있는가에 시사하는 바가 크다. 특히 근대화에 부적응으로 보이는 전통적 생활 방식을 오히려 적극적인 삶의 대응 전략으로 모색된 결과로 접근하는 대안적 관점을 제주 해안의 마을어장 사회에서 찾을 수 있다.

3) 지속가능한 공유재 관리

지속적인 발전을 넘어 지속가능한 환경과 사회를 위한 자연의 관습적 이용과 관리 경험에 한국의 사라진 삼림 관리인 송계 전통과 현재도 운영되고 있는 어촌 공동어장 운영은 중요한 성공 사례로 더해질 수 있다. 송계는 공유지의 산림 자원을 고갈시키지 않는 범위 내에서 지속적으로 자원을 이용하기 위한 자율적 조직과 규범으로 적정한 벌채량을 조절하고 땔감과 퇴비 같은 기본적 필요를 충족시키기 위한 마을 단위의 자치 조직으로, 관에서도 백성들이 연료와 퇴비용 풀을 확보할 수 있도록 송계산 허용을 긍정적으로 받아들여 점유권을 부여하거나 마을 공동 기금으로 송계산을 마련하기도 하였다. 공유지의 비극은 공유 자원이 사유화됨으로써 발생하는 것으로, 마을 산림의 가치에 대한 지역 주민의 인식과 참여에 기초하여 공유지의 공공성을 유지하는 것은 지속가능한 자원의 이용과 관리를 위해 무엇보다 중요함을 보여 준다. 마을 산림을 주민들에게 편익을 제공하도록 관리하면서 참여를 이끌어 낼 때 공유성이 확보됨으로써 보전의 가능성 또한 높아짐을 확인할 수 있다.

현재까지도 지속적인 운영이 이루어지는 마을어장은 어촌 공동체에 기초하여 마을 어민들 사이에 상부상조하는 정신이나 이웃 의식이 강하여 서로 간의 친밀한 관계를 유지해 오는 경향과 더불어 성문화된 규정을 가지고 입호를 까다롭게 구성하고 있는 제도적 특성도 가지고 있다. 제주도 어촌의 해녀들은 오랫동안 과거의 어로 방식을 지속하고 있는데, 이는 해양 자원에 대한 공동 권리라는 맥락에서 이해할 수 있다. 잠수들이 기계장치 없이 물질을 고수하고 있는 것은 해양 자원의 남획과 고갈을 막으며, 새로운 어로자의 출현으로 인한 기존 잠수들의 퇴출과 자원에 대한 권리가 약화되고 주민들의 사회적 관계가 변화하는 것을 지양하기 때문이다. 또한 해초 채취 과정에서 나타나는 공동 어로는 마을어장을 공유하고 있는 각 가구 단위의 개별 주체들이 자신들의 자원에 대한 권리가 상호 간 질적으로 공평하게 이루어지는 가운데 형성되는 것에 기초한다. 마을어장에서 공유지의 비극이 쉽사리 초래되지 않는 것은 잠수라는 어로 방식과 어장을 관리 감독하는 자율적 조직 활동 등이 서로 맞물려 있기 때문이다.

잠수들의 물질은 과거의 잔존물이 아니라 해양 자원에 대한 권리를 형평성에 기초하여 지속가능하게 하는 어로 방식으로 평가할 수 있다. 이러한 공동체적 입어 관행은 해산물의 성장을 보호하고, 공동 소유의 바다를 공평하게 이용하려는 민주적 사회의식과 세대를 거쳐 축적된 경험이 바탕이 되는 합리성 및 생태적 지혜를 잘 보여 준다. 또한 자생적 관행에 따르는 어장 획정에 마라도 등 다수의 마을에서는 60세 이상의 노인과 병약자들만이 입어할 수 있는 어장으로 '할망바당'을 설정해 그들을 보호하고, 이장을 위해 '반장바당'을 획정하여 그 노고에 보답하였다(양세진 외, 2006). 이 같은 제도들은 자원 이용과 관리의 지속가능한 체계임과 동시에 정의로운 사회경제적 체계로 평가받을 만하다.

인류의 공공재인 자연의 바다는 누구나 자유로이 사용할 수 있는 한편 타인의 이용을 배타할 수 없는 성격을 갖는다. 연안 해역은 어느 누구에게도 소유되지 않고 일반 대중에게 공동의 이용을 허용하는 공유물이다. 그러나 정부는 수산업법으로 연안 어업을 면허를 통해 영세한 어업 가구에 대한 경제적 생활 터전을 보장하는 분배 정책의 일환으로 마을 공동체에 지선 연안 어장을 독점적으로 이용하게 허가하였다. 바다는 자유 사용과 비배타성을 법률적인 요건으로 하는데, 예외적으로 일부 특정 수역을 공동체 구성원인 마을 어업인들이나 수협 또는 어촌계 임원에게 자율적으로 관리하게 함으로써, 즉 이용하는 권리인 어업권을 인정함으로써 공유재와 공유 체계가 안정성, 원상 회복성, 공평성을 추구하며 유지되도록 하였다. 공동 마을어장의 이용과 관리는 정부와 주민의 역할을 동시에 고려할 때 지속적으로 유지될 수 있을 것이다.

자율적 관리의 성공은 공동체의 결속과 협력에 달려 있다고 할 수 있는데, 어촌이 강한 공동체적 성격을 유지하는 이유로는 어업 생산이 자연 조건의 영향을 크게 받고, 단순 협업을 내용으로 하는 공동 노동의 필요성이 강하며, 어촌은 그 고립성과 봉쇄성에 의해 분화보다는 통합의 경향이 강해 어촌의 분해는 농촌에 비해 쉽게 나타나지 않기 때문이다. 어장은 어업에 있어 노동의 대상이며 그 장소이기도 한데 분할하기 어려우며, 또한 어업의 기술적 사회경제적 성격은 근대 과학 기술 도입이 느리게 이루어져 분업의 발달이 부진한 것 등을 언급할 수 있다(박광순, 1981; 최협 외, 2001).

그러나 모든 해안 지역의 어촌이 공동체를 형성해 자원 이용과 관리를 성공적으로 이루었다고 볼 수는 없다. 어업에서는 기본적으로 어획량을 늘리려는 산업적 어업이 바다의 자생적 재생산 능력인 채취 가능 자원량을 넘는 남획으로 환경의 악화와 생태계의 파괴로 이어지는 경험을 세계 여러 지역에서 찾을 수 있다. 어업 외적으로 바다는 국민 모두의 것이라는 논거를 앞세워 자유로운 이용, 특히 해양 관광 용도로의 이용을 주장하는 목소리가 거세다. 또한 일부 경제적인 효율성을 기준으로 생산성이 낮은 공공재 개념은 개발 시기 해안 발전 계획에 의해 대규모 매립으로 연안 해역을 육지화하며 사적 재산으로의 변용이 이루어졌다(박광순, 1981).

공동체에 어업 면허를 부여한 총유제 또한 구획 어업의 대두로 위협을 받고 있다. 마을어장은 연안 해역에 지역 어민의 공동 이익을 위한 어장을 총유적 개념의 수면에 어촌계나 조합에 면허하여 어민들의 경제적 이익을 도모할 수 있도록 한 것이다. 그러나 어선 어업과 정치망 어업을 지역 어민 일부 개인에게 허가함으로써 공공의 이익을 도모하던 해역의 공공재는 사라지고 개인의 이익을 추구하는 길을 열어 주게 된 것이다. 구획 어업은 연안 해역에 존재하는데, 정치성 구획 어업은 개인별 허가로 어장 구역을 구획하여 그 속에 허가된 종류의 어망을 설치하는 것으로, 과거에는 조합에 면허하여 조합이 관 내 어민들과 행사 계약을 체결한 후 조합원이 행사를 엄격한 규칙을 정해 시행함으로써 엄격한 공유재를 형성하였다. 그러나 지금은 개인에게 허가하여 법정 규칙을 지키되 모든 권리와 의무는 피허가자에 있으며 공동의 이익과는 관계가 멀어지고 어구를 설치한 해역은 공용 해역, 즉 공유재라는 개념은 없어진다. 이동성 구획 어업은 일정 구역을 획정하여 다수의 개인에게 주 어획물과 어종의 혼합 비율을 지키는 동종 어업을 허가한다. 해면 이용에 구애받지 않는 다른 어업이 조업하면 대상 어종이 다르지만 서로 상대를 방해자로 생각하여 갈등이 생겨나는 실정이다(한규설, 2008).

공유재는 전통 사회 그리고 일부 현대 사회에서 상대적 약자들의 삶을 도와주는 기본적 역할을 수행하며 유지되어 오고 있기에 공동의 이익이 아닌 개인의 이익 추구로 훼손되며 공유재의 붕괴로 이어지는 재산권 기반의 자원 관리로부터 보전될 필요가 있다. 공동어장의 마을어업과 양식어업은 지선 어업인들에 대한 국가의 정책적 배려로 생존권 배려와 경제적 여건의 조성을 통한 관리형 어업을 위한 제도적인 특징을 갖는다. 마을로서는 생존권 보증이 전체의 평등화로 이어진다. 막무가내식 증산이 필요는 없고 증산을 했다고 해서 타인들이 칭찬할 이유도 없어 수탈적 생산을 할 필요가 없이 재생산이 가능한 범위의 채취가 있을 뿐이다. 절제 있는 자원의 채취와 생태계를 적절한 상태로 지속시키는 의무가 거기에 존재하게 된다(한규설, 2008; 소재선·임종선, 2012).

현대 사회의 사유재 기반 체제 아래 마을 어장 제도가 정착하게 된 것은 정부의 정책과 주민들의 공동체가 합치점에 이르러 어민의 총유적 해면의 이용을 합법적으로 인증한 것에서 찾아야 할 것이다. 여기에 더해 자연은 인간과 사회적·문화적 의미체로 존재하는 가치를 가지는 것으로 접근하면 인간과 자연의 관계는 상품 경제를 뛰어넘는 풍요함이 있으며, 그 관계는 지속적으로 유지될 수 있다. 공유재의 진정한 의미는 이러한 관계에 기초하기에 산과 바다는 산림과 어업만을 위한 것이 아니라 모든 국민이 함께 공유의 자원을 공유의 규칙에서 공동의 이익을 향유하는 곳으로 인식을 확장할 필요가 있다.

3. 공유재와 지역 공동체

근대화를 추구하는 발전 지향적 접근은 1990년대 중반부터 비판을 받고 있다. 발전은 사람과 지역의 파괴를 가져왔기 때문에 대중 담론으로 특정의 장소와 공간을 만든 세계관을 비판적으로 평가하며 다양한 후기발전주의 사고의 대안적 개념과 실천 아이디어가 논의되고 있다. 이는 발전의 의미를 시장 가치가 아닌 진정한 가치를 재발견하려는 노력으로 반성과 도전을 제시한다(Gibson-Graham, 2006; McGregor, 2009; Escobar, 2012).

후기발전 사회를 향한 노력에서 공유재의 재발견은 중요하게 다루어진다(맥마이클, 2013; Mies and Benholdt-Thomsen, 2001). 공유재는 사람들의 공통적인 생계 자원이자 문화적 의미를 지닌 개념으로, 자본주의가 출현하면서 사유 재산 제도에 따라 구획이 나누어지는 현재 남부 국가에서 전지구적 토지 수탈의 위협을 받고 있는 대상이기도 하다. 최근 공유재를 다시 부활시키고 확장하려는 움직임이 제1세계 국가에서 일어나고 있으며, 개발도상국에서도 아직 완전히 사라지지 않은 공유재를 보호하려는 움직임이 나타나고 있다(McCarthy, 2009; Goldman, 1997). 공유 자원을 오랜 기간에 걸쳐 성공적으로 관리한 경험과 제도는 다양한 연구에서 다루어지고 있는데, 기본적으로 왜 어떤 지역들은 성공적으로 공유 자원을 이용하고 관리하는 데 반해 다른 지역들은 그렇지 못한지에 대한 관심이 연구의 핵심을 이룬다(오스트롬, 2010; Berkes, 2007; Agrawal, 2001). 이들은 발전지향적 사고는 효율성에 기초해 지나치게 단순한 단일 방향으로의 변화를 추구하기에 이를 다변화하여 경제와 경제 논리로부터 탈중심화, 탈필연화, 과학 지식 대비 지역 지식의 강조, 지배적 사고에 대한 비판적 재고, 사회적 관습의 다양성과 중복성을 드러내는 노력과 현실 검토를 통해 지속가능한 자연 관리 방향의 모색이 필요하다고 강조한다.

공유재를 기반으로 하는 공동체 경제는 또한 공유재를 사회적으로 만들기에 양자는 서로 지속가능한 발전을 위해 중요하다. 즉 공유재 없이는 공동체도 없고 공동체 없이는 공유재도 없다(미즈·벤홀트-톰젠, 2013; Gibson-Graham, 2006). 공유재의 유지와 부활을 위한 노력은 지구 차원의 공공재, 예를 들어 물, 삼림, 대기 등을 상품화하여 판매하는 시장환경주의에 대한 저항이기도 하다. 자본주의 시장경제 기반의 환경 이용과 관리에서 드러난 모순의 대안으로 공동체 경제, 환경 관리 분야에서는 공유재에 대한 관심을 높이고 있다. 공공재의 규제나 상품화에 대한 대안은 지역공유재와 토지 그리고 지역 지식에 기초한 공동체 자율의 자원의 생산적 이용을 가능하게 하는 방안을 모색하려는 시도로 제1세계에서도 가능할 것이라는 기대를 높이고 있다.

1) 사례 – 제1세계와 제3세계

신자유주의 논리가 환경 이용과 관리로도 확대됨에 따라 공공재는 사유화와 상품화의 대상으로 위협을 받고 있으며, 실제 줄어들고 있다. 공공재는 자본주의의 지칠 줄 모르는 이윤 추구의 침투 대상이며 환경 악화와 빈부 격차 심화의 원인이 되고 있다. 자본주의 경제에서 공공재를 지키기 어려운 것은 공유재의 비극론이 많은 모순을 가진 이론임에도 불구하고 너무 일상화되어 있는 것을 기본적으로 꼽을 수 있다. 이 주장은 전통 사회를 공공재를 통해 생계를 유지하는 비자본주의적인, 자본주의 사회와 대비되는 낙후된 공간으로 이분법적으로 구분한다. 자본주의 공간도 불균등하게 발전하지만 모두 동질적인 자본주의로 표현되는 반면, 공유재와 공동체 기반 경제는 자본주의 공간 외부에 있는 것으로 간주하여 비록 장소에 기반한 정치, 대안적 생산과 분배를 가능하게 함에도 불구하고 한계가 있는 것으로 간주하였다.

신자유주의는 다양한 지역 실천을 통해 부분 또는 전체적으로 제도화된 사고이지만, 공유재는 일부의 공공 재산 또는 자원의 공동체적 이용과 관리로 기술되어 분절되고 지역화된 실체로 표현된다. 신자유주의는 정책 발표, 세계은행의 지시, 시민의 태도, 언론의 표현 또는 경제 자료 등에서 빈번하게 나타나지만, 공유재는 의도적으로 사회, 경제 또는 개인의 주관에 침투하여 사고나 지식을 변형시키기 위해 적용되지는 않는다(Gibson-Graham, 2006). 따라서 신자유주의는 범위나 강도에서 세계적이지만, 공유재는 본질적으로 지역적이고, 취약하고, 퇴화하는 것이 된다. 신자유주의의 증거는 쉽게 국가와 글로벌 차원에서 수집할 수 있다. 그러나 구체적이고 지역화된 공유재에 대한 이야기는 많은 소규모 실증 연구들의 장기간에 걸친 참여 관찰을 통해야만 공유 제도의 구체적이고 복잡한 실체를 드러낼 수 있고, 이를 지역, 국가 또는 세계 규모에서 효과를 기대하거나 적용된 제도로 보기는 어렵다.

공유재의 가치와 대안 가능성은 이러한 여러 장애로 인해 대중화하기 쉽지 않지만, 공유재에 대한 분석은 종종 지역 공동체와 더불어 생존하고 있는 순수한 제도로 지속가능성, 형평성 그리고 어느 정도 경제적 효율성도 가지고 있음을 밝혀 낸다(오스트롬, 2010; Mies and Benholdt-Thomsen, 2001; Berkes et al., 1989). 비록 자본주의 관계가 보편적이고 불가피하게 지속되지만 자원에 기반한 경제 내에서 가족 경제, 협동조합, 공동체 경제 등 다양한 경제 방식도 발견된다. 자본주의 일색의 사회에서 현장 참여 관찰 연구는 다양한 경제 형태와 비자본주의 또는 대안 자본주의 경제의 가능성을 드러내고 있는데, 특히 공유재를 지역 경제의 대안 가능성으로 고려하고 실행해 보려는 연구가 늘고 있다(Gibson-Graham, 2005; St. Martin, 2009). 현장 참여 연구는 개인들이 참여하는 공동체 기반 경제로 인지하는 다양한 지역 자산과 가능성 실행 목록을 만드는 것에서 시작해, 공동체 경제에 개인의 참여를 독려하는 제안에 호응이 좋아 지역 주민 주도의 '다른 지리', 즉 자본주의가 잠식해 들어오지 못한 전자본주의 또는 새로운 비자본주의 경제의 구성을 시도한다. 자본주의 체제에서 필수적인 자원을 목록화하고, 평가·배분하고, 토지 소유를 과학적으로 표현하는 방식과 비교하여, 비자본주의 경제의 공간적 형체는 공유재를 지도화하는 작업에서 나타나는데, 공유재는 종종 실체가 아니라 지역에 따라 다양한 정도의 과정과 관계의 집합으로 존재하는 경우가 많다(Gibson-Graham, 2005).

환경의 상품화나 파괴가 아닌 지속가능한 발전을 위한 공유재의 가능성은 선진국과 개발도상국에 해당하는 미국과 필리핀의 사례에서 찾을 수 있다. 미국의 '버팔로 공유재(Buffalo Commons)'는 미국 대평원 지대의 건조 지역을 광대한 자연보호구역으로 만들어 경제, 재산, 기업 등의 지배적 형태로부터 벗어나 야생성으로 회귀하자는 계획이다(St. Martin, 2009). 미국의 대평원 건조 지역은 거주자들이 정착하여 농업과 목축 활동을 하면서 생태계가 취약해져 주기적으로 발생하는 먼지 폭풍의 환경 악화를 경험한다. 건조 지역의 생태계에 대한 충분한 이해 없이 이루어졌던 농업과 목축 활동은 실패하였고, 인구 유출과 환경 악화로 황폐화된 이 지역은 버려졌다. 하지만 대안으로 이 지역을 미국 들소인 버팔로가 서식할 수 있는 환경으로 되살리고, 원주민들도 협동해 버팔로 관련 예술과 공예품 등을 제작, 판매해 지역 경제의 회생을 모색하는 가능성이 제시되었다. 이는 환경과 경제를 되살리기 위해 농경지와 버팔로를 공유재로 환원하자는 대안이었다. 처음에는 거주자들이 이를 자발적이 아닌 강제로 인식해 반대에 부딪히지만, 점차 지역 주민, 학자, 환경, 시민 단체들이 참여하며 지역의 자연과 문화유산을 보호하고, 관광을 통해 경제를 회생시키고, 초지의 탄소 포집으로도 이어지는 다양한 경제와 환경 목표를 제시하며 생태적 지속가능성의 한 시도로 평가되었다. 신자유주의적 자원의 사유화가 급속히 확장하는 기간 동안, 대평원의 탈사유화는 환경주의자, 원주민, 지역 기업가 그리고 공동체 경제를 지속하길 바라는 사람들의 비전으로 호응을 얻고 있다(Popper and Popper, 1999; St. Martin, 2009).

어업에서는 아틀라스 계획(The Atlas Project)을 유사한 사례로 들 수 있다. 이는 어업이 모두에게 개방된 공간에서 자본주의 체제의 사유 재산에 기초한 자원의 상품화를 추구하며 개인들이 경쟁하는 상업적 어업을 중단시키고 다른 경제를 도모하자는 시도이다(St. Martin, 2009). 미국 메인만 어업에서 주변화된 어부들은 자신들을 경쟁하는 개인이 아닌 공동체의 구성원으로 보고, 어업 관리에 참여할 수 있는 능력을 강조하며 어류 공공재의 유지를 훼손하는 지배적인 담론에 반대되는 지도화 작업을 하도록 공유의 윤리적 실행을 시작하였다. 이 지도는 허가 받은 선박의 이동 자료에 기초해 어로 작업의 밀집 지역, 공동 작업장, 어장의 군집이 나타나도록 작성되었다. 다음으로 이 지도를 연방정부 어업국에서 자원 평가와 관리를 위해 만든 지도와 비교하며 정부 지도가 공공재를 미숙하게 나타내고 있다는 것을 드러내었다. 이 어업 공공재 지도는 개방된 어업 자원을 경쟁의 장으로 생각했던 입장에서 공동 지식과 공동 경험을 인식하고 행동으로 옮길 수 있는 어업 공간으로 바꾸어 어업의 미래를 위한 새로운 계획과 상상을 가능하게 하는 계기를 마련해 주었다.

비록 미국 북동부 해안의 어업 관리는 총허용어획량과 개별이전가능할당 등 어업 사유화 접근이 주류를 이루지만, 아틀라스 계획은 풀뿌리 조직으로 시작하여 지역관리연합(Area Management Coalition)을 결성하며 지역 공동체 중심으로 공동체 생계를 위한 어업 관리를 대안으로 주장하고 있다. 어부들이 설정한 봉쇄 구역은 크기와 모양이 다양한데, 이는 자신들의 환경과 어획 압박을 예로 들어 대구의 산란과 서식지와 어획 강도를 포함한 지역 지식에 기초한 것으로 어선, 어부보다 장소에 기반한 지속가능한 어획이고, 이를 소비자들에게 알리며 어류를 판매해 호응을 얻고 있다. 이러한 시도는 재산권 기반 산업적 어업 체제에서 벗어나 지역 공동체 특수적인 지역 지식에 기초해 공유재 관리와 공동체 경제를 활성화시키는 방안으로, 어류의 대규모 고갈을 방지하고 어촌 공동체의 붕괴와 잠식을

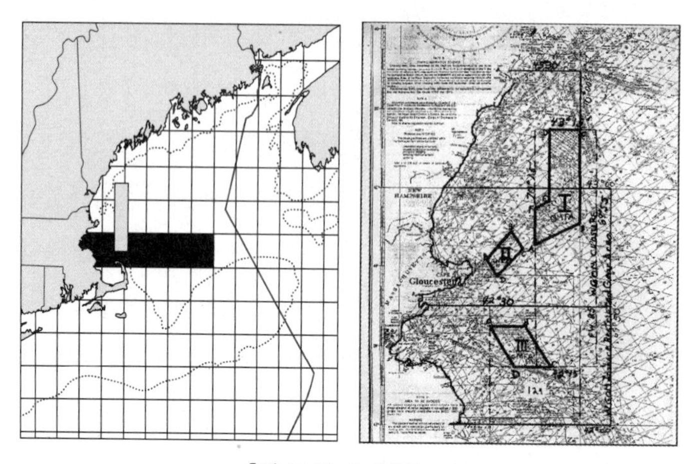

출처: St, Martin, 2001

그림 26. 미국 국립 어업국의 메인 만 격자와 봉쇄 구역과 어부 제안의 봉쇄 구역 비교

방지하는 대안으로 관심을 받고 있다.

개발도상국의 경험은 필리핀 자그나(Jagna) 지역의 연구를 사례로 들 수 있다(Gibson-Graham, 2006). 이 지역은 발전에 따른 피해를 인식하고, 발전이 되지 않은 장소는 무언가가 부족하다는 정의를 넘어 능력과 기회의 측면에서 새로운 장소를 만드려는 노력을 기울인다. 자그나는 인구 3만 명을 약간 넘는 보홀 주의 항구 도시로 북쪽으로 민다나오와 연결된다. 농부들은 쌀, 코코넛, 바나나, 고지에서는 냉채소와 꽃을 재배하고, 해변의 취락은 거의 고갈된 어류 채취로 어렵게 생활을 유지하고 있다. 대다수 인구는 기독교 원주민이며 일부 민다나오에서 이주한 이슬람 가구는 무역에 종사한다. 이 지역은 섬 지역의 쾌적한 마을로 독특한 화강암 지형과 세계에서 가장 작은 영장류인 안경 원숭이가 인기 있는 관광 상품이다. 그러나 정부, 민간 투자가 전혀 이루어지지 않아 소외된 지역으로 수입이 수출보다 훨씬 많으며, 화강암, 말린 야자, 쌀, 참새우와 공예품 등을 소규모

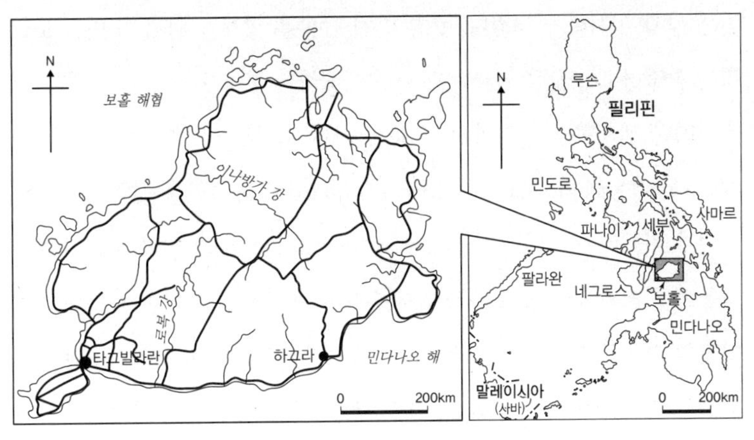

출처: Gibson-Graham, 2005

그림 27. 필리핀 자그나 지역

로 수출하고 있다.

필리핀은 수출을 통해 경제를 성장시키는데, 세계 경제에 합류하기 위한 주류 발전 전략은 외국 투자를 수출진흥지역으로 유치하고 수출 지향 농업과 계약 노동자를 송출해 외화를 벌어들이는 것이다. 자그나의 경우 지방 분권으로 지방정부는 전면에서 발전 목표를 달성해야 하는 상황으로, 이주 노동자의 송출과 국제 생태 관광객 유치 그리고 최근에는 수출용 팜유 나무 재배에 노력을 기울이고 있다. 중앙정부와 지역 주민들은 IMF와 세계은행 주도의 세계화된 경제를 받아들이고 경쟁에서 살아남아야 생존할 수 있다는 입장에 익숙해지고 있다. 이러한 변화에서 공동체 경제는 지속적으로 훼손, 파괴되고 있다. 가장 치명적인 것은 어부들이 수 세대 동안 의존했던 공공재인 해양 환경이 악화되고, 고지대에서는 침식과 수질 오염을 줄이기 위해 보호삼림구역을 설정하고 화전 이동 경작을 금지하며, 오랫동안 전통적으로 이용되어 왔던 공공 토지로의 접근이 불가능해지며, 해안과 내륙 모두에서 주민들은 새로운 생계 방안을 모색해야 하는 상황에 처하게 되었다. 주류 발전 담론은 생계를 위해 더 많은 노동력을 송출하고 수출용 환금 농산물을 재배하는 것이다.

이러한 세계화의 불가피성 아래, 필리핀 비정부 기구인 이주자서비스재단(Unlad Kabayan Migrant Services Foundation Inc.)은 홍콩에 기반을 둔 비정부 기구인 아시아이주센터(Asian Migrant Centre)와 협력해 해외 계약 노동자를 저축 집단으로 조직해 이주자의 저축을 장소 기반 공동체 경제 발전의 기회로 활용하려는 계획을 시작한다. 이들 두 비정부 기구는 기업 관리와 기술 훈련을 제공하고, 이주 저축자들은 필리핀의 여러 공동체에서 유기 농장 닭, 쌀 제분, 코코넛 섬유 등을 생산하여 가공하고, 국수, 과자 등과 같은 부가 가치 음식을 생산하는 사업을 시작하였다. 이러한 사업은 지속되는 이주를 중단시킬 수 있는 기회가 될 것이라는 희망에서 시작되었다. 그러나 보다 중요한 이 사업의 핵심은 공동체를 한계가 아닌 능력, 수요보다는 자산, 제약보다는 가능성 가진 집단으로 자신들의 강점을 부각시켜 공동체 구성원 스스로가 이전에 인식하지 못했던 다양한 농사와 기업-사업 능력을 배양하는 것이다. 또한 이를 토대로 지역 네트워크를 발전시키고 독립적인 장소특수적인 지역 기업을 추구하며 무능과 의존보다는 자부심을 배양하는 데 노력을 경주하는 것이었다.

자그나의 지역 전통은 대다수 주민이 쌀농사에 필요한 집약적 노동을 무임금 노동으로 공유하고 협력하는 호혜적인 노동 교환과 자발적인 무임금 노동 제공 그리고 토지가 없는 농부에게 일정 수확을 나누어 주거나 어업 참여자에게 어획의 일부를 주고, 이사나 학교 농원 조성, 관개 수로 관리와 도로 보수, 마을 청소 등을 공동 협업으로 하는 것이다. 이러한 전통적인 공동 작업의 관계는 친족과 이웃 집단 내부 그리고 주민들 간 복잡한 상호 의존 네트워크를 형성한다. 그러나 지속가능한 생활을 영위하고 있는 이러한 공동체 전통은 이미 물질적 풍요의 주류 발전 개념이 유입되며 저평가되고 있었다. 공동체 경제에서는 직접적으로 생계와 사회복지를 유지하고, 공동체의 물질적·문화적 유지를 위해 잉여를 배분하고, 공공재를 만들고 공유하는 실제적인 경제가 운영되고 있지만, 자본 중심적 사고에서 이러한 다양하고 긴밀한 관계망은 낙후된 불신의 경제 실천들로 평가한다.

자그나는 해외 노동자의 송금을 공동체 경제의 투자 재원으로 활용했지만, 그들을 실패한 사람으로 조롱하고, 이주를 권장하기 위해 이주자를 기업가로 바꾸고, 지출을 줄이며 국가를 위해 저축한다는 등의 많은 비아냥거림과 비판이 뒤를 이었다. 그러나 송금은 음식 가공업 등 지역 기반 사업을 운영하고, 수익은 중등 교육 확대와 상수도 관로 개설, 도로 포장 등에 쓰여 공동체를 건실하게 하고, 재능과 지식 그리고 자연환경을 공유하며 새로운 마을 공공재를 만들고 확충하며 협동조합 형태로 운영하며 취업 기반과 이윤을 늘리는 데 중요한 역할을 하였다. 이주 노동자들은 더 이상 힘없는 자본주의 세계화의 희생자가 아니라 공동체 기반 사업의 투자자, 모국 공동체의 지역 발전을 위해 공헌하는 사람으로, 그들이 가진 지역 지식과 국제적 지식은 다른 경제 기회를 만들어 가는 데 충분하다는 인식을 제고하는 것을 강조하였다. 특히 중요한 것은 자본주의의 공식 경제 아래 존재하는 그리고 주류 발전론자들의 눈에 가려져 이전에는 가치를 부과하지 않았던 다양한 공동체 경제의 존재와 잠재력을 드러내며 새로운 가능성을 열고자 하는 인식과 실천의 변화 노력이다.

2) 공동체 경제 논의

공동체 경제는 자본주의 내에 공존하는 광범위한 비자본주의적 공간에 주목해 다양한 경제 활동들을 연관시키고 접합시키는 경제적 상호 의존성을 강조하는 후기발전주의의 방향을 모색하는 노력의 하나로 논의되고 있다. 공동체 경제는 생계에 필요한 노동 기회를 보장하고 사회적 잉여의 공동체적 전유, 배분, 소비를 지향하는 윤리적 실천에 근거해 성장이 아니라 참여를 통한 공동체 만들기를 목표로 하며, 협동조합과 마을 공동체가 중요한 결정체의 모습이다(Gibson-Graham, 2006; 최영진, 2010). 공동체 경제는 지역 단위 내에서 공동체 기반의 소유, 경제적 상호 의존성, 사회적 기업 등을 통해 경제를 다양화하는 데 주안점을 둔다. 이는 협동조합의 가치인 자조, 자기 책임, 민주, 평등, 형평성, 연대를 기반으로 하여 사회적 책임, 타인에 대한 배려 등의 윤리적 가치를 추구(김성오 외, 2013)하는 것과 유사한 모습이다.

이러한 공동체 경제의 추구에는 공유재를 회복하고 확대하는 작업이 중요하다. 주류 발전론에서 지역은 부를 생산하고 확대할 수 있는 핵심 생산 활동의 경제 기반이 있어야 하고, 그 지역에 가치를 더하는 가장 최선의 선택을 발견하고 그 활동을 유지하는 것이 필요하다고 본다. 지역 전체의 인구는 생산 활동의 육성을 통해 늘어난 취업과 이에 따른 재화와 서비스 수요를 증가시키며, 이는 다시 공급을 위한 추가 투자 유입의 승수 효과로부터 혜택을 누리게 된다. 이러한 방식의 경제 발전은 유럽과 북미의 산업화 경험으로부터 도출된 근대적 발전 모델로 보편화되었고, 수많은 장소에서 재생산을 기대하며 적용되었다. 그러나 이러한 발전은 자연에 의존한 원시적 축적이기에 환경적·사회적으로 지속 불가능한 한계를 드러낸다(Gibson-Graham, 2006).

서구의 산업화는 공공재의 전유에 기초한 것으로 공공 토지의 사유화와 전통적인 농업 생계 기반의 파괴로 나타난다. 이러한 전유의 성공은 서구의 주류 공공 담론으로부터 공공재라는 용어가 사라진 것에서 드러난다(The Ecologist, 1993). 서구인들은 자신들이 의지하는 자본주의 시장환경주의 모델이 당연히 외부에서도 적용 가능하다고 고려하며, 제3세계 농부가 삼림에서 생계를 위해 땔감과 사료를 가져오는 것을 '소비'라고 비난하면서, 펄프 산업을 위해 삼림을 제거하고 유칼립투스 나무를 심는 것은 '생산'한다고 칭송한다(Lohmann, 1993). 이는 환경 악화를 빈곤에 기인하는 것으로 보는 입장으로, 빈곤 퇴치를 위해 자연을 이용한 개발을 정당화한다. 즉 제3세계의 자연과 공공재의 해체를 강제하고, 최근에는 대기를 지구 공공재로 정의하며 탄소 배출권 거래제를 통해 다시 자신들의 탄소 배출을 정당화한다.

시장과 국가는 공유지에 대해 적대적이다. 시장은 공유지를 사적인 소유로 바꾸고 국가는 이런 사유화된 질서를 보장하려 한다. 산업화 시절의 환경과 발전에 대한 대중적 사고는 하딘의 공유지의 비극에 잘 대변되어 있다. 하딘은 사실 공유지에 관해서 쓴 것이 아니라 세상에 광범위하게 펴져 있는 의견을 자신의 글에 반영한 것이다. 실제 역사를 보면, 하딘의 주장처럼 이기적인 주민들이 공유지를 매각한 것이 아니라 국가 권력과 시장이 공유지를 약탈했고, 공유지에 대한 공동체의 전통과 문화를 파괴하였다(하승우, 2009). 그러나 최근 산업화된 국가에서도 공공재를 회복하여 확대하고, 개발도상국에서도 완전히 파괴되거나 전유되지 않은 공공재를 보호하자는 관심이 살아나고 있다(McCarthy, 2002; Ostrom et al., 1999; St. Martin, 2009; 최협 외, 2001). 신자유주의에 대항하는 장소 기반 정치와 투

표 16. 시장 경제 대비 공동체 경제의 주요어

주류 경제: 시장 경제	대안 경제: 공동체 경제
성장 지향, 경쟁적	활기 지향, 협동적
비문화적, 사회적으로 배태되지 않은	문화적으로 독특, 사회적으로 배태된
수출 지향, 단기적 반환 가치	지역 시장 지향, 장기적 투자 가치
민간, 비지역 소유	공동체, 지역 소유
전문화된, 관리되는	다각화된, 공동체 주도
잉여의 사적 전유와 배분	잉여의 공동 전유와 배분
비윤리적인	윤리적
노동의 공간 분화 참여	지역 자립적인
대규모	소규모
비공간/세계	장소 귀속적
환경적으로 지속가능하지 않은	환경적으로 지속가능한

출처: Gibson-Graham, 2006, 87의 내용을 선별하여 재구성

쟁 또한 공공재의 사유화에 대한 저항, 예를 들어 인도의 삼림 보호를 위한 칩코 운동, 코차밤바의 물 민영화 반대, 탄소 거래제를 신식민주의로 비판하는 주장은 이를 잘 보여 준다(Mawdsley, 1998; Perreault, 2005).

공유지는 공동체 없이는 있을 수 없고, 공동체는 경계 없이 존재하지 않는다. 따라서 공유지를 다시 만드는 것은 공동체에 기반한 공유 경제를 재생시켜야 하는 것과 연계된다(Mies and Benholdt-Thomsen, 2001). 공유지를 확산시키기 위해서는 공유의 영역을 많이 만들어야 하는데, 지역 사회가 필요로 하는 욕구를 공유재로 충족시키는 방안을 하나씩 마련하며 공동체 복원을 도모할 수 있다. 마을 공동체 복원은 공동체 단위로 접근하기보다 소지역 또는 사업 중심의 공동체 복원 활동을 펼치는 것이 적절해 보인다(김태영, 2012). 이는 제3세계 공동체 자원 관리에 대한 연구에서 마을 전체는 동질적이라고 가정하고 접근하는 경우 다양한 환경 변화에 대한 이해와 적응에 한계를 드러낸다는 정부 정책에 대한 이원론적 사고의 연구와 유사하다(Agrawal, 2001).

공동체의 기본이 자발적 참여와 호혜성에 있다면 보다 구체적으로는

협동조합 운동이 적절한 방법이 될 수 있다. 성공적인 협동조합은 마을 공동체로 확대될 수 있다. 마을은 가장 작은 단위의 생활공간으로 공동체 문화를 이루고 있을 뿐 아니라 경제적으로 자급적이고 문화적으로 자족적이어서 사회적으로 자립적 구조를 이루고 정치적으로 자치적인 지속가능한 공동체이다. 우리에게 마을 공동체나 협동조합은 그리 멀리 있는 사고는 아니다. 우리 농촌이나 어촌은 예로부터 절차보다는 사실에 입각한 상호 신뢰에 기초한 경제와 사회 생활을 미덕으로 여기며 살아 왔다. 이는 개발도상국 전통 사회에서는 보편적인 모습으로, 민족 문화의 정체성을 발견하기 위해 그리고 지속가능한 사회를 꿈꾸는 사람들도 미래의 대안 사회-문화로 마을 공동체에 주목한다(나종석, 2013; 김기홍, 2014; 미즈·벤홀트-톰젠, 2013).

한국의 전통 마을에는 토지의 사적 소유를 인정하고 거기서 수확하는 소득도 인정한다. 그러나 마을 공동체에서는 일자리가 없어서 노는 사람이 없는데, 그 배경에는 일을 공유하는 전통이 있기 때문이다. 토지는 사적으로 소유하지만 일은 두레를 통해서 공동으로 하기 때문에 일할 능력이 없는 것이 문제이지 일자리나 일감이 없어서 문제가 되는 일은 그리 심각하지 않다. 마을에서는 정규직인 머슴보다 비정규적인 두레꾼이나 품앗꾼들이 더 자유롭다. 두레는 농업 노동에서 일하는 사람들의 노동력을 공유하는 공동 노동 조직으로, 농가 중심의 품앗이 조직이 마을 중심으로 확대된 것이 두레라고 할 수 있다. 두레는 일감을 공유하고 일터도 공유하며 마을의 노동력을 공동으로 조직화하고 집약시켜서 노동 능률을 올린다. 또한 두레는 능력 있는 사람이라 하여 일자리를 독점하지 않는다. 이러한 모습은 현재 도시에 비해 농촌 지역에서 쉽게 찾을 수 있는 유연성 또는 충격 흡수력으로, 현재의 기준에서 임금이나 소득은 낮지만 무직자는 없다(주강현, 2006; 임재해, 2008).

지역에 초점을 맞춘 공동체 강조는 광범위한 경제와 정치 구조로부터 관심을 벗어나게 하여 보다 커다란 변화를 도모하는 데 장애가 될 수 있다는 의견도 제기된다. 그러나 발전이 어떻게 장소와 사람을 형태 지우고 구성하는가에서, 즉 발전에 의존하는 환경 보전과 시장환경주의 경제 담론에서 벗어나 어떻게 참여자가 장소와 발전을 형태 지우는 기능을 가지고 이에 대한 대안을 모색하는가를 보는 쪽으로의 전환이 중요한 시점이라는 의견이 공감을 얻는다.

지역 정치생태학은 소지역 단위의 환경 변화를 지역, 국가, 세계 규모에서의 영향을 고려하며, 사례 연구를 통해 제3세계와 제1세계가 각각 경험하고 있는 환경 악화와 갈등 그리고 이들 지역 간의 비교에서 자연이 이윤추구의 대상이 되며 사유화·상품화되어 가는 역동적 상황을 포착할 수 있었다. 또한 환경과 발전은 서로 맞물려 있는 상승적 관계로 논의되고 정책으로 반영되지만, 실제로는 갈등적이고 탈취적인 사회-정치적 과정으로 전개되는 모습을 보이기에 형평성 측면의 관점이 더해져야 한다는 주장을 제기할 수 있다. 최근까지의 정치생태학 논의가 비판적 안목으로 북부와 남부 국가의 권력 관계의 정치를 드러냈다면, 지금부터는 대안 모색을 위해 지역 공동체 논의를 보다 활성화시킬 필요가 있다. 이는 현재까지의 공유재 이용과 관리의 성공적인 경험으로부터 새로운 공유재를 만들어 나가는 노력을 필요로 하며, 동시에 지역 공동체를 부활시키고 새로이 현실의 실체로 만들어 가는 사고와 실천이 요구되는데, 지역 정치생태학의 관심과 접근이 그 출발점이 될 수 있을 것이다.

제5장

요약 및 결론

정치생태학은 1970년대 제3세계의 환경 악화와 빈곤 문제 해결을 위해 국제 개발 계획에 참여했던 일부 학자와 과학자들의 현장 사례 연구에서 시작되었다. 이들은 환경 악화를 과잉 인구와 시장 원리에 기초한 효율적 관리 부족 문제로 접근하는 관점을 비판하며 국가와 세계의 보다 광범위한 규모에서 작동하는 자본의 이윤 추구와 이의 정치적 확대로 설명을 시도한다. 정치생태학 관점은 환경 문제를 발전을 통해 해결한다는 주장이 환경 개선보다는 개발 이익을 우선적으로 추구하며 지역 간 그리고 집단 간 빈부 격차를 심화시키고 있어, 환경과 발전 그리고 형평성을 동시에 고려하는 접근의 필요성을 강조한다. 지역은 이러한 정치생태학 접근에서 인간과 환경 간의 역동을 형태 지우는 다양한 자연의 생물리적 상황이지만, 자원의 접근과 통제를 두고 이루어지는 갈등과 정치의 장소로 그리고 다양한 가능성의 미래가 펼쳐질 장소로도 역할하기 때문에 매우 중요하다.

환경 악화에 대한 지역 정치생태학 사례 연구는 제3세계에서 시작하여 점차 제1세계로 확대되고 있는데, 현재까지 제3세계는 효율적 환경 관리를 위해 시장 원리의 적용을 확대하며 지역 주민과 환경 갈등을 유발하고 있으며, 제1세계는 시장환경주의, 특히 재산권에 기반한 환경 관리가 환경 개선보다 사회적 격차를 심화시키고 있는 문제를 일반적인 지역별 특성으로 파악할 수 있다. 제3세계와 제1세계의 환경 악화와 갈등은 지역 개별적인 원인을 보인다. 동태적으로는 제1세계에서 한계를 드러내고 있는 시장 원리가 제3세계에서 강조되고, 시장 원리 강제로 제3세계에서 사라지고 있는 공동체 자원 관리의 사례로부터 제1세계가 교훈을 얻으려는 역설적인 모습을 보이고 있다. 더불어 물 공급 민영화와 탄소 거래제 사례에서 나타난 공공재와 자연의 상품화는 환경과 개발의 모순된 관계를 발전을 통해 해결한다는 논리로 선진국들이 국제기구를 통해 지구자원관리자의 입장을 정당화하며 전 지구적으로 확대하려는 자연의 신자유주의화 정치로 고려할 수 있다. 환경 관리의 시장 기반 접근은 공공재와 지구 자원의 효율적 이용과 관리의 논리를 표방하지만, 실제로는 기존의 공유재와 자연을 교환 가능한 재화로 바꾸며 경제적 이윤을 추구하는 자연에 대한 탈취적 축적의 전략으로 자연을 대상으로 불평등한 권력을 부의 축적을 위해 사용하고 있기에, 환경 이용과 관리 논의에 형평성은 반드시 포함되어야 할 중요한 측면이다.

지역 정치생태학은 지역별 그리고 지역 간 정태적·동태적 비교를 통해 환경 문제의 지역별 다양성과 지역 간 서로 역방향으로 전개되는 환경 관리 방안의 모순된 모습은 환경 문제에 대한 광범위한 그리고 보다 근원적 원인을 이해하는 데 적합한 접근이다. 이는 기존의 다양한 지역과 자연을 대상으로 이루어진 사례 연구를 중간 수준에서 포괄하며, 지역별 특성과 지역 간 비교를 통해 환경 문제에 대한 개별성과 보편성을 파악해 보고, 특정 지역의 환경 문제를 자연과 사회의 상호 영향 그리고 이를 둘러싼 정치적 과정의 산물로 이해하는 지역 맥락적이며 역동적인 접근이라 하겠다. 지역 정치생태학 연구는 소지역 사례 연구를 중심으로 환경 문제의 다양한 지역 차이와 역동을 검토하는데, 이 책에서는 아직 연구가 부족한 한국의 경험 사례를 추가하여 지평을 넓혀 보았다. 또한 일반적으로 정치생태학 연구는 비판에 치중하여 대안 논의가 부족한데 여기서는 지속가능한 발전의 정치적으로 구성된 대중 담론을 넘어 공공재와 지역 공동체의 성공적인 자원 관리의 경험을 사례로 논의하며 진정한 의미의 지속가능한 환경과 사회를 모색하는 방안을 제시해 보았다.

현실적으로 강조되는 지속가능한 발전은 자원의 효율적 관리와 자연의 상품화 형태로 추진되는데, 환경의 개선은 이루어지지 않고 계층-지역 간 불평등을 심화시키며 여러 지역에서 반대 운동이 일어나고 있다. 자연의 상품화는 기본적으로 공공재의 상품화와 자연의 탈취에 기초하기에, 생태적 악화를 개선하기 위해 환경 관리에 정부가 불가피하게 개입하는 상황으로 이어진다. 나아가 지역 공동체에 기반한 자율적 자원 관리로 되돌리자는 주장이 제기되기도 한다. 인간이 자연을 이용하며 생존을 유지하는 데 불가결한 자연의 지속적인 이용을 위한 지혜를 찾고자 하는 관심이 다양한 환경 이용과 적정한 자원 관리 방책에 기울여질 수밖에 없을 것이다. 공공재에 대한 관심은 1990년대까지 이어진 전통적인 발전 지향적 사고가 사람, 장소, 공간의 파괴를 가져와 대안적 개념과 실천 아이디어를 찾고자 하는 노력들이 후기발전주의적 사고로 다양하게 기울여지며 높아지고 있다. 후기발전주의 사고는 단순화된 이원론적 개발과 환경, 성장에 치중한 단일적 사고를 넘어, 경제 개념의 탈중심화, 경제 논리의 탈필연화, 사회적 관습의 다양성과 중복성으로부터 지속가능한 자연의 이용과 관리의 지혜를 찾고자 한다.

근래 들어 선진국에서 공공재를 다시 부활시키고 확장하려는 움직임과 개발도상국에서 아직 완전히 사라지지 않은 공유재를 보호하자는 움직임이 일고 있는 것에 주목할 필요가 있다. 이는 발전의 의미를 시장 가치가 아닌 진정한 가치를 재발견하려는 후기발전 사회를 향한 접근으로, 경험적으로는 오랜 기간에 걸쳐 공유 자원을 성공적으로 관리한 지역의 제도를 드러내고자 하는 다양한 사례 연구를 진행하고 있다. 이들은 기본적으로 과학 지식과 지역 지식의 비교 그리고 공유 자원을 성공적으로 관리하는 지역의 자원의 관리 경험으로부터 원리를 도출하고자 노력을 기울인다. 전통적인 지역 지식에 기반한 공유 자원 관리는 제3세계와 제1세계에서 다양한 성공 사례를 찾을 수 있으며, 한국에서도 일부 사라진 그리고 현재도 운영 중인 성공 사례를 찾을 수 있다. 이들은 대다수 지역 공동체가 기존의 공유재를 관리하고 새로이 만들어 가는 데 성공적이라는 공통점을 보인다.

지속가능한 자연의 이용과 관리를 위해서는 공공재를 기반으로 한 공동체 경제가 중요하게 언급된다. 이는 공공재를 상품화하려는 노력인 물, 삼림, 대기를 상품화하여 거래하는 시장환경주의에 대한 반론이지만, 공공재는 공동체 경제의 기본일 뿐만 아니라 공동체 또한 공공재 관리에 중요한 사회경제 조직으로 서로 긴밀하게 맞물려 있기 때문이다. 공공재는 더 이상 자본주의의 사유 재산 제도에 따라 구획으로 나누어야 할 대상도 아니고 주인이 없는 공유 재산이 아닌 오랫동안 지역 주민들의 공동적인 생계 자원이자 문화적 의미를 지닌 개념으로 재고될 필요가 있다. 또한 지역 공동체는 공공재의 가치를 재발견하는 핵심으로, 과거 개발 지향의 사회 변화에서는 장애로 고려되었으나 후기발전 시대에는 자율적으로 환경의 보전과 관리에 참여하는 주체로서의 역할을 높이 평가받고 있다. 지역 공동체의 강조는 과거 발전 지향의 관점에서는 공존하기 어렵고 변화를 도모하는 데 장애가 될 수 있다는 의견도 있으나, 발전에 의존하는 환경 보전과 시장환경주의 경제 담론에서 벗어나 지역 주민이 생태적·문화적·정치적 과정을 통해 스스로 자신들에게 적합한 제도를 만들고 자율적으로 환경의 이용과 관리에 참여하는 주체로 역할하며 공동체를 만들어 가는 과정이 높게 평가받고 점차 공감을 얻고 있다.

이 책은 환경의 이용과 관리에서 나타나는 환경 갈등을 광범위한 정치경제 상황과 연계시켜 이해하고, 이들 간의 비교에서 드러난 시장환경주의 강제와 공동체 기반 공유재 관리 논의의 역설적 모습, 지구 차원의 공공재 보호를 주장하는 대중 담론을 자본의 이윤 추구 전략으로 비판하고, 성공적인 공유재 이용과 공동체 관리에 대한 사례를 통해 지속가능성을 제안해 보았다. 최근 들어 자본주의의 한계를 극복하려는 대안적 개념과 실천 아이디어가 다양하게 논의되는 것은 이제 사람들이 발전의 의미를 재규정하기 위해 개인적으로나 집단적으로 노력하고 있다. 이런 점에서 지역은 기본적으로 환경 악화와 갈등을 이해하는 틀이다. 동시에 생태친화적인 삶은 공동체적이고 공공적인 경험과 실천의 거점이 될 수 있는 일상적 터전으로 중요하게 고려할 필요가 있다. 지역 공동체는 서로 맞물려 있는 환경과 경제를 형평성 측면의 관심을 포함하여 새로운 대안적 사회를 만드는 사고와 노력의 출발점이 될 수 있을 것이다. 지역 정치생태학이 환경 이용과 관리 접근에 대한 비판과 대안을 포괄하며 환경과 발전 그리고 형평성을 모두 고려하는 이해와 실천에 도움을 줄 수 있기를 기대한다.

참고문헌

강경민, 2011, 공유자원의 준사유화 과정에 대한 연구, 제주대학교 대학원 박사학위 논문.

강성복, 2009, 계룡산 국사봉 주변마을의 송계 관행: 19세기 후반-20세기 향한리 송계를 중심으로, 민속학연구, 24, 97-121.

강희찬, 2010, 시장 중심적 먹는 물 관리 방안, SERI 경제 포커스, 307.

권상철, 2007, 환경문제에 대한 지역관점의 접근: 환경교육에의 일조, 한국지리환경교육학회지, 15(4), 287-301.

권상철, 2011, 다문화 생태주의와 지역지식, 김민호 외, 지역사회와 다문화교육, 학지사, 103-130.

권상철, 2012, 물의 신자유주의화: 상품화 논쟁과 한국에서의 발전, 한국경제지리학회지, 15(3), 358-375.

김경옥, 2010, 20세기 전반 장흥 노력도 대동계의 조직과 운영, 역사민속학, 33, 359-384.

김경옥, 2012, 섬과 바다의 사회사, 민속원.

김기홍, 2014, 마을의 재발견: 작은 정치·경제·복지로 더 나은 세상 만들기, 올림.

김성오 외, 2013, 우리, 협동조합 만들자: 협동조합 창업과 경영의 길잡이, 겨울나무.

김세규, 2007, 지하수이용권에 관한 소고, 공법학연구, 8(3), 497-519.

김영미, 2007, 일제시기 도시의 상수도 문제와 공공성, 사회와 역사, 73, 45-74.

김용수·박정석, 2010, 한국의 꽃게 통발어업과 협동관리, 민속원.

김재호, 2008, 식수문화의 변화과정: 우물에서 상수도까지, 한국민속학, 47, 235-265.

김준, 2004, 어촌사회 변동과 해양생태, 민속원.

김태영, 2012, 마을 공동체 복원의 고려 요소, 대한건축학회지, 56(6), 14-19.

김태원, 2005, 동해안 어촌 지역 경제구조의 변화가 사회·인구학적 환경에 끼친 영향: 동해시 묵호지구를 중심으로, 영남대민족문화연구소 편, 울릉도·동해안 어촌 지역의 생활문화연구, 경인문화사, 137-215.

김한승, 2007, 물산업 육성방안과 상하수도 민영화, 대한환경공학회지, 29, 1291-

1296.
김형국, 1996, 국토개발의 이론연구, 신정판, 박영사.
나종석, 2013, 마을 공동체에 대한 철학적 성찰: '마을인문학'의 구체화를 향해, 사회와 철학, 26, 1-32.
라코스트, 이브/박은영 역, 2010, 세계의 물, 현실문화(Lacoste, Yves, 2010, L'eau Dans le Monde, Larousse).
로빈스, 폴/권상철 역, 2008, 정치생태학: 비판적 개론, 한울아카데미(Robbins, Paul, 2004, Political Ecology: a critical introduction, Blackwell Publishing).
로빈스, 폴, 힌츠, 존, 무어, 세라/권상철·박경환 역, 2014, 환경퍼즐: 이산화탄소에서 프렌치프라이까지, 한울아카데미(Robbins, Paul, Hintz, John, and Moore, Sarah, 2010, Environment and Society, Wiley-Blackwell).
맥마이클, 필립/조효제 역, 2013, 거대한 역설: 왜 개발할수록 불평등해지는가, 교양인(McMichael, Philip, 2011, Development and Social Change: a Global Perspective, 5th ed., SAGE).
미즈, 마이라·벤홀트-톰젠, 베로니카, 2013, 자급의 삶은 가능한가-힐러리에게 암소를, 동연(Mies, Maria and Bennholdt-Thomsen, Veronica, 1999, The Subsistence Perspective: Beyond the Globalised Economy, Zed Books).
박광순, 1981, 한국어업경제사연구, 예풍출판사.
박덕병, 2003, 농촌의 내생적 발전을 위한 전통지식 개발전략, 농촌사회, 13(2), 161-205.
박성용, 2005, 울릉도 어민의 어업기술과 작업조직의 변화, 영남대민족문화연구소 편, 울릉도·동해안 어촌 지역의 생활문화연구, 경인문화사, 1-47.
박원배, 2006, 제주도의 지역별 농업용수 개발·이용방안, 제주발전연구원.
박정석, 2001, 어촌마을의 공유재산과 어촌계, 농촌사회, 11(2), 159-191.
박정석, 2008, 공동체의 규범적 순응과 강제: 해남 땅끝마을의 어촌계와 자치규약을 중심으로, 호남문화연구, 43, 197-232.
발로, 모드/노태호 역, 2009, 물은 누구의 것인가: 물 권리 전쟁과 푸른 서약, 지식의 날개(Barlow, Maude, 2009, Blue Covenant: The Global Water Crisis and the Coming Battle for the Right to Water, The New Press).
백명수, 2008, (가칭)물산업 지원법 비판적 검토, 세계사회포럼 물산업지원법 비판 정책워크샵 발제자료.
세계환경개발위원회, 1994, 우리 공동의 미래, 새물결(World Commission on Environment and Development, 1987, Our Common Future, UN).
소재선·임종선, 2012, 대한제국 이래 한국 어업권의 연혁과 어업관행의 관습법화, 외법논집, 36(2), 135-155.

시바, 반다나/이상훈 역, 2003, 물전쟁, 생각의 나무(Shiva, Vandana, 2002, Water Wars: Privatization, Pollution, and Profit, South End Press).

신준석, 2007, 세계 물산업의 구조변화와 시사점, SERI 경제포커스, 삼성경제연구원.

아키미치 토모야/이선애 역, 2007, 자연은 누구의 것인가: 공유에 대한 역사·생태인류학적 연구, 새로운 사람들(秋道智彌, 2004, コモンズの人類學: 文化·歷史·生態, 人文書院).

안미정, 2008, 제주 잠수의 바다밭, 제주대학교출판부.

양세진·이유진·이지현·이아선, 2006, 지역 공동체 기반 자연자원관리 제도개선 방향 연구, 교보생명교육문화재단 2006 대학환경수상집, 167-203.

염형철, 2006, 물 민영화 추진을 중단하라, 환경과 생명, 48, 133-144.

오스트롬, 엘리너/윤홍근·안도근 역, 2010, 공유의 비극을 넘어: 공유자원 관리를 위한 제도의 진화, 랜덤하우스코리아(Ostrom, Elinor, 1990, Governing the Commons, Cambridge University Press).

윤순진, 2002, 전통적인 공유지이용관행의 탐색을 통한 지속가능한 발전의 모색: 송계의 경험을 중심으로, 환경정책, 10(4), 27-54.

윤순진, 2004, 옛날에 공유지를 어떻게 이용했을까? 이도원 편, 한국의 전통생태학, 사이언스북스, 136-169.

윤순진, 2008, 기후불의와 신환경제국주의: 기후담론과 탄소시장의 해부를 중심으로, 환경정책, 16(1), 135-167.

윤순진·차준희, 2009, 공유지 비극론의 재이해를 토대로 한 마을숲의 지속가능한 관리: 강릉 송림리 마을숲 사례에 대한 검토를 중심으로, 농촌사회학회지, 19(2), 125-166.

윤양수, 1997, 제주도 지하수의 공개념적 관리방법, 법과 정책, 3, 127-155.

이노우에 마코토/최현·정영신·김자경 역, 2014, 공동자원론의 도전, 경인문화사(井上真, 2011, コモンズ論の挑戰, 新曜社).

이상헌, 2003, 세상을 움직이는 물: 물의 정치와 정치생태학, 이매진.

이상헌, 2009, 한국의 물 산업 민영화 논쟁에 대한 경험적 검토, 공간과 사회, 31, 88-125.

이상헌·정태석, 2010, 생태담론의 지역화와 지역담론의 생태화, 공간과 사회, 33, 111-142.

인간도시 컨센서스, 2012, 마을로 가는 사람들: 공동체가 일구는 작은 산업, 큰 일자리, 알트.

임재해, 2008, 공동체 문화로서 마을 민속문화의 공유 가치, 실천민속학연구, 11, 107-163.

자거, 빌헬름/유동환 역, 2008, 물 전쟁?, 푸른나무(Sager, Wilhelm, 2001, Wasser, Europaishe Verlagsanstalt).
전경수, 1995, 용수문화, 공공재, 그리고 지하수: 제주도 지하수개발의 반생태성을 중심으로, 제주도연구, 12, 51-69.
정광조, 2002, 한국과 프랑스의 지하수 자원 정책 비교, 사회과학논문집, 21, 225-243.
정근식·김준, 2000, 어장의 공동이용의 변화와 어민의 합리성, 도서문화, 18, 131-161.
정기석, 2011, 마을을 먹여 살리는 마을 기업, 이매진.
정진호, 2013, 소규모 공유자원 자율 관리의 성과 요인 분석, 부경대학교 대학원 박사학위 논문.
제민일보, 2006, '공수화' 보존·관리 막대한 영향, 6월 22일.
제주도, 1996, 제주의 해녀.
제주발전연구원, 2007, 지하수의 공수관리제도의 개선방안 연구, 정책연구보고서.
제주발전연구원, 2008, Jeju Water Vision 2030 수립을 위한 기초연구, 정책연구보고서.
제주특별자치도 해녀박물관, 2009, 제주해녀의 생업과 문화.
주강현, 2006, 농민의 역사 두레, 들녘.
주진우, 1999, 신해양질서 시대, 어업자원관리만이 살 길이다!, 국회 해양수산 정책자료집.
최병두, 2009, 자연의 신자유주의화: 자연과 자본축적 간 관계, 마르크스주의 연구, 6(1), 10-56
최영진, 2010, 희망의 공간을 만들기 위한 "차이" 드러내기: 자본주의 공간성에 대한 Harvey와 Gibson-Graham 비교 연구, 한국경제지리학회지, 13(1), 111-125.
최협 외, 2001, 공동체론의 전개와 지향, 선인.
콘, 마거릿/장문석 역, 2013, 래디컬 스페이스: 협동조합, 민중회관, 노동회의소, 삼천리(Kohn, Margaret, 2003, Radical Space: Building the House of the People, Cornell University Press).
하비, 데이비드/최병두 역, 2007, 신자유주의: 간략한 역사, 한울(Harvey, David, 2005, A Brief History of Neoliberalism, Oxford University Press).
하승우, 2009, 공유지의 비극에서 공유의 민주주의로, 녹색평론, 108, 64-78.
한규설, 2001, (어업경제사를 통해본) 한국어업제도 변천의 100년, 선학사.
한규설, 2008, Commons와 연안어장, 수산연구, 28, 13-24.
한규설, 2009, 21세기 한국 수산업의 고민, 선학사.
한미라, 2011, 조선후기 가좌동 금송계의 운영과 기능, 역사민속학, 35, 141-173.

한승욱, 2011, 마을기업, 지역 공동체 회복의 희망, 부산발전연구원 포커스.
홀, 데이비드 외/전국공무원노동조합 역, 2006, 세계화와 물, 도서출판 노기연 (Hall, David et al., 2005, Reclaiming Public Water, Transnational Institute and Corporate Europe Observatory).
홍성태 편, 2006, 한국의 근대화와 물, 한울아카데미.
황경수, 2009, 제주 지하수 상품화에 관한 연구: 물 민주주의 이념의 적용을 중심으로, 제주대학교 석사학위논문.
황기형, 2003, 민·관 협력을 바탕으로 한 제주도의 자율적 어업관리 체제, 한국해양수산개발원 현안분석.
황성원, 2010, 삼림의 신자유주의화, 그 갈등과 경합: 인도네시아 KFCP 사업을 사례로, 서울대학교 석사학위논문.
Adams, W. M., 2009, *Green Development: Environment and sustainability in a developing world, 3rd edition*, Routledge.
Adger, W. Neil, Benjaminsen, Tor, Brown, Katrina and Svardtad, Hanne, 2001, Advancing a Political Ecology of Global Environmental Discourse, *Development and Change*, 32, 681-715.
Agrawal, Arun, 2001, Common Property Institutions and Sustainable Governance of Resources, *World Development*, 29(10), 1649-1672.
Agrawal, Arun, 2004, Indigenous and scientific knowledge: some critical comments, *IK Monitor*, 3(3).
Agrawal, Arun and Gibson, Clark, 1999, Enchantment and Disenchantment: the Role of Community in Natural Resource Conservation, *World Development*, 27(4), 629-649.
Aguilera-Klink, Federico, Federico, Perez-Moriana, Eduardo, and Sanchez-Garcia, Juan, 2000, The social construction of scarcity, the case of water in Tenerife, *Ecological Economics*, 34, 233-245.
Bakker, Karen, 2003, *An Uncooperative Commodity: Privatizing Water in England and Wales*, Oxford University Press.
Bakker, Karen, 2005, Neoliberalizing Nature? Market Environmentalism in Water Supply in England and Wales, *Annals of the Association of American Geographers*, 95, 542-565.
Bakker, Karen, 2007, The 'commons' versus 'commodity': alter-globalization, anti-privatization and the human right to water in the global South, *Antipode*, 39, 430-455.
Bassett, Thomas J., 1988, The Political Ecology of Peasant-Herder Conflicts in the

Northern Ivory Coast, *Annals of the Association of American Geographers*, 78(3), 453-472.

Berkes, F., 2007, Community-based conservation in a globalized world, *Proceedings of the National academy of sciences*, 104(39), 15188-15193.

Berkes, Fikret, 2008, *Scared Ecology*(2nd edition), Routledge.

Berkes, F., Feeny, D., McCay, B. and Acheson, J., 1989, The benefits of the commons, *Nature*, 340, 91-93.

Berkes, Fikret, Colding, Johan and Folke, Carl, 2000, Rediscovery of Traditional Ecological Knowledge as Adaptative Management, *Ecological Applications*, 10(5), 1251-1262

Birkenholtz, Trevor, 2009, Groundwater governmentality: hegemony and technologies of resistance in Rajasthan(India) Groundwater governance, *The Geographical Journal*, 175(3), 208-220.

Blaikie, P., 1985, *The Political Economy of Soil Erosion in Developing Countries*, Longman.

Blaikie, P., 1995, Understanding Environmental Issues, in S. Morse and M. Stocking, *People and Environment*, UCL Press, 1-30.

Blaikie, P. and Brookfield, H., 1987, *Land Degradation and Society*, Methuen.

Blaikie, Piers and Spirngate-Baginski, Oliver, 2007, Participation or Democratic Decentralization: Strategic Issues in Local Forest Management, in Oliver Springate-Baginski, and Piers Balikie, *Forests, People, and Power: the Political Ecology of Reform in South Asia,* Earthscan, 366-385.

Bond, Patrick, 2004, Water Commodification and Decommodification Narratives: Pricing and Policy Debates from Johannesburg to Kyoto to Cancun and Back, *Capitalism, Nature, Socialism*, 15(1), 7-25.

Bridge, Gavin and Jonas, Andrew, 2002, Governing Nature: the reregulation of resource access, production, and consumption, *Environment and Planning A*, 34, 759-766.

Briggs, John, 2005, The Use of Indigenous knowledge in development: problems and challenges, *Progress in Development Studies*, 5(2), 99-114.

Briggs, John and Sharp, Joanne, 2004, Indigenous knowledges and development: a postcolonial caution, *Third World Quarterly*, 25(4), 661-676.

Brogden, M. and Greenberg, J., 2003, The fight for the West: a political ecology of land use conflicts in Arizona, *Human Organization*, 62, 289-298.

Brundtland, G. H., 1987, Report of the World Commission on Environment and Development: "Our Common Future," UN.

Bryant, Raymond, 1998, Power, Knowledge and Political ecology in the Third World: a review, *Progress in Physical Geography*, 22(1), 79-94.

Bryant, Raymond and Bailey, Sinead, 1997, *Third World Political Ecology*, Routledge.

Budds, Jessica, 2004, Power, Nature and Neoliberalism: the Political Ecology of Water in Chile, *Singapore Journal of Tropical Geography*, 25, 322-342.

Budds, Jessica and McGranahan, Gordon, 2003, Are the debates on water privatization missing the point? Experiences from Africa, Asia and Latin America, *Environment and Urbanization*, 15(2), 87-113.

Budds, Jessica and Sultana, Farhana, 2013, Exploring Political Ecologies of water and development, *Environment and Planning D: Society and Space*, 31, 275-279.

Bumpus, A. G. and Liverman, D. M., 2008, Accumulation by Decarbonization and the Governance of Carbon Offsets, *Economic Geography*, 84(2), 127-155.

Bumpus, A. G. and Liverman, D. M., 2011, Carbon colonialism? Offsets, greenhouse gas reductions, and sustainable development, Richard Peet, Paul Robbins, and Michael Watts, eds., *Global Political Ecology*, Routledge, 203-224.

Castree, Noel, 2003, Uneven deveopment, globalization and environmental change, in Dick Morris et al. eds., *Changing Environments*, Wiley, 275-312.

Castree, Noel, 2005, *Nature*, Routledge.

Castree, Noel, 2008a, Neoliberalising nature: the logics of deregulation and reregulation, *Environment and Planning A*, 40, 131-152.

Castree, Noel, 2008b, Neoliberalising nature: processes, effects, and evaluations, *Environment and Planning A*, 40, 153-173.

Castro, Jose and Heller, Leo, 2009, *Water and Sanitation Services*, Earthscan.

Cheng, Antony, Kruger, Linda and Daniels, Steven, 2003, "Place" as an Integrating Concept in Natural Resource Politics: Propositions for a Social Science Research Agenda, *Society and Natural Resources*, 16, 87-104.

Chun, Young Woo and Tak, Kwang-il, 2009 Songgye, a traditional knowledge system for sustainable forest management in Chosun Dynasty of Korea, *Forest Ecology and Management*, 257, 2022-2026.

Davis, Diana, 2005, Indigenous knowledge and the desertification debate: problematising expert knowledge in North Africa, *Geoforum*, 36(4), 509-524.

DuMars, Charles and Minier, Jeffrie, 2004, The evolution of groundwater rights and groundwater management in New Mexico and the western United States, *Hydrogeology Journal*, 12, 40-51.

Ellen, Roy, Parkes, Peter and Bicker, Alan eds., 2000, *Indigenous Environmental Knowledge and its Transformations: Critical Anthropological Perspectives*, harwood academic publishers.

Elliott, Jennifer, 2013, *An Introduction to Sustainable Development*, 4th ed., Routledge.

Escobar, Arturo, 2012, *Encountering Development*, Princeton University Press.

Gibson-Graham, J. K., 2005, Surplus Possibilities: Postdevelopment and Community Economies, *Singapore Journal of Tropical Geography*, 26(1), 4-26

Gibson-Graham, J. K., 2006, *Postcapitalist Politics*, University of Minnesota Press.

Goldman, Michael, 1997, "Customs in Common": The epistemic world of the commons scholars, *Theory and Society*, 26, 1-37.

Goldman, Michael, 2004, Eco-governmentality and other Transnational Practices of a "Green" World Bank, in Richard Peet and Michael Watts eds., *Liberation Ecologies, 2nd ed.*, Routledge, 166-192.

Goldman, Michael, 2005, *Imperial Nature: The World Bank and Struggles for Social Justice in the Age of Globalization*, Yale University Press.

Gregory, Derek, 2001, Colonialism and the Production of Nature, in N. Castree and B. Braun, eds., *Social Nature: Theory, Practice, and Politics*, Blackwell, 84-111.

Hannigan, John, 2000, *Environmental Sociology: a Social Constructionist Perspective*, Routledge.

Haughton, Graham, 2002, Market making: internationalisation and global water markets, *Environment and Planning A*, 34, 791- 807.

Heynen, Nik, McCarthy, James, Prudham, Scott and Robbins, Paul, 2007, *Neoliberal Environments: False Promises and Unnatural Consequences*, Routledge.

Himley, Matthew, 2008, Geographies of Environmental Neoliberalism, *Geography Compass*, 2(2), 433-451.

Hoben, A., 1995, Paradigms and politics: the cultural construction of environmental politics in Ethiopia, *World Development*, 23, 1007-1022.

Hollander, Gail, 2005, Securing Sugar: National Security Discourse and the Establishment of Florida's Sugar-Producing Region, *Economic Geography*, 81(4), 339-358.

IUCN, 1980, The World Conservation Srtategy, International Union for Conservation of Nature and Natural Resources, Unite Nations Evironment Programme.

Kessides, Ioannis N., 2004, *Reforming Infrastructure: Privatization, Regulation, and*

Competition, World Bank and Oxford University Press.

Klooster, Daniel, 2002, Toward Adaptive Community Forest Management: Integrating Local Forest Knowledge with Scientific Forestry, *Economic Geography*, 78(1), 43-70.

Langston, Nancy, 2012, Global Forests, in J. R. McNeil and Stewart Mauldin, *A Companion to Global Environmental History*, Wiley-Blackwell, 263-278.

Liverman, Diana, 2009, Conventions of climate change: constructions of danger and the dispossession of the atmosphere, *Journal of Historical Geography*, 35, 279-296.

Liverman, Diana and Villas, Silvina, 2006, Meoliberalism and the Environment in Latin America, *Annual Review of Environment and Resources*, 31, 327-363.

Lohmann, Larry, 1993, Resisting Green Globalism: in Wolfgang Sachs ed., *Global Ecology: a new arena of Political Conflict*, Zed books, 157-169.

Lohmann, Larry, 2006, Carbon trading, Development Dialogue, 48, 31-218.

Lohmann, Larry, 2010, Neoliberalism and the Calculable World: The Rise of Carbon Trading, in Kean Birth et al., *The Rise and Fall of Neoliberalism: The Collapse of an Economic Order?* Zed books, 1-12.

Mansfield, Becky, 2004a, Rules of Privatization: Contradictions in Neoliberal Regulation of North Pacific Fisheries, *Annals of the Association of American Geographers*, 94, 565-584.

Mansfield, Becky, 2004b, Neoliberalism in the oceans: "rationalization," Property rights, and the Commons question, *Geoforum*, 35, 313-326.

Mansfield, Becky, 2008, Global Environmental Politics, in Keven Cox et al, eds, *The SAGE Handbook of Political Geography*, SAGE, 235-246.

Mansfield, Becky, 2009, Sustainability, in Noel Castree, David Demeritt, Diana Liverman, Bruce Rhoads eds., *A Companion to Environmental Geography*, Wiley-Blackwell, 37-49.

Mansfield, Becky, 2011, "Modern" industrial fisheries and the crisis of overfishing, in Richard Peet, Paul Robbins, and Michael Watts, eds., *Global Political Ecology*, Routledge, 84-99.

Martinez-Alier, Joan, 2002, *The Environmentalism of the Poor*, Edward Elgar Publishing.

Mawdsley, Emma, 1998, After Chipko: from environment to region in Uttaranchal, Journal *of Peasant Studies*, 25(4), 36-54.

McCarthy, James, 2002, First World Political Ecology: lessons from the Wise Use

Movement, *Environment and Planning A*, 34, 1281-1302.

McCarthy, James, 2005a, Devolution in the woods: community forestry as hybrid neoliberalism, *Environment and Planning A*, 37, 995-1014.

McCarthy, James, 2005b, First World political ecology: directions and challenges, *Environment and Planning A*, 37, 953-958.

McCarthy, James, 2009, Commons, Noel Castree, David Demeritt, Diana Liverman, Bruce Rhoads eds., *A Companion to Environmental Geography*, Wiley-Blackwell, 498-514.

McGregor, Andrew, 2009, New Possibilities? Shifts in Post-Development Theory and Practice, *Geogrpahy Compass*, 3(5), 1688-1702.

Mehta, Lyla, 2007, Whose scarcity? Whose property? The case of water in western India, *Land Use Policy*, 24, 654-663.

Mehta, Lyla, 2011, The social construction of scarcity: the case of water in western India, in Richard Peet et al., *Global Political Ecology*, Routledge, 371-386.

Mies, Maria and Benholdt-Thomsen, Veronika, 2001, Defending, Reclaiming and Reinventing the Commons, *Canadian Journal of Development Studies*, 22(4), 997-1023.

Mukherji, Aditi, 2006, Political Ecology of groundwater: the contrasting case of water-abundant West Bengal and water-scarce Gujarat, India, *Hydrogeology Journal*, 14, 392-406.

Muscolino, Micah, 2012, Fishing and Whaling, in J. R. McNeil and Stewart Mauldin, *A Companion to Global Environmental History*, Wiley-Blackwell, 279-512.

Neumann, Roderick, 2005, *Making Political Ecology*, Hodder Arnold.

Neumann, Roderick P., 2009, Political Ecology: theorizing scale, *Progress in Human Geography*, 33(3), 398-406.

Neumann, Roderick P., 2010, Political Ecology II: theorizing region, *Progress in Human Geography*, 34(3), 368-374.

Neumann, Roderick P., 2011, Political Ecology III: theorizing landscape, *Progress in Human Geography*, 35(6), 843-850.

Newell, Peter and Bumpus, Adam, 2012, The Global Political Ecology of the Clean Development Mechanism, *Global Environmental Politics*, 12(4), 49-67.

Ostrom, E., Burger, J., Field, C.B., Norgaard, R.B. and Policansky, D., 1999, Revisiting the commons: local lessons, global challenges, *Science*, 284(5412), 278-282.

Ostrom, Elinor and Hess, Charlotte, 2007, Private and Common Property Rights,

Library, Paper 24, http://surface.syr.edu/sul/24.

Pagdee, Adcharaporn, Kim, Yeon-su and Daugherty, P. J., 2006, What Makes Community Forest Management Successful: A Meta-Study From Community Forests Throughout the World, *Society & Natural Resources: An International Journal*, 19(1), 33-52

Peet, Richard, Robbins, Paul and Watts, Michael eds., 2004, *Liberation Ecologies: Environment, development, social movements 2nd edition,* Routledge.

Peet, Richard, Robbins, Paul and Watts, Michael eds., 2011, *Global Political Ecology*, Routledge.

Peet, Richard, Robbins, Paul and Watts, Michael, 2011, Global nature, in Richard Peet, Paul Robbins, and Michael Watts, eds., *Global Political Ecology*, Routledge, 1-47.

Peluso, Nancy Lee and Vandergeest, Peter, 2011, Taking the jungle out of the forest: counter-insurgency and the making of national natures, in Richard Peet, Paul Robbins, and Michael Watts, eds., *Global Political Ecology*, Routledge, 252-284.

Perreault, Thomas, 2005, State restructuring and the scale politics of rural water governance in Bolivia, *Environment and Planning A*, 37, 263-284.

Popper, Deborah E. and Popper, Frank J., 1999, The Buffalo Commons: Metaphor as Method, *The Geographical Review,* 89(4), 491-510.

Prudham, Scott, 2009, Commodification, in Noel Castree, David Demeritt, Diana Liverman, Bruce Rhoads eds., *A Companion to Environmental Geography*, Wiley-Blackwell, 123-142.

Redclift, Michael, 1987, *Sustainable Development: Exploring the Contradictions*, Routledge.

Robbins, Paul, 2002, Obstacles to a First World political ecology? Looking near without looking up, *Environment and Planning A*, 34, 1509-1513.

Roberts, Rebecca and Emel, Jacque, 1992, Uneven Development and the Tragedy of the Commons: Competing Images for Nature-Society Analysis, *Economic Geography*, 68, 3, 249-267.

Rosin, Thomas, 1993, The Tradition of Groundwater Irrigation in Northwestern India, *Human Ecology*, 21(1), 51-86.

Roth, Robin, 2008, "Fixing" the Forest: the Spatiality of Conservation Conflict in Thailand, *Annals of the Association of American Geographers*, 98(2), 373-391.

Schmidtz, David and Willott, Elizabeth, 2003, Reinventing the Commons: an African Case Study, *UC Davis Literature Review*, 37, 203-232.

Schroeder, Richard, St. Martin, Kevin, and Albert, Katherine, 2006, Political ecology in North America: Discovering the Third World within? *Geoforum*, 37, 163-168.

Selfa, Theresa and Endter-Wada, Joanna, 2008, The politics of Community-based conservation in natural resource management: a focus for international comparative analysis, *Environment and Planning A*, 40, 948-965.

Sheridan, 2001, T., 2001, Cows, condos, and the contested commons: the political ecology of ranching on the Arizona-Sonora borderlands, *Human Organization*, 60, 141-152.

Simmons, Cynthia, 2002, The Local Articulation of Policy Conflict: Land Use, Environment, and Amazonian Rights in Eastern Amazonia, *Professional Geographer*, 54(2), 241-258.

Sinclair, A. and Fryxell, J., 1985, The Sahel of Africa: ecology of a disaster, *Canadian Journal of Zoology*, 63(5), 987-994.

Sneddon, Chris, Harris, Leila, Dimitrov, R. and Ozesmi, U., 2002, Contested Waters: Conflict, Scale, and Sustainability in Aquatic Socioecological Systems, *Society and Natural Resources*, 15, 663-675.

Springate-Baginski, Oliver and Blaikie, Piers, 2007, *Forests, People, and Power: the Political Ecology of Reform in South Asia*, Earthscan.

St. Martin, Kevin, 2001, Making space for community resource management in fisheries, *Annals of the Association of American Geographers*, 91, 122-142.

St. Martin, Kevin, 2005, Mapping economic diversity in the First World: the case of fisheries, *Environment and Planning A*, 37, 959-979.

St. Martin, Kevin, 2009, Toward a Cartography of the Commons: Constituting the Political and Economic Possibilities of Place, *The Professional Geographer*, 61(4), 493-507.

Swyngedouw, Erik, 2005, Dispossessing H_2O: The Contested Terrain of Water Privatization, *Capitalism, Nature and Socialism*, 16, 81-98.

The Ecologist, 1993, *Whose Common Future? Reclaiming the Commons*, Earthscan.

Thoms, Christopher, 2008, Community control of resources and the challenge of improving local livelihoods: a critical examination of community forestry in Nepal, *Geoforum*, 39, 1452-1465.

Trottier, Julie, 2008, Water crises: political construction or physical reality?, *Contemporary Politics*, 14, 197-214.

Walker, Peter, 2003, Reconsidering 'regional' political ecologies: toward a political ecology of the rural American West, *Progress in Human Geography*, 27(1), 7-24.

Walker, P. A. and Hurley, P. T., 2004, Collaboration derailed The Politics of "community-based" resource management in Nevada County, Sosciety and Natural Resources, 17(8), 735-751.

White, Andy and Martin, Alejandra, 2002, *Who Owns the world's Forests? Forest Tenure and Public Forests in Transition*, Center for International Environmental Law.

Willems-Braun, Bruce, 1997, Buried Epistemologies: The Politics of Nature in (Post) colonial British Columbia, *Annals of the Association of American Geographers*, 87(1), 3-31.

World Water Council, 2000, *A Water Secure World: Vision for Water, Life, and the Environment*, World Commission on Water for the 21th Century Report.

Zimmerer, Karl and Bassett, Thomas eds., 2003, *Political Ecology: an Integrative Approach to Geography and Environment-Development Studies*, The Guilford Press.

찾아보기

NGO 49

ㄱ

강탈에 의한 축적 36
개발주의 46
개방된 어장 91
개방된 접근 91
개별성 11, 33, 116
개별이전가능할당 54, 91
격자 형태 111
경로 지도 111
경제재 53
경제적 상품 73
경합성 167
계층적 27
공공 공유재 168
공공 부문 69
공공 삼림 관리 193, 195
공공 삼림 소유 192
공공 서비스 69
공공성 강화 134
공공용지 107
공공재 166
공기업 70
공동 관리 36, 190
공동 기금 203
공동어업권 215
공동어장 210
공동어장 규범 223
공동어장 입어 규범 217
공동자원 19
공동재산자원 81
공동체 11, 165, 171
공동체 경제 233, 242, 244, 251
공동체 관리 13, 114
공동체 기반 자원 관리 195
공동체 소유권 189
공동체 신중론 172
공동체 자율 관리 어업 209
공동체의 유지 184
공수화 141, 146
공유 경제 244
공유 자원 166
공유의 영역 244
공유재 12, 13, 41, 165, 232
공유재 비극론 17
공유재의 비극 24
공유지 34
공유지 이용 관행 199
공유지의 사유화 205
공적 규제 209
공평한 분배 204
과도한 어획 52
과잉 생산의 위기 120
과잉 인구 248
과학 지식 179, 198
과학적 삼림 65
과학적 삼림 관리 87

관습적 규제 90
교토의정서 122
구자라트 79
구획어업 231
국가 삼림 64
국가개발 46
국유 재산 195
국유화 67, 70
국제기구 49
권력 관계 41, 57
권력 집단 80
규제 완화 25
극상 식생 85
근대화 39
근대화 전략 87
금채기 222
기득권 92
기후 변화 19

ㄴ

남부 국가 70
남획 90
남획 위기 96
노력도 211
녹색혁명 25
뉴잉글랜드어업 110

ㄷ

다국적 기업 72
다규모적 38
담론 16
대안 경제 244
대중 담론 36, 49, 57, 83
댐 건설 78
더블린 선언 70
더블린 원칙 73
동태적 특성 44
디자인 원리 175

ㄹ

리우 회의 19

ㅁ

마다가스카르 180
마을 공공재 241
마을 공동체 206, 242, 245
마을 공동체 복원 244
마을어장 13, 208
맬서스 22
메인 만 91
명령과 통제 113
무임승차 24
물 공급 45
물 공급 민영화 103
물 관리 57, 76
물 기업 71
물 민영화 12, 72, 74, 75, 133
물 민영화 반대 운동 121
물 분쟁 78
물 자체의 속성 104
물개 사냥권 102
물리적 부족 80
물의 상품화 48, 105, 112
미역장 211
민간 기업 70
민영화 39, 70

ㅂ

반장바당 229
발전 지향 161

발전론적 18
배타성 167
배타적 재산권 90
배타적경제수역 54
배타적인 재산권 24
버키스 176
버팔로 공유재 236
보편성 11, 33, 117
본원적 축적 120
부의 축적 12
부채 경감 72
북부 국가 69
불문율 217
브룬트란트 보고서 19
블레이키 11, 32
비공식 제도 111
비용의 외부화 117, 118
비인간 26
비판적 17
비판적 환경주의 20
비협조적인 상품 104
빈곤 감소 45

ㅅ

사례 연구 13, 36
사막화 25, 45, 57
사막화 담론 84
사막화 이야기 84
사용권 66
사유 재산 제도 165
사유 재산권 89
사유화 24, 39
사적 재산권 79
사헬 지역 58
사회 삼림 189
사회적 결핍 80, 87
산림 벌채와 훼손 방지 온실가스 감축 123
산림 황폐화 204
산성비 19
산업적 벌목 50
산업적 어업 97
삼림 관리 13, 45
삼림 벌채 54
삼림 상쇄 130
삼림 위기 190
삼림 이용 186
삼림 정책 69
삼림 제국주의 54
삼림 파괴 57
상수도 민영화 119
상업적 어업 51
상품화 36
상호 의존 네트워크 240
상호 호혜적 82
상호부조 172
새천년개발목표 53
생물종 다양성 19
생수 상품화 135
생수 시판 146
생수 판매 117, 120
생태 결핍 주장 22
생태-사회-경제 체제 227
생태적 근대화 20
서 벵골 79
선용권 135
설명의 연쇄 28, 29, 38
성장의 한계 18, 21
세계 물 부족 위기 75
세계 물 위기 73

세계 물 포럼 74
세계 불평등 24
세계은행 70
세계환경개발위원회 19
소규모 어업 97
소비자의 상품 106
소지역 공유재 168
송계 13, 40
송계 제도 199
수요 확대 120
시민의 권리 106
시장 기반 환경 관리 89
시장 기제 89
시장 실패 159
시장 원리 12, 248
시장환경주의 95
신맬서스식 사고 20
신자유주의 12
신자유주의화 36

ㅇ

아틀라스 계획 236
양식 어업 52
어류 남획 95
어업 관리 45
어업 이용권 111
어업 재산권 98
어업의 산업화 96
어장 관행 217, 222
어족 사유화 112
어촌 공동체 210
어촌계 210, 219
어촌계원 211
어획 할당 프로그램 98
역설적 44
연안권 93
연안어장 213
오갈라라 대수층 93
오스트롬 174
온실가스 26
와디 알라퀴 강 182
완전비용복구 104
완전비용회수 113
완전비용회수원칙 55
외부 효과 49, 134
『우리 공동의 미래』 19
원주민 보호구역 67
위장환경주의 129
유엔 인간환경회의 151
윤리 경제 194
이동식 경작 87
이분법 234
이원적 27
이해의 공동체 197
인구 과잉 17
인류 공유재 50, 168
입어 관행 214
입어권 217

ㅈ

자바 189
자발적 지역주의 94
자본 축적의 한계 120
자본의 재생산 158
자본의 탈취적 축적 121
자본주의 27
자연 양식장 221
자연과 사회 27
자연보전구역 67
자연의 가치 101

자연의 공공성 112
자연의 상품성 112
자연의 상품화 11, 12, 89, 117
자연의 신자유주의화 38
자연의 탈취 149
자원 한계 23
자율 관리 13
자율적 주체 165
자율적인 규범 177
잠수회 220
장소의 공동체 197
재산권 35, 37
재산권 갈등 107
재삼림화 51
전통 마을 245
전통적 소유권 188
전통적인 관리 189
정부 실패 115, 159
정부 통제 190
정부의 규제 69
정부의 실패 75
정부의 역할 17
정치경제 11
정치생태학 10, 248
정치의 장소 38
정치적 담론 26
정치화된 환경 88
정태적 비교 44
제1세계 13
제3세계 13
제비뽑기 211
제주도 마을 어장 225
제주도 어촌 220
제주도 해녀 222
제주도개발특별법 139
제주도지방개발공사 147
제주삼다수 141
제주퓨어워터 139
조지뱅크 90
주민 권리 66
주민 배제 107
지구 공공재 13, 19, 49, 156
지구 공공재 담론 159
지구 공공재 위기 담론 156
지구 공동체 19
지구 온난화 26, 157
지구 환경 담론 160
지구 환경 위기 11
지구의 허파 50
지구자원관리자 156
지구화된 환경 116
지배층의 사고 24
지속가능성 252
지속가능한 발전 19, 150
지역 공동체 41, 191, 232
지역 맥락적 36
지역 정치생태학 13, 28, 31, 249
지역 주민 197
지역 지식 17, 40, 111, 179, 183, 198
지하수 개발 138
지하수 관리 방식 79
지하수 위기 78
지하수 이용 79
지하수법 139

ㅊ

채취권 135
청정개발체제 122
총유(總有) 213
총허용어획 54

칩코 운동 244

ㅋ

코차밤바 77
클래머스 강 100
클레요쿼트사운드 108

ㅌ

탄소 배출 45
탄소 배출권 거래제 12, 48, 122
탄소 상품화 116
탄소의 상품화 121
탈사유화 236
토지 소유권 78
티크 삼림 187

ㅍ

프리빌로프 제도 101
필리핀 자그나 238

ㅎ

하딘 24
한진그룹 141
할망바당 223
해초 제거 작업 216
협동조합 193, 242, 245
형평성 17, 117, 204
확산의 근대화 21
환결 갈등 37
환경 관리 182
환경 국제회의 21
환경 규제 46
환경 보존 108
환경 악화 10, 17
환경 정치 12, 38, 109
환경결정론 20
환경과 발전 16, 21, 117
환경과 사회 41
환경정의 18
환경제국주의 126
후기 식민 지리 71
후기발전주의 11, 232, 250
후기시민적 사고 109